Organización
Mundolibro Ltda.
Librería de la Calle 10
Tels. 2662275-2463664
Librería de La Playa
Tels: 2394020-2398677
El Zaguán de los Libros
Tel. 2426862
Medellín - Colombia

AF798384

Los Páramos de los Andes

Exploración Ecológica Integrada en la Alta Montaña Ecuatorial

Prof. Dr. Manuel DEL LLANO
Miembro de Número de la Academia Colombiana
de Ciencias Exactas, Físicas y Naturales
y Correspondiente de la de España

Los Páramos de los Andes

Exploración Ecológica Integrada en la Alta Montaña Ecuatorial

Montoya & Araújo Ltda.
Bogotá, Colombia
1990

© Manuel Del Llano Buenaventura
© Montoya & Araújo Ltda.
LOS PARAMOS DE LOS ANDES
Bogotá, 1990
Derechos reservados conforme a la ley
a favor de Manuel Del Llano Buenaventura
338 páginas 24x17 cms.
Fotografía carátula
Erwin Kraus
Impreso por
Linea Editores Ltda.
Editado por
Montoya & Araújo Ltda.
Carrera 12A No. 78-40
Teléfono: 2497193 A.A. 059085
ISBN 958-95299-0-9
Bogotá, D.E.

Este modelo de Clasificación puramente ecológica de la Vegetación y los Ecosistemas del Páramo y del Mundo, lo dedico a Doña María Buenaventura del Marquesado de Villanueva, a Luz Helena mi esposa y a nuestras hijas María Helena, Ana Catalina, Pilar María y María Adelaida Del Llano Restrepo. A Inés y a Beatriz.

El autor desea expresar sus rendidos agradecimientos por la generosa colaboración y asistencia recibidas: A la doctora Lydia de Boecker y a su esposa Luz Helena Restrepo de Del Llano. Al doctor José Cuatrecasas del Smithsonian Institution, Washington; a los doctores Jorge Hernández del Instituto Nacional de los Recursos Naturales y del Medio Ambiente, Inderena; Roberto Jaramillo y María Teresa Murillo del Instituto de Ciencias Naturales y Museo de Historia Natural de la Unversidad Nacional. A su amigo, el Escalador Erwin Kraus; al Rev. P. Doctor Pedro Ortíz Valdivieso S.J. Al Profesor doctor H. Sturm, Universität Hildesheim, Alemania; a los doctores Alberto Abouchaar del Departamento de Biología y Gonzalo Correal Urrego de la Facultad de Ciencias de la Universidad Nacional; este último me hizo participe en la estratigrafía de sus excavaciones arqueológicas precerámicas en Aguazuque, Tibitó y Zipacón en Cundinamarca. A mis hijos compañeros de excursiones: Juan Manuel, Ricardo, Julio Martín, José Antonio, Gonzalo Federico y Alejandro. A mis alumnos universiterios y a Don Eduardo Montoya Rivera.

Presentación

Esta, quisiera ser una presentación a vuelo de cóndor, a vuelo de príncipe de los Páramos, el gran alado, sin garras guerreras, en vía de extinción al faltarle el sustento de las carroñas de venados, dantas, osos y pumas, otrora abundantes. El libro "Los Páramos de los Andes", trae dos enseñanzas básicas y de espectro prospectivo: una, consistente en que en nuestro país, deben ser estudiados integralmente los varios ecosistemas que nos rodean, como única manera de conocer, evaluar y proyectar las maravillas de los entornos que nos dió la Naturaleza; y la otra, que se traduce en el imperativo de promover la formación de generaciones de ecólogos que vibren al compás de los latidos de la Naturaleza (la escribimos con mayúscula) que no son solamente los de los corazones de los hombres, sino los de todos los seres que la pueblan.

La gran cuestión consiste en precisar - en nuestro caso - Qué es el Páramo; cómo es ese mundo de 3.600 metros arriba que ha sintetizado en su libro el Doctor Manuel Del Llano Buenaventura Presidente de la Fundación Cuencas de Colombia; y cómo es esa función hasta ahora no develada y que es interrelación casi mágica, entre Naturaleza abiótica paramuna, integrada por ciertas temperaturas y niveles de humedad, rocas, glaciares y morenas, y Naturaleza biótica, conformada por mantos de musgos, líquenes, fauna y seres humanos. He ahí la virtud de la obra que presentamos hoy a los colombianos, sus directos implicados en ella y como ejemplo de lo que por primera vez se hace en Colombia: "El estudio integral de un ecosistema". Estudio, que recoge el mundo vegetal de Páramo y lo ordena, en un marco estrictamente ecológico, aprovechando la clasificación ecológica pura de la vegetación, en la cual se agrupa lo vegetal por roquedales, fisuras, aluviones, arenales, lagos y turberas, cada agrupación dentro de sus habitáculos que reciben nombres latinos por razón de universalidad.

Al lector que nos atiende, más le valiera suspender su incursión en esta presentación y adentrarse en las estupendas páginas de la obra, donde encontrará respuesta a las inquietudes expresadas. Sinembargo, nos atrevemos a adelantar algunas de nuestras impresiones y reflexiones, en un plano macro-ecosistémico y adoptando un criterio y una metodología de desarrollo integral, así:

En lo biológico, el Páramo significa salvamento de las aguas, del suelo, de la fauna y de la flora de las frígidas alturas; y es propuesta docta del parámetro que el país debe seguir para la formación de sus estudios de impacto ambiental; que no tendrán, como no han tenido, validéz plena, al no haberse basado en estudios integrales verdaderos de los respectivos ecosistemas que cubren o han pretendido cubrir. En lo económico, la significación se hace ostensible enfrente del desarrollo agropecuario e industrial, en las laderas y planicies que quedan por debajo del límite del Páramo. En lo político, este libro valida los estudios de los ecosistemas, como las columnas indescartables para la definición de los planes de desarrollo nacional y regional. En lo cultural, la investigación nos lleva a la convicción –que implica urgentes ejecuciones– de que hay que empeñarse, a fondo, en el campo de actitudes de los colombianos ante la naturaleza.

En planos más específicos, podríamos apuntar algunas perspectivas, alrededor del salvamento de los Páramos:

Hemos venido proponiendo durante varios años, la idea de reestructurar la división territorial político-administrativa del país, para sintonizarla y rehacerla, con base en las cuencas hidrográficas, cunas integrales de la vida, como la manera sensata de particionar nuestro suelo patrio, para su mejor y más racional administración.

La socialización de las fuentes básicas de las aguas colombianas, es otra aspiración, que podría materializarse en propósito nacional; a menos, que creamos que el mundo acabará en este fín de siglo, no habría que hacerlo, pero si ello no es así, debe hacerse, y pronto.

El paisaje que tendremos en el próximo futuro, si le hacemos caso al Doctor Del Llano, estará pleno de flores y de aguas claras y con poblaciones visibles de animales nativos en todos los Páramos y dará base sobrada y opción hermosa para importantes desarrollos turísticos, incluso con cotos de caza y pesca, racionalizados y programados.

Para alcanzar todo lo dicho, habrá que agregar, a los esfuerzos de los científicos y de los ecólogos, la palanca de la política en su mejor ser y deber, ya que sin ese ingrediente, es probable que podamos seguir alegrándonos con los sucesivos descubrimientos de las maravillas de la naturaleza, pero seguramente, sufriendo también y simultáneamente, las bárbaras acciones destructivas de los hombres.

Y todo será, y que ello quede muy claro, dentro de una concepción de uso y aprovechamiento lo más productivo que sea posible de los recursos naturales, pero no solo esto (como viene sucediendo), sino en asocio de realizaciones y conductas racionales de manejo de la Naturaleza. Y si, pese a lo dicho por el calificado autor de "Los Páramos de los Andes", no se lograre la motivación suficiente para reivindicar el Páramo en todas las mentes y conciencias, tocará invitar a los compatriotas a proveerse de gorro y pico, de botas y coraje, para que excursionen por el Páramo de su región, como ya lo hizo a nivel de la geografía nacional y con dedicación amorosa el autor, para que vean y sientan, personalmente, lo que significa su naturaleza inerme, que es, a la vez el más rico patrimonio de la vida.

Con mucha satisfacción finalizamos esta nota presentando al consagrado autor.

Cuando en el año de 1985, propusimos a Manuel Del Llano, a Ernesto Samper Pizano, a Monseñor Iván Cadavid, a Hugo Valdéz, a Hernán Vallejo, a Javier González, a Jaime Saldarriaga, a Alfredo Díaz, a Hernando Neira, a Cornelio Reyes, a Sergio Martínez, a Alberto Sánchez de La Calle, a Eduardo Castro Holguín, a Julio Ponce de León y a otros muy ilustres colombianos, la creación de un movimiento y fundación que asumiera la defensa de las Cuencas Hidrográficas, como cruzada cívico-naturalista, inaplazable para Colombia, no sabíamos que, el primero de los nombrados, venía trabajando devota y eficientemente, desde hacía varios años, sobre los Páramos de los Andes, los que, con sus múltiples expresiones y presencias en nuestro país, sean quizás los responsables de que hayamos clasificado como el quinto país más rico en aguas del mundo.

Manuel Del Llano Buenaventura es Profesor Emérito de la Universidad Colombiana (1965). Recibió el doctorado en Ciencias Naturales en la Universidad Paul Sabatier de Toulouse (1976). Estudios de Post-Grado incluyendo Geología Física, Petrografía, Ecología, Sílvica y Antropología repartidas en el ORSTOM e IDERT, Francia y Africa (1960); en Berkeley, California (1950); Master de Gainesville, Florida (1944 - 46); Ingeniería en Ciencias Agronómicas en la Universidad Nacional, Palmira (1952); Universidad del Cauca y, Cali, ciudad donde nació en los albores de 1919, educándose en Suiza, en cuyas montañas hizo sus primeras excursiones relacionadas con la admiración de la Naturaleza en compañía de Alberto, Diego y Alvaro, sus hermanos.

En lo académico destacan sus estudios sobre el origen y la clasificación de los suelos sumarizado en su Clasificación Ecológica de los Suelos del Mundo publicada en el Congreso Internacional de Suelos en París (1954) y en Madrid, lo mismo que por el enfoque que le ha impartido a su llamada Ecología Regional de los Suelos.

En el campo de la Geobotánica sobresale la ampliación y aplicación que el Profesor Del Llano ha hecho de la Clasificación Puramente Ecológica de la Vegetación del Mundo propuesta por H. Del Villar en 1929. Con la aparición del presente libro sobre Los Páramos de los Andes se intenta incluir los Páramos africanos y se busca mostrar el modus operandi de esta ordenación, cuyo modelo se puede extender a los diversos medios estacionales de la Tierra y, ultimamente (1.990) al ambiente subterraneo de las cavernas.

En su carrera Profesional ha trabajado recientemente en Arqueología y Geoemorfología en pesquizas estratigráficas sobre la Sabana de Bogotá al lado de su amigo el Antropólogo Doctor Gonzalo Correal Urrego en sus estudios sobre el Paleoindio.

Actualmente es Presidente Honorario de la destacada Sociedad Colombiana de la Ciencia del Suelo y también su fundador (1955). Igualmente es Presidente Honorario y fundador de la Sociedad Colombiana de Ecología y de sus respectivas revistas, "Suelos Ecuatoriales" (1956) y, "Ecología Tropical" (1973). Asesor Científico en Estudios Generales de Suelos en el Instituto Geográfico Agustín Codazzi (1961) y desde temprana edad, Profesor Universitario, en la Universidad Nacional de Colomoia con sedes en Palmira, Medellín y Bogotá, en la Facultad de Ciencias, Biología y Herbario Nacional, a donde fué llevado como primer Edafólogo en este nuevo frente de actividad allí. En 1968, fué Profesor Titular y uno de los Decanos en la Universidad Pedagógica y Tecnológica de Colombia en Tunja. Nuestro presentado es Miembro de Número de la Academia Colombiana de Ciencias Exactas, Físicas y Naturales y también Miembro Correspondiente de la misma Academia en España.

Arturo Mejía Borda
Director Ejecutivo de la Fundación
Cuencas de Colombia

Prólogo

El Científico del Suelo, Doctor Don Manuel Del Llano Buenaventura, Profesor de Suelos, Geología física y Ecología de la Universidad Nacional de Colombia, ha querido que escribamos el Prólogo al libro que vamos a publicar sobre dichas importantes materias.

Siendo aún viadores entre nosotros los muy distinguidos geólogos Juan de la C. Posada, Gerardo Botero Arango y el Rev. Hermano Daniel González, no rebaja de ser osadía de nuestra parte el aceptar el delicado encargo. Con todo hemos accedido a los deseos del Doctor Del Llano, en atención a que habiendo sido nosotros Profesor de bótanica en la misma Universidad y teniendo su estudio íntima relación con la biología vegetal, era interesante recalcar sobre estos temas apasionantes que nos han atraido durante nuestra ya larga vida. Por otra parte, la investigación edafológica y ecólogica del pais constituye una tarea de tal magnitud, que hay en ella campo para ocupar las actividades más heterogéneas y los especialistas en varias disciplinas. Sirva esta advertencia para disculpar al autor la equivocación en la escogencia del prologuista.

Siendo el cultivo de la tierra de una antigüedad secular, puesto que siguió al estado errante del hombre cazador y obligó a éste a instalarse en cavernas y cabañas y trocarse en sedentario, es obvio que el conocimiento del suelo es también de una venerable antañada Por de contado que no disponiendo los geopónicos sino de los solos sentidos como instrumentos de observación, sus conocimientos acerca de la constitución de los suelos se limitaron a bien poca cosa, si nos atenemos a las que hemos logrado consultar.

Con efecto, uno de los más calificados entre los latinos fué Marco Terencio Varrón, quien en su obra " De Re Rústica" (De Las Cosas del Campo), nos dice, refiriéndose a Escofra, que son cuatro las partes principales de la agricultura, todas las cuales consisten en conocer "primero, el terreno, su naturaleza y sus elementos; segundo, los que lo trabajan y los instrumentos necesarios para su explotación; tercero, el tratamiento que el terreno exige, y cuarto, en que época del año son dichas operaciones más convenientes".

Más adelante entra a estudiar las cualidades de la tierra y para que sirve o no sirve y al referirse a las condiciones de ella dice simplemente que hay "tierra arcillosa, tierra pedregosa y de otras clases" y agrega que hay muchas sustancias como "piedra marmol, marga, arena, sílice, arcilla, barro, almagre, greda, cascajo, carbón (resto de la combustión de las raices cuando la tierra es calcinada por el sol), y con ellas todo lo que une estos diversos materiales".

En estas nociones y con decir que la tierra arenosa puede ser blanca o roja y que todavía puede haber "tierra gruesa, delgada o mediana" está condensada la sabiduría de griegos y latinos en punto del conocimiento del suelo. Plinio el Antiguo, Catón y Columela no adelantaron en este sentido nada digno de tenerse en cuenta lo que es decir que los romanos no transmitieron a sus colonias sinó nociones rudimentarias y empíricas junto con numerosos errores de observación, que han pervivido en el suelo a través de las edades. Sabemos que la España de la parte Citerior como la Ulterior proveyeron en abundancia los hórreos de la metrópoli para atender a los innúmeros legionarios; por ser vicio de los esclavos sometidos a la dura disciplina de los Proconsules, y los Conquistadores perjudicaron de tal manera la agricultura en la Península Ibérica que hizo prorrumpir a Plinio en aquel dicho que ha quedado clásico en la historia: Latifundia perdidere Italiam am vero et provintias: Los latifundios perdiron a Italia y sus provincias.

No mejoró aquella situación cierto, con las irrupciones de vándalos, alanos y ostrogodos, porque a la violencia de las primeras invaciones siguieron la ociosidad de pueblos aconstumbrados a vivir de preferencia de la ganadería; y ya en el medioevo la invasión sarracena, si bien mejoró un tanto el cultivo de la tierra especialmente en las provincias orientales y del mediodía por la implantación de la agricultura llamada nabatea por ser originaria del pueblo nómade del mismo nombre, de la Arabia pétrea entre el Mar Rojo y el Eufrates, era perturbada con las guerras intestinas frecuentes y con los asaltos de los cristianos que buscaban la reconquista.

En cuanto a las Galias si nos atenemos a la opinión autorizada de Fustel de Coulange, recientemente contradicha "tal como existía el patrimonio rural en el siglo IV, así mismo permanecía aún en el siglo IX", Robert Latouche, en un bello libro sobre "Los Orígenes de la Economía Occidental" se suma a los investigadores jóvenes para decir que la síntesis concebida por el gran historiador francés ve la complejidad de lo real y agrega: "Ella reposa por completo sobre el significado uniforme y convencional que el autor ha atribuído a ciertos términos latinos y en particular a la palabra "villa". Edificada por un hombre letrado y erudito que vivía en Paris, calle de Ulm, en medio de sus libros, dicha síntesis no se funda sobre una observación directa. Otros, que pertenecen a generaciones más jóvenes, más cuidadosas de los hechos concretos, menos esclavos de los textos y menos deseosos de desembocar por vías abstractas a formulas simples, se han inclinado sobre el suelo mismo y han tratado de arrancarle su secreto utilizando no solamente las cartas y la historiografía, sino también las fuentes diversas que ofrecen el exámen del terreno mismo estudiado en su sitio, el de los atlas catastrales y de los antiguos planos, la interpretación de las búsquedas arqueológicas y de las toponimias. Ellos se han dado a sondajes locales y minuciosos y el carácter geográficamente limitado de su investigación no les ha impedido, por una especie de contradicción irresistible entre su gusto de la observación minuciosa y las exigencias impacientes de sus inteligencias intuitivas, proponer como conclusión a sus investigaciones, hipótesis ingeniosas, osadas si se quiere por no decir arriesgadas.

Volviendo al conocimiento alcanzado por nuestros antepasados hispanos en punto de suelos, bueno es que nos refiramos a las enseñanzas del mayor de los geoponios del siglo XVI, Don Alonso de Herrera, quien por sus grandes conocimientos en la materia fué escogido por el Cardenal Cisneros para profesor en la Universidad de Alcalá. En su libro dedica un capítulo al estudio "De las señales para conocer la malicia y bondad de las tierras", del cual extractamos lo pertinente de acuerdo con los preceptos de Pedro Crecentino Columela y Plinio acerca de las tierras propias de pan llevar. Después de decir " que sea (la tierra) pegajosa, blanda, no arenisca...", agrega, que para probar estas cualidades "tomar un terrón pequeño y mojarlo con saliva, o con agua, y traerle entre los dedos, y si se pega como masa, es bien, y gruesa; más si es áspera y arenosa, no es tal. Esto se entiende con que no sean barrizales de olleros ni arcillas, porque aunque aquellas sean tierras pegajosas, son inhábiles para llevar pan por su extremada dureza y sequedad". " Item, es buena señal de tierra la que se riega, o llueve, se para hueca o fofa, y se torna prieta, que la que se para con el agua dura, empedernida, y blanquecina, no es buena. Así mismo es buena experiencia hacer un hoyo de tal grandeza, que baste para poner un árbol, y donde a dos o tres días tórnele a echar su misma tierra y si sobra tierra, es gruesa, y si no mediana; y si falta que no se hinche, es flaca, y muy liviana.

Si nos hemos detenido transcribiendo los rasgos generales en punto del conocimiento del suelo que enseñaron griegos, latinos, germanos, sarracenos y españoles, ha sido para recalcar acerca de lo rudimentario de su experiencia y para establecer el cotejo con los adelantos alcanzados desde el siglo pasado, cuando se echaron los fundamentos científicos del estudio del suelo en sus relaciones con el crecimiento de las plantas.

Como ha podido observarlo el lector, el conocimiento de las condiciones físicas del terreno como fundamento de la agricultura constituyó toda la Ciencia del Suelo. Los progresos alcanzados en la fisiología de las plantas en el siglo XVIII condujeron al análisis químico, estudio en el cual J.B. Boussingault fué un precursor que vale la pena de recordarle en este momento ya que fué en nuestra nación donde se despertaron las aficiones a este género de estudios, según lo confiesa él mismo en sus Memorias.

El progreso en los laboratorios y la aplicación del microscopio a los estudios biológicos, condujo a la investigación del suelo y al hallazgo no sólo de circunstancias de los minerales sino de organismos de animales y vegetales microscópicos de importancia capital en la economía humana. Una vez adquirida la certeza de que la Litósfera hace parte de la Biósfera que es decir la porción de la tierra donde bulle la vida orgánica, se echaron los funda-

mentos de la Ciencia del Suelo con el nombre de Pedología o Edafología.

La Edafología es, en síntesis la parte de las ciencias naturales que trata o dilucida acerca de las leyes que rigen la génesis, el desarrollo y la formación de los suelos.

Desde un principio los Edafólogos se han preocupado por establecer categorías y clasificaciones a semejanza de lo que se ha hecho en botánica, zoología y demás ciencias biológicas. Por de contado que tratándose de los comienzos de dicho estudio se tropieza con frecuentes dificultades, no siendo la menor el prurito de los científicos de querer que primen aquellos nombres que halagan las tendencias nacionalistas, patrióticas o chauvinistas de los autores.

De estos se han distinguido los rusos, austríacos, alemanes, americanos y franceses. Entre los primeros descuellan los nombres de Dokuchaev que parece ser el Lineo de la nueva ciencia y cuyos discípulos-Glinka entre los primeros-continuaron el cultivo desvelado de la Pedología. Los americanos han descollado desde que el Doctor Marbut (Curtis F.) después de escribir su "Origen y Naturaleza de los Suelos" se percató de los estudios de Glinka y se hizo un fervoroso amigo de las ideas pedológicas de la Escuela Dokuchaev. El austriaco W.L. Kubiena, Profesor en Admont (Austria) y en Madrid, es autor de "Claves Sistemáticas de Suelos" traducido al español. Los Alemanes se han distinguido desde fines del siglo XVIII con Fallou y más tarde con Hilgard, Ramann, Jenny, Storie y cien más. Entre los franceses ya citamos a Boussingault; pero no ha ido en zaga de los anteriores y recordamos a Albert Demolon y a su "Dinámica del Suelo", a sus colaboradores Barbier, Bastisse, Dunez y Bolschot, Aubert, Duchaufour y otros.

En España los estudios han sido un tanto demorados pero ya hay una bibliografía apreciable, baste nombrar a José María Albareda y Angel Hoyos de Castro cuyo texto de "Edafología" es una muestra excelente que ya puede paragonarse con las buenas publicaciones ya apuntadas.

Entre nosotros estos estudios empezaron en forma incipiente en 1.911 con los trabajos geológicos de Don Tulio Ospina, Karsten, Don Juan de la Cruz Posada, Gerardo Botero Arango, el Alemán Grosse, el Rev. Hermano Daniel, con su obra titulada "Nociones de Geología y Prehistoria de Colombia" donde se encuentran asuntos originales de este sabio escrutador de la naturaleza.

Pero como puede verse, dichos estudios son mayormente de carácter geológico con miras a las investigaciones mineras, geográficas o paleontológicas.

Un trabajo más especializado sobre Edafología colombiana es el que publicó en 1.946 nuestro antiguo discípulo Don José V. Lafaurie Acosta, Ingeniero Agrónomo, por ese entonces Director de la Sección de Suelos del Instituto Geográfico Agustín Codazzi, el cual lleva por título: "Clasificación y Valo-

ración de Tierras. Interpretación Ponderal del Suelo''. Dicho autor emplea ya una terminología de acuerdo con los sistemas actuales de Edafología y en relación con los suelos de Colombia

Por de contado que aparte del trabajo anterior se han publicado centenares de artículos en las revistas del Intituto Geográfico, de la Sociedad Colombiana de la Ciencia del Suelo, del Ministerio de Agricultura y de las Facultades de Agronomía del país; pero, como obra de conjunto no conocemos sinó la nombrada y ésta que tenemos el honor de prologar del Profesor Manuel Del Llano Buenaventura.

De varias partes consta este volúmen, de varios apéndices y de una abundante bibliografía. En la primera parte estudia la metodología y dá enseñanzas generales acerca de la materia en que se ocupa, a manera de introducción, para terminar con un vocabulario de los términos más empleados en la nueva nomenclatura. La segunda parte trata de la geografía, el clima, la geología, la geomorfología y la hidrografía, de los suelos, la fauna, la vegetación, la paleoecología y la conservación de los ecosistemas. Como se vé, es aquí donde el autor estudia los factores que operan en la formación del suelo que va a ser el asiento de las plantas.

El lector atento cae en la cuenta de una aparente falla ortológica cuando lee ''medio antropógena''. A este respecto ya Huguet Del Villar explicó que tratándose en este caso de un medio ''modificado'' por el hombre y no ''creado'' por él, etimológicamente debe decirse antropógena y no antropógeno.

Es aquí en donde la novedad de la terminología confunde al que no está iniciado en las nuevas ciencias pedológicas y ecológicas. Cuando se empieza a tratar de Aquods, bioma, canchal, Dystropepts, ecotono, etc. se cree asistir a la confusión de una nueva Babel. Sin embargo el oído se va adaptando al neologismo y acaba por familiarizarse con el léxico, como ha sucedido con los demás conocimientos modernos.

Cuando por primera vez se hizo el estudio técnico de la flor, de la inflorescencia, de la carpología, etc., en botánica los nombres de sépalos, carpelos, verticilos, pétalos, androceo, gineceo, pistilo, estilo, estigma, corimbo, umbela y cien más, aparecieron como novedades caprichosas y poco menos que inútiles. Hoy son términos del folclore y la Academia Española de la Lengua los registra en su catálogo como castizos. Lo propio ocurrirá mañana o mejor ocurre ya entre los estudiantes que conocen la razón de ser de nombres que son: unos toponímicos, otros onomatopéyicos, geográficos, etc., que es como se forma el caudal del lenguaje.

A nosotros, a fuer de médico aficionado al estudio de las ciencias biológicas donde tanto ha trajinado el Profesor Del Llano, nos seduce naturalmente por sobre todo lo que se relaciona con la ecología o mesología que es decir las modalidades que adquiere el suelo por la dinámica que imprime su pobla-

ción, compuesta de gran número de gérmenes diversos tales como algas, hongos, líquenes, bacterias, protozoarios, etc. y agentes físicos como el calor, la humedad, el viento, el aire, todo lo cual obra directamente sobre las plantas dando origen a una infinita variedad de formas, de fenómenos microbianos, de simbiosis o asociaciones y comunidades de jardín que mantienen convertido el suelo aparentemente inanimado y también la roca en el gran laboratorio de la naturaleza. La integración de todas estas inter -relaciones las encontramos sumarizadas en el ordenamiento de nuestro Profesor, que lleva por título "Clasificación Ecológica Pura de la Vegetación y de los Ecosistemas del Mundo" que viene a ser una ampliación de la Clasificación Puramente Ecología de la Vegetación propuesta por Huguet Del Villar en 1.929.

Un segundo ejemplo de lo dicho es la ordenación de suelos verdaderamente innovadora presentada ante el Congreso Internacional de la Ciencia del Suelo reunido en París en 1957, que lleva por título "Clasificación Filogenética y Ecológica de los Suelos del Mundo" que tiene su fundamento lexicográfico en nombres tradicionales y en raíces griegas y latinas.

Pero nos haríamos interminables si fuéramos a continuar las múltiples sugerencias que el estudio del Profesor Del Llano lleva a la mente de quienes lo consultan. Es el zapador en este género de investigaciones entre nosotros, hijodalgo notorio lleno de entusiasmo por el estudio de su especialidad, ha desempeñado sus tareas profesionales con abnegación y voluntad de quien comprende que su misión no se limita a enseñar únicamente desde la cátedra universitaria, sino que debe esparcir y sembar ideas a todos los vientos del espíritu, a fin de que germinen en la mente de las generaciones futuras.

E.R.

Contenido

Introducción

INTRODUCCION

En esta obra hemos deseado cristalizar un antiguo anhelo, cual es el de ver representado en una acuarela idealizada cada paisaje y ecosistema del Páramo, con su vegetación, el suelo y su fauna vivientes, diseñado todo en fragmentos que puedan irse colocando en forma similar a como se organizan las fichas de un rompecabezas que, una vez armado, nos muestre en armonioso mosaico, el panorama terrestre que perseguía nuestra mente sin descanso por las alturas misteriosas del *Midi*, desde los años 30 en Suiza.

Para iniciar esta aventura escogimos como ideal los llamados Páramos paradisíacos por nuestro compañero el naturalista C.C. Downer, los que se encuentran por encima de los 3.200 – 3.600 metros de altura sobre el nivel del mar en los húmedos Andes de Colombia, Ecuador, Bolivia y Venezuela, y alcanzando al Perú, para ofrecerlo como modelo a otros paises intertropicales que albergan los imponentes paisajes del Páramo, como Costa Rica, sin olvidar las alturas del Africa ecuatorial y del Oriente. Para alcanzar estas metas, optamos por los criterios siguientes:

Medio Geografico vs. Medio Estacional

En el medio conviene distinguir el *medio Geográfico* del *medio Estacional*, atendiendo en el primero a la ubicación, es decir, a la relación con el resto del globo terráqueo. El *medio estacional* en cambio, se puede tener como la suma de factores naturales que integran una unidad de lugar prescindiendo de su relación con el resto del planeta. Ej. cuando decimos que una planta o un animal son rupícolas, gipsófilos o calcícolas expresamos su relación con el *medio estacional*, pero cuando decimos llaneros o paramunos, es claro que nos referimos al *medio geográfico*. De manera semejante los autores franceses cuando hablan del *Milieu* en sus estudios geobotánicos o pedológicos, hacen referencia principal a lo que nosotros queremos denominar aquí *Medio estacional geofísico* con el significado que le da nuestra colega Aline Raynal en su estudio "La Flora y la Vegetación de los alrededores de Kayar (Senegal)". Con esta amplitud un poco restringida usaremos la expresión más adelante, agregando abiótico para lo geofísico y donde tanto la autora de la referencia como nosotros, abarcamos los capítulos sobre El Clima, La Geología, Geomorfología e Hidrografía, Los Suelos y, últimamente, Las Cavernas cuyo tipo ecológico hemos creado y propuesto con el nombre de *Spelaeophytia.*

Un planteamiento semejante hemos venido manejando desde hace treinta y seis años en nuestros escritos a raíz de la publicación de la Clasificación Ecológica de los Suelos del Mundo, para el Congreso Internacional de la Ciencia del Suelo reunido en París (1954), porque hemos pensado en la conveniencia de que el estudio de los suelos debe recibir un enfoque parecido a lo dicho, en donde se ponga atención especial al *medio estacional* del entorno de los tipos edáficos que permita hablar claramente de una ecología regional de los suelos que lleve el nombre de Edafoecología o simplemente Ecología del Suelo, término ya usado por V.R. Volobuev de la Academia de Ciencias de Azerbaidzhan SSR en 1964; porque es necesario que los factores de formación edáfica reciban una atención especial a nivel regional kilométrica y no a nivel micrométrico como sí se está usando en el estudio de la microfauna hoy en día.

El Medio Estacional

División y factores del Medio Estacional

Según H. Del Villar (81), la vegetación puede habitar un medio geofísico o un medio vivo dentro de la división general del medio.

La división del medio en que habitan las plantas puede por consiguiente resumirse de la siguiente manera:

- Medio
  - Geofísico
    - Aire
    - Agua
    - Tierra
  - Biótico
    - Vegetal
    - Animal

Como el medio geofísico se refiere a la superficie terrestre en el sentido de zona de contacto entre la atmósfera y la litohidrósfera, entonces podemos subdividirlo según estos elementos. En cuanto al medio biótico o elemento vivo, la subdivisión obligada será la de vegetales y animales.

Como en el aire no puede habitar ninguna planta más que de un modo transitorio, este no puede constituir por sí solo base alguna de clasificación ecológica, reduciéndose a dos los medios geofísicos que puedan motivarla. De estos, el agua es un medio de condiciones primordiales, mientras que la tierra emergida puede serlo o no. En el primer caso figura el elemento puramente geológico que es la roca viva, pero cuando sobre esta han actuado los agentes atmosféricos como son el agua y la misma actividad vegetal y animal, la roca se transforma en un manto o substrato distinto que es especialmente favorable para la vegetación, cual es el *suelo* propiamente dicho, que es lo que llamamos comunmente *tierra;* un medio en donde la vegetación alcanza su máximo biológico en la presente edad de la Tierra. Este suelo constituye un óptimum entre dos condiciones primordiales que son el agua y la roca viva.

Desde cada uno de estos medios estacionales que poseen condiciones extremas puede seguirse la sucesión hasta el óptimo y en una y otra serie, se pueden distinguir etapas intermedias o secuencias, como sucede entre la vegetación propiamente acuática y la edáfica emergida, pasando por especies anfibias que arraigan en un suelo sumergido y elevan las partes superiores de su mata adulta en el medio aéreo. También lo podemos observar en la vegetación rupícola y terrícola, vista ésta en sentido estricto y aún en la fisurícola que es la que aprovecha las fisuras de las rocas en que se va formando un suelo de verdad (81).

Así como Del Villar adoptó la desinencia en *-etum*, a continuación del nombre biotípico o sistemático para denominar las sinecias en sí mismas, como colectividades vegetales, adoptó también un sistema de denominación general para designarla en su relación con su medio estacional, o sea, en su aspecto ecológico. El propuso la terminación *fitia*, del latín *phytia* y del griego *phyton*, para planta, lo cual se pospone a la radical expresiva del concepto estacional (81). Preferimos que el prefijo indique una adaptación fisiológica predominante.

De esta manera se puede sintetizar en términos latinos y en gracia a la universalidad, la división general de la vegetación desde los puntos de vista ecológico y sucecionista combinados:

- Œcophytia
  - Hydrophytia (lato sensu)
    - .... Holohydrophytia ↓
    - .... Helophytia
  - ↑ Phreatophytia (lato sensu) .... ↑
  - Pezophytia
    - .... Edaphophytia ↑
    - Petrophytia
      - Chasmophytia ↑
      - Lithophytia

Biophytia — Symphytia, Zoophytia

En la hydroserie, un examen de las diferentes modalidades de la habitación acuática nos permitirá establecer límites entre *proteretum e hysteretum*. En lo más elemental se encuentran los organismos microscópicos que flotan en forma pasiva en el agua y a cuya colectividad se dá el nombre de *plankton*. El de *benthos* se ha creado para la vegetación fija en el fondo y cuando se trata sólo de organismos microscópicos se le llama *microbenthos*. Creemos sin embargo, que la vegetación microscópica de formas iguales a las del plankton que viven simplemente posadas en el fondo y no verdaderamente adheridas en una estancia tan pasiva como es la del plankton que flota, sería más lógico agruparla con éste y no con la vegetación macroscópica realmente fija en ese fondo y hasta arraigada en las formas superiores. Por eso preferimos para ella la denominación de *thetoplankton* que proviene del griego etós, posado, es decir,"plankton posado". (81).

Para la vegetación macroscópica suspendida en el agua se emplea la denominación general de *pleon* que es paralela de plankton y así queda en sustitución informal del pequeño *pleuston* de Schröter. Lo dividen entonces en *epipleón* supranatante, *hypopleon* subnatante, y *heteropleon*, alternativamente flotante y sumergido.

Para la vegetación macroscópica fija en el fondo del agua, se emplea como denominación general la de *stadion*, que por su etimología expresa claramente la implantación activa, siendo aquí que surge una división importante.

En unas plantas el resto del organismo continúa habitando en el agua y nadando en ella, sumergido, o flotante. En el último caso aparece un contacto con el aire precisamente en la cara superior de la hoja que flota, o en la flor ya más o menos aérea; pero en general el organismo sigue adaptado a la habitación acuática. En otras plantas por el contrario, la parte superior deja por completo dicha habitación y se eleva al aire como cualquier elemento de la vegetación pezofítica. Al primer grupo se le designa *hydrostadium*, al segundo *helostadium*. Al *hydrostadium* se le divide en bajostadium si las plantas vienen totalmente sumergidas, y ploadostadium si su parte superior flota en la superficie (81).

Fragmentos de los organismos del hydrostadium que se separan de su pié, y aún a organismos enteros desprendidos del fondo, que a primera vista dan la sensación de un *pleon*, a pesar de proceder del stadium, se les puede aplicar el nombre de *pseudopleón*.

Habiéndose fundado en la diferenciación biótica la demarcación en proteretum e hysteretum, es evidente que la línea divisoria debe trazarse para la hydroserie, entre el hydrostadium y el helostadium. El proteretum de la hydroserie es por lo visto muy rico en formas, pues va desde las esquizofíceas del plankton, hasta incluir sifonógamas angiospermas, como por ejemplo *Ranunculus acuatilis.* El criterio biotípico general del proteretum hidroserial es el de organismo dispuesto para la habitación acuática (81).

Por el extremo opuesto de la litoserie, no hay duda de que el proteretum se limita a la *lithophytia*, pues las formas vegetales de la *chasmophytia* son exactamente las mismas del *hysteretum* edafícola.

Los factores del medio.

Habiendo hablado acerca del *medio*, queda por tratar el concepto de *factores* ya que ambos entran en la definición de *estación.*

La mayoría de los factores actúan en dos o más de las divisiones del medio, por ejemplo, la luz en el aire y en el agua; la composición química en la roca viva, en el suelo propiamente dicho y también en el agua; los gases atmosféricos en el aire, en el agua y en el suelo; el agua, en forma líquida o gaseosa en todas las divisiones. Pero algunos, aunque muy pocos de estos factores son exclusivos de un medio determinado, vg. el viento es exclusivo del medio aéreo y, si en parte la vegetación que sobrenada en el agua puede participar de él, es en la medida en que participa del aire mismo.

El estudio detenido de cada uno de esos factores en sí no pertenece a la geobotánica, sino a la rama respectiva de las ciencias geofísicas, o a la biología cuando se trata del medio vivo. Lo mismo sucede con los métodos investigativos. De esta manera, el estudio de la humedad atmosférica corresponde a la física y a la meteorología. La determinación de los caracteres y fenómenos del suelo le toca a la edafología, pero aún dentro de esta los problemas han de ir a buscar su solución en el campo de la química o de la física (81).

El estudio de la relación objetiva de cada factor del medio y la vida de la planta no corresponde tampoco a la geobotánica sino a la biobotánica y, dentro de esta, principalmente a la fisiología vegetal. Aquí es donde se estudia el intercambio de gases de la planta con el medio atmosférico, la relación entre la presión osmótica del medio y los fenómenos de la vida celular y también los aspectos nutricionales de los vegetales.

Estos conocimientos relacionados con los factores del medio y su relación con la vida de la planta, son necesarias para la geobotánica que los toma ya elaborados de las ciencias respectivas. Dentro de los límites estrictos de la geobotánica esos factores geofísicos y bióticos solo son tomados en cuenta como elementos integrantes del medio y *en cuanto puedan contribuir a determinar el habitat o habitáculo de las plantas o de sus sinecias (communities).*

Entre los factores del medio aéreo se encuentran los elementos químicos, la luz, la temperatura, el agua, la presión y el viento, la exposición, siendo ésta menos importante en los intertrópicos que en las regiones más alejadas del ecuador.

Entre los factores del medio acuático tenemos el aire, la luz, la temperatura, los movimientos verticales y horizontales del agua, las substancias disueltas, su reacción y la presión osmótica.

Entre los factores del medio edáfico anotamos la caracterización agronómica del suelo, la procedencia de los horizontes, la composición mineralógica y química y la reacción (pH); la presión osmótica, el aire del suelo, el calor, el agua, el factor biótico, la evolución edáfica y la clasificación tipológica de los suelos (81).

Los factores bióticos y el medio biótico autónomo

En el factor biótico incorporado al ambiente del suelo que ya se ha mencionado al lado del acuático, hay que tener en cuenta lo que H. Del Villar llama el *factor biótico autónomo*, valga decir, en cuanto no puede considerarse incorporado a ninguna de las tres formas del medio geofísico que son el aire, el agua y la tierra (suelo).

De todas maneras debemos buscar dos realidades diferentes: la primera es la suma de actuaciones que los seres vivos, sin formar parte de ningún medio geofísico, y en su existencia autónoma, ejercen sobre la vegetación; a esto es a lo que llamamos *factor biótico autónomo.* La segunda es la suma de organismos, que sirven, por sí de medio efectivo a la vegetación, como puede ser un tronco caído colonizado por algún insecto, unas larvas parasitadas por alguna avispa, o la sangre de algún mamífero invadida por una población de bacterias. Este es el único *medio biótico* verdadero (81).

El factor biótico interesa a la geobotánica solo en cuanto afecta al fenómeno de la localización, y su actuación en este orden es amplia e importante. A ella corresponden por ejemplo: la frecuentación de las sinecias o comunidades por animales, aparte de los efectos incorporados al suelo (pisoteo y deyeciones); los ataques directos del animal o de la manada de estos a la vegetación; por ejemplo el pastoreo natural de los herbívoros, el ramoneo de cabras y ovejas, el ataque de langostas y, por supuesto la intervención de algunas aves y murciélagos en la polinización y en el transporte de frutas o semillas a sus abrigos y cuevas, como sucede en las habitaciones de guacharos *(Steatornis),* en cuyo piso se forman verdaderos almácigos de plantas en plena oscuridad. Esto amerita que se proponga un nuevo tipo ecológico que se puede llamar la *Spelaeophytia.*

Por estos diversos conceptos, el factor biótico autónomo puede favorecer, dificultar o impedir la migración o eccesis de las plantas; favorecer, transformar o destruir determinadas sinecias y perturbar las sucesiones y la distribución de sus etapas en el espacio. Por otro lado, el pastoreo de una fauna natural poco abundante puede ser que no haga mella en la vegetación de un Páramo por ejemplo, pero si aquel es más activo, puede alterar en sus comunidades las proporciones en la flora. De la misma manera, el ramoneo de las cabras ha sido señalado como una de las causas que han colaborado en la destrucción de la vegetación arbustiva y arbórea al impedir el desarrollo de retoños. Efectos igualmente radicales en distintas sinecias pueden originar la invasión de insectos (81).

Las estaciones biógenas

Cuando determinados efectos del factor biótico se acumulan persistentemente en un área determinada, pueden producir una alteración de conjunto, también persistente en las condiciones estacionales para transformar la estación originaria en otra; como consecuencia, la sinecia primitiva se modifica más o menos o es sustituida por otra esencialmente distinta. Esto puede ocurrir vg. en una querencia de mamíferos, donde el suelo es modificado en condiciones físicas y químicas por el pisoteo y por la acumulación de deyecciones al atacar sistemáticamente la vegetación por sobrepastoreo y ramoneo, lo cual viene a crear un enclave de mayor luminosidad que probablemente facilita la entrada y eccesis a especies diferentes de las que antes eran dominantes.

Como el factor que predomina en el origen y mantenimiento de estas transformaciones es el biótico, puede darse en general al medio así originado y mantenido, la denominación de *medio biógena*. Esta voz, como también *antropógena* y otras análogas ha de tener necesariamente la desinencia en (–a) para todos los géneros como ocurre en *agrícola*. Así, *antropógena* significará "producido por el hombre", mientras que *antropógeno* significaría "que produce hombres". Análogamente, *biógena*, para los tres géneros, será "producido por la vida o por seres vivos", mientras que *biógeno* es "productor de vida". Tanto las estaciones terrestres como las acuáticas, en cierta medida pueden transformarse en medio biógena.

Es importante distinguir pues entre *factor biótico*, *medio biógena y medio biótico* porque, el factor biótico es una actuación de seres vivos; el medio biógena es un grupo de estaciones cuyos caracteres especiales resultan de la actuación de seres vivos; mientras que el medio biótico es el ser vivo mismo que se encuentra habitado por una población vegetal(81).

Las estaciones antropógenas

A la estación o medio biógena debida principalmente a la acción humana se le ha aplicado el calificativo de antropógena, porque en la presente edad del planeta el ser vivo que más ampliamente origina medios biógenas es el hombre; en Colombia en forma notable, desde hace algo más de 12 mil años. Pero para las demás especies que ha domesticado, también le sirven de agentes en esta actuación vg. el pastoreo intensivo que es una de las causas que más han transformado la cubierta y tapíz vegetal del mundo entero. Esto ha dado orígen a una distinción entre actuaciones y estaciones *zooantropógenas y euantropógenas*, aplicando este último nombre a todos los casos de intervención directa del ser humano; porque, como la actuación zooantropógena suele ir acompañada entre nosotros en algún grado de la euantropógena, lo práctico es considerar lo antropógena en cónjunto.(81)

Las formas de esta actuación pueden distribuirse en tres grupos: la explotación agrícola, la habitación y el tránsito, incluyendo en la primera el pastoreo, la siega de los pastos de corte, los aprovechamientos forestales, la tala y deforestación, la roturación, el cultivo, las plantaciones y repoblaciones, el abonado y la fertilización, el barbecho, el abandono de áreas desertizadas por algunas de las actuaciones anteriores, conviertiéndose este grupo en el que cubre las más dilatadas superficies de la parte habitada y cultivada de la Tierra.

Los tipos de vegetación natural que se suceden a la actuación agrícola de las familias para iniciar de nuevo la subserie, reciben el nombre general de *formaciones arvences.*

La habitación humana comprende toda clase de aglomeración o no de viviendas que el hombre construye para sí y para sus animales domésticos. Desde el punto de vista ecológico, esta actuación puede mirarse como una acumulación de dos clases de elementos principalmente: material de construcción más o menos comparable a las rocas vivas; ladrillo, cemento, yeso, etc. y deyecciones y residuos generalmente ricos en nitrógeno y otros elementos, algunos de los cuales llegan a ser tóxicos y han servido nuestros propósitos para establecer subtipos ecológicos. Por el primer concepto, las condiciones de la estación antropógena se relacionan con las de lugares pedregosos o rocosos y taludes; por el segundo, con corrales y querencias de animales varios; de ahí las semejanzas en su vegetación. Por ambos conceptos, para los efectos de ésta, las ciudades y las ruinas son equivalentes. A este conjunto de estaciones se les dá el calificativo de ruderales, del latín *rudus, ruderis* que significa cascote, escombro.

El tránsito origina la red de caminos, desde la trocha hasta las modernas carreteras y vías férreas que también llegan a perturbar algo las estaciones acuáticas. El camino, desde el punto de vista ecológico participa de la estación arvence que atraviesa y también de la ruderal,.pues es por sí mismo una construcción de ingeniería que a su vez acarrea obras como túneles, puentes y alcantarillas. Considerados ecológicamente, los caminos se denominan *estaciones viarias.*

Al conjunto de las estaciones *arvences, ruderales y viarias* se les suele designar también en forma colectiva con el segundo nombre que viene a tener como tantos otros términos científicos, un sentido estricto y uno lato. Pero más metódico resulta aplicar a este conjunto el calificativo general de *antropógena*, expresivo de su origen, y el de *parantrópica* a su vegetación en general, pudiéndose incluir aquí también los llamados *setos* (81).

Dimensiones Ambientales o del Medio

Biósfera, Biomas y Ecosistemas

Dansereau, 1957, (20) considera que el objeto del estudio de la sinecología no es el de un organismo en particular sino el de todos los organismos presentes en un ecosistema; es el lugar donde se desarrollan todas las actividades de las varias especies, ya sea que estén viviendo aisladamente o juntas. Las plantas y los animales que son miembros de una comunidad tienen diferentes orígenes, han adquirido su estado actual a través de diferentes circunstancias históricas y actualmente manifiestan tolerancias y requisitos diversos. En consecuencia, ellas pueden ocupar distintos habitats dentro de la región donde ha sido posible su supervivencia. Su cohabitación viene a ser entonces el resultado de un ajuste, no solo en los elementos de su medio estacional inorgánico, sino también entre sí. Por eso, en cada caso debemos tener en cuenta las condiciones físicas del habitáculo, la duración y fluctuaciones de sus factores influyentes, la distribución espacial y las funciones de los miembros de la comunidad. Todo esto es lo que constituye para Danserau, un Ecosistema.

Por sobre todo, debemos tener en mente la naturaleza holocenótica del medio que considera la comunidad viviente como un todo, sin hacer énfasis en ninguna de sus partes y sin referencias necesarias a ninguno de los factores causales, como podemos decir del ecosistema de una turbera que revela la interdependencia mutua del substrato, las plantas y los animales. Es pues el impacto total de todos los factores que condicionan la naturaleza de la comunidad, de su estructura, composición y dinámica. Y aunque se puede mostrar que los factores individuales y los elementos pueden ejercer una influencia limitante y aún de control, la biocenosis tiene una integridad que es organísmica y no reducible estrictamente a la suma de sus partes.

Dansereau nos ofrece algunas dimensiones ambientales o del medio: Biósfera, Biociclo, Biócora, Habitáculo y Biotopo y señala que una definición aceptable del habitat implica varios órdenes de magnitud. Así por ejemplo, la biósfera es aquella parte de la corteza terrestre y de la atmósfera que es favorable por lo menos a alguna forma de vida. Esta se puede subdividir en biociclos para los cuales existen tres: agua salada, agua dulce y tierra. El factor físico determinante que varía aquí y que tiene significado ecológico es la densidad del entorno. La vida en el mar, en los estanques y en las corrientes y también en la tierra, radicalmente requieren diferentes ajustes. Por esta razón los tres biociclos son más bien difusos en el espacio, especialmente el de las aguas dulces.

Por otro lado, la biocora es el entorno geográfico en donde aparecen ciertas formas dominantes de vida que deben adaptarse a una liga particular de factores meteorológicos. Para Font Quer (36) es una región natural biológica que se establece tomando por base los seres vivos que la pueblan, las plantas y los animales que la caracterizan. Su distribución mundial depende sobre todo de la precipitación pluvial y cada biocora se caracteriza por un tipo mayor de vegetación. Por ejemplo algunas regiones forestales y praderas tienen una distribución de fuerte contraste respecto a la luz, el calor y la humedad. Consecuentemente, es diferente la estructura de la cubierta vegetal y también lo son los hábitos de los animales que la pueblan, los cuales pueden pacer, ramonear, etc.

En cada biocora se pueden desarrollar una o más formaciones vegetales que se extienden, por ejemplo, en una provincia entera así: el biocoro forestal norteamericano forma una herradura gigante que se extiende desde la selva tropical de la Florida por la pluviisilva templada, hasta los bosques deciduos siempre verdes, para terminar en los bosques aciculifolios perennes que llegan hasta el sur occidente del continente.

Dentro de cada una de estas cuatro formaciones, pueden distinguirse áreas clímax que se caracterizan por su estructura y composición. Así, los bosques deciduos veraniegos del este norteamericano son más o menos homogéneos en sus rasgos estructurales de este a oeste y de norte a sur, pero ya se han reconocido como nueve áreas clímax distintas, basadas en la composición florística cuantitativa. Desde luego que no todo el espacio es tomado por la vegetación clímax, porque la naturaleza del relieve permite una diferenciación en muchos habitáculos y el porcentaje de la región ocupado por el ecosistema que caracteriza esta formación siempre verde depende de la cantidad de terreno drenado.

Mary E. Clark 1973 (11) en su Biología Contemporánea describe los biomas terrestres como las mayores divisiones de los medios estacionales de la tierra que son conocidos con el nombre de biomas y que se caracterizan por el tipo principal de su vegetación, la cual debe encontrarse en condiciones estables para merecer el calificativo de vegetación climax que refleja los rasgos principales del clima y del suelo que ocupa; de ello resulta que el bioma puede considerarse un tipo mayor de ecosistema que carga una comunidad típica de plantas y animales. Claro está cuando se presentan interferencias naturales extraordinarias o marcada influencia humana sobre el medio, como puede ser la caída de ceniza volcánica en gran abundancia o los incendios naturales, puede producirse un cambio en la cubierta vegetal, la cual ya mermada, debe volver a su clímax a través de una secuencia de estadios de sucesión característicos para las diferentes ecologías.

Dos biomas semejantes e importantes del planeta son el Páramo y la Tundra, los cuales, sinembargo, es necesario diferenciar como medio geográfico y también como medio estacional.

La mencionada autora (11) nos describe el bioma ártico alpino conocido como Tundra de latitudes extremas, el cual también se puede presentar sobre la línea superior del bosque en las altas montañas donde las características físicas principales del medio estacional son el aire frío y los suelos ácidos. Consiste su vegetación clímax principalmente de plantas herbáceas perennes, arbustos y árboles enanos, y los líquenes que alimentan al reno y al caribú sobre un suelo congelado durante todo el año que solamente deshiela en la pura superficie, lo cual da lugar a charcas y depresiones turbosas en un terreno extensamente entrapado de agua. Pero el *permafrost* que permanece casi todo el año, impide el crecimiento de sistemas radiculares suficientemente amplios para sostener árboles de una talla considerable en un ambiente en que la estación de crecimiento se limita a dos meses por año. A pesar de todo, la Tundra sostiene algunos grandes mamíferos como el caribú o reno, el buey almizclero, la liebre ártica, el zorro blanco, algunos pequeños herbívoros roedores como los lemmings, perdices árticas y un número de aves predadoras y multitud de aves migratorias veraniegas que se aprovechan de miríadas de insectos.

Manuel Del Llano (29) presentó en el V Congreso Nacional de Ecología, realizado por la Sociedad Colombiana de Ecología la ponencia "Biomas Terrestres de Colombia", sobre lo cual damos algunos apartes:

Fue Clements en 1916 quien propuso por primera vez el término Bioma con la significación de comunidad biótica integrada por plantas y animales. Esta palabra evolucionó hasta recibir en norteamérica un significado coincidente con el de formación clímax, para llegar a caracterizarse allá, por la uniformidad fisionómica de la clímax vegetal y por los animales influyentes, con lo cual se adquiere una constitución biótica característica.

De acuerdo con lo anterior, el bioma viene a ser una comunidad biótica mayor, semejante a una zona de vida y que se caracteriza por la claridad en las formas de las especies clímax principales, o sea, por la vegetación dominante cuya fauna es supuestamente característica, sin olvidar claro está el inventario que se debe hacer de la fauna del suelo. Por ello, los biomas terrestres se nombran por la vegetación dominante y de allí provienen los vocablos bosque, monte, matorral, sabana, páramo, etc. En cambio, los biomas marinos que no figuran en este estudio, se relacionan con sus animales predominantes, como es el caso de los arrecifes de coral. También, los nombres de los biomas terrestres hacen alusión a una región determinada que posee un clima particular y se presenta como un conjunto ecológico homogéneo, formado por una variedad de biocenosis que son las que integran el conjunto de animales y vegetales que constituyen la parte viviente equilibrada de una región geográfica o de un medio estacional dado. A continuación se dan los nombres de algunos biomas propuestos para el territorio colombiano por el mencionado autor.

Los biomas relacionados con el Páramo que son motivo de nuestro interés en estas líneas, encajan a lo último, bajo los siguientes títulos:

Biomas terrestres de Colombia

A. Región de tendencia subtropical por razón de su latitud.

Comunidades xerofíticas muy delicadas.

B. Región ecuatorial o también llamada "tropical".

Biomas de bosques tropicales.

Biomas de comunidades boscosas litorales.

Biomas de bosques premontanos. . .

Biomas de bosques del piso montano bajo, según L.R. Holdridge.

Bosquetes, sub-Páramos y paramillos del piso montano.

19. Bosque húmedo montano.
20. Bosque muy húmedo montano.
21. Bosque pluvial montano.

Biomas de comunidades psicrofíticas de gran altitud.

22. Páramos típicos que pueden ser relativamente secos o húmedos, de acuerdo a su exposición.
23. Super-Páramos y Nieves perpetuas.

Acerca del clima del bioma Páramo

Los Páramos andinos no tienen en las montañas colombianas estaciones meteorológicas importantes de experimentación, por lo cual nos hemos permitido sugerir aquí de nuevo su ubicación en macizos descollantes como la Sierra Nevada de Santa Marta, los nevados del Cocuy, El Ruíz, El Huila y las principales eminencias del sur de Colombia y la frontera con la República del Ecuador, en donde sea posible cuidar celosamente la fauna de esas alturas al tiempo que se investiga, porque, a pesar de encontrarse ésta en Parques Nacionales vigilados, la fauna mayor sigue siendo misteriosamente diezmada.

Por lo dicho, en esta introducción, hemos querido informar al lector sobre los aspectos sobresalientes en los altos Páramos, basándonos en las informaciones del Himat y del Inderena, las cuales han sido divulgadas en muchas publicaciones. Pero la información más importante que hemos podido conseguir acerca del clima paramuno es la de los Páramos relativamente secos que se encuentra publicada en el libro de la Doctora Maximina Monasterio (57) intitulado "Estudios Ecológicos de los Páramos Andinos", Mérida,

Venezuela, y por envio que nos hiciera la misma Profesora de separatas de sus artículos sobre el Páramo de Mucubají en colaboración con otros investigadores; Páramo que se halla en el corazón de la cordillera de Mérida donde se han desarrollado muchas de sus pesquisas en importantes instalaciones donde el clima ha sido estudiado a escala regional y en sus variantes topo y microclimáticas, todo ello integrado en una visión general llamada por ellos la alta montaña tropical en Sudamérica.

Sobre la geografía climática en el extremo meridional de los Páramos que no ha sido bien delimitada, nos permitimos remitir al lector al estudio de Luc Ortlieb y José Machará del Orstom y del Instituto Geográfico del Perú, que lleva por título "Evolución climática al final del Cuaternario en las regiones costeras del norte Peruano", del Instituto Francés de Estudios Andinos, Tomo 18, 1.989. En el mapa adjunto se puede apreciar la parte colindante con los bosques y Páramos semiáridos de montaña, los matorrales y estepas aridas y aún el desierto costero hiperárido que llegan hasta el rio Santa, al sur de Trujillo (8°S).

Climaticamente es importante el concepto de las zonas de condensación reconocidas por varios autores, especialmente del frente occidental de montañas colombianas vg. 1. la zona de condensación del limite forestal superior que corresponde al segundo cinturón de nubes ecuatoriales de Guhl (1974) y, 2. la franja superior de condensación o tercer cinturon de nubes ecuatoriales del mismo autor, ubicado en lo más bajo del super-Páramo, entre 4.100 y 4.300 metros de altitud.

El marco geológico

La estructura o el marco geológico profundo de la región o Provincia parámica cuyo origen se encuentra en los procesos dinámicos internos de la formación de la tierra y cuyas formaciones y rocas parecen puestas al azar por la naturaleza, no se puede analizar y sujetar al tratamiento sistemático inquisitorio aplicado en planteamientos geomorfológicos y pedológicos, porque la distribución geográfica de los elementos rocosos profundos y que afloran, no depende de factores dinámicos externos como sí lo hacen los mantos saprolíticos y los suelos, y porque los procesos endodinámicos a que se hizo mención primero, están relacionados con dislocaciones tectónicas, con movimientos terrestres oscilatorios, con el volcanismo y particularmente con el metamorfismo, como lo veremos en seguida con las formas del relieve, el paisaje y los suelos. La informacion geológica suministrada aquí se basa en los reconocimientos geológicos y pedológicos realizados mayormente por el Servicio Geológico Nacional, el Igac y divulgados por el Inderena para la Provincia de bioma de Páramo.

Geomorfología e hidrografía. Una ecuación geomorfológica y formas del terreno

El proceso en la Geomorfología que tanto nos ha interesado en los últimos lustros, ha sido llevado a cabo por una diversidad de aproximaciones. Una ecuación simple puede mirarse como un vehículo para la explicación de tendencias recientes en geomorfología (Gregory, 1978). Esta ecuación envuelve tres términos principales que son el resultado de las formas del terreno (*F*), procesos (*P*) y materiales (*M*). La forma del terreno o resultado (*F*) puede mirarse como la variable dependiente, mientras que los procesos y materiales pueden pensarse como las variables independientes. Por consiguiente la ecuación puede expresarse como

$$F = f\,(P\,M)\ \mathrm{d}_t$$

en donde *f* denota función de, siendo la d_t la manera matemática de indicar el cambio durante el tiempo trascurrido.

Esta ecuación nos da una base simple para sumarizar las varias aproximaciones disponibles a la geomorfología, la cual viene a proponer cuatro niveles de estudio de la ecuación que pueden enunciarse de la siguiente manera:

Nivel 1. *Estudio de los elementos de la ecuación*, i.e. investigación de forma, proceso o materiales independientemente.

Nivel 2. *Equilibrio de la ecuación*, i.e. obtención de la relación entre forma, procesos y materiales para un área particular en un tiempo específico.

Nivel 3. *Diferenciación de la ecuación*, que envuelve un exámen de la manera en que varían con el tiempo las relaciones entre los ingredientes, forma, procesos y materiales.

Nivel 4. *Aplicando la ecuacion*, que es cuando nos empeñamos en utilizar los resultados de los tres niveles precedentes para aplicarlos a problemas contemporáneos del medio.

Según J.C. Thouret y A. Pérez Preciado, del Igac, en su estudio que ha llegado a nuestras manos recientemente "Contribución a la metodología de la zonificación de los procesos de erosión en los Andes del norte: ensayo de clasificación de formas, procesos y mecanismos geomorfodinámicos en los Andes centrales de Colombia", los super-Páramos están caracterizados por procesos periglaciales tales como crionivación y gelifluccíón. En los Páramos propiamente dichos dominan en cambio procesos tales como el escurriemiento concentrado localizado, la reptación y la solifluccíón, para agregar finalmente que la inestabilidad de Páramos y super- Páramos, donde la geodinámica no es catastrófica, es sobre todo potencial y heredada.

Suelos de los Páramos

Habiendo puntualizado lo referente a la Geología que llega a los Páramos en salientes rocosas eminentes, podemos hablar de las herramientas inquisitorias de trabajo que hemos empleado en Pedología y Geobotánica donde optamos

La región más central de la distribución de los Páramos en América, entre Ecuador, Costa Rica y Venezuela.

por seguir los criterios de nuestro Profesor, el científico del Suelo Dr. Hans Jenny de la Universidad de California, en Berkeley; y en el campo de la Geobotánica - que también podríamos llamar Geoecología - para tener muy en cuenta también la vida animal y el medio inerte de la roca, el criterio del Profesor E.Huguet Del Villar, cuya línea de pensamiento hemos tratado de continuar, profundizar y ampliar en el presente libro.

Las estrategias adoptadas en el estudio de los Suelos las hemos aplicado desde el año de 1950 en la Universidad de California y desde 1964 en los trabajos relacionados con Fitogreografía y Geobotánica en la Universidad Paul Sabatier de Toulouse, con su aplicación en la enseñanza en la Universidad Nacional de Colombia en sus Facultades de Agronomía y muy especialmente en la Sección de Ecología del Departamento de Biología en Bogotá.

En relación con la *Ecología regional de los suelos* y con los factores externos de su formación, seguimos los criterios trazados por el Profesor Jenny en que se puntualiza que el desarrollo de estos no se encuentra controlado por genes sino por factores externos, por lo cual el estudio y clasificación de estos factores es de gran ayuda para entender la *ecología* de los Tipos de suelos.

Al definir los factores de formación del suelo debemos recordar que un factor pedológico es un agente, fuerza, condición o relación, o la combinación de estos, que influyen, han influido o pueden influir sobre un material con la posibilidad de transformarlo. Para S.W. Buol (9), ejemplos de factores de formación del suelo son la energía radiante solar o una condición de saturación del perfil por parte del agua, de tal manera que una lista detallada de los factores de formación sería muy larga, por lo cual los genetistas de suelos desde Dokuchaev hasta hoy, han seleccionado unos pocos factores para que sirvan de base para organizar investigaciones pedológicas con acumulación de datos. Los cinco factores generales de la formación del suelo son el material parental, el relieve, el clima, los organismos y el tiempo, teniendo el último que ver con el grado de desarrollo del perfil que se expresa en términos de suelo jóven, suelo maduro o suelo senil. En el material parental entran aspectos físicos y químicos y, en el relieve, la elevación, la pendiente y la frofundidad a que se encuentra el espejo de agua; en el clima, la precipitación, la temperatura, la humedad relativa etc. y en los organismos, la fauna y la flora. Cuatro de estos factores fueros incluidos en la fórmula de Dokuchaev, 1898, con excepción del relieve, así:

$$S = f\,(\,cl, o, p,)\; t^{\circ}$$

en donde *S* representa el suelo; *cl*, el clima de la región; *o*, los organismos, tanto plantas como animanles; *p*, el "substrato geológico" y t°, la edad relativa del suelo (jóven, maduro o senil) considerando los factores como interdependientes.

Jenny, 1941, consideró los cinco factores mencionados por Dokuchaev como variables independientes y en 1961 esbozó el principio de las ecuaciones que concisamente expresan "generalidades del comportamiento del suelo relacionados con los factores genéticos"; entre tanto la ecuación de Dokuchaev concibe los factores simplemente como formadores del suelo. Las ecuaciones de Jenny describen las relaciones entre una propiedad del suelo y los llamados factores de estado que son agrupaciones de factores como sigue: clima ambiental, especies de organismos, topografía (incluyendo relaciones hidromórficas, tales como el espejo de agua); material parental (definido como el estado del suelo en grado cero de formación); tiempo (edad del suelo), periodo absoluto de formación del suelo, y factores adicionales sin especificar.

$$S = f\,(cl, o, r, p, t, \ldots)$$

Los factores de estado definen que la condición del sistema suelo y la ecuación son más útiles para relacionar las propiedades del suelo con los factores en todo el ecosistema, siendo este un sistema con entradas y salidas de energía como lo definió Jenny en 1961. Las entradas de energía incluyen radiación solar, transferencia de calor y de entropía desde el depósito del calor exterior, mientras que la salida de energía se lleva a cabo en forma de radiación de calor y reflección de la luz. Por otro lado, el influjo de materia incluye gases que entran al ecosistema, agua en forma líquida y sólida que llega al mismo por los lados de arriba o de abajo; sólidos dispersos y disueltos en agua, como también sólidos igualmente dispersos que se mueven en el aire con el viento, fuera de organismos que entran en el ecosistema. El eflujo está constituido por todas estas cosas que salen del sistema, mientras que la soliflucción y otras formas de movimiento masivo son formas especiales de eflujo.

Así, si l es un símbolo para cualquier propiedad del ecosistema, entonces (l_{in}, l_{out}) puede significar un flujo o transporte de materia y energía a lo largo de gradiente o diferencias potenciales contra la resistencia hacia la penetración a través de una interfase o límite en el ecosistema. Por ejemplo, la lluvia que cae sobre la superficie de un granito liso no da por resultado un flujo dentro del granito debido a la resistencia a la penetración (m) en la interfase. Así mismo, la lluvia sobre la arena indica el flujo dentro de ella debido a un bajo valor de m.

Delinear un ecosistema entero, separado del entorno ambiental, hace posible la distinción entre el flujo potencial externo (P_x), tal como el clima externo (cl) y los potenciales condicionantes del sistema, tales como el clima de la vegetación o del suelo (cl'). El factor biótico (o) es otro potencial externo e incluye todas las especies activas y en formas durmientes como semillas y esporas que se encuentran en el ecosistema al tiempo o justamente después del tiempo (O) y que pueden migrar o ser llevados al ecosistema en cualquier momento. Pero el conjunto real de especies presentes en un ecosistema después del tiempo O, constituye un potencial condicionado dependiente interno (o'). Los depósitos que se acumulan de polvo y los aportes de las avenidas de agua, como también, los incrementos de abonos hechos por los compesinos se encuentran entre muchos otros flujos potenciales externos que influyen en los ecosistemas y en los suelos que en ellos se hallan. Porque cada ecosistema ha sido accionado por cierto período de tiempo por el potencial de flujo externo (P_X). Según Jenny, la "matriz mineral y orgánica inicial de la porción del suelo del ecosistema" es el material parental (p), definido en términos de un estado estandar de presión y temperatura, de tal manera que los nuevos materiales y estados que se derivan de estos a través de la influencia de la formación del suelo, son elementos dependientes (p'). Así mismo, la configuración del sistema (r) que podríamos llamar su fisonomía, comprende los rasgos topográficos o de relieve, tales como la pendiente y el aspecto, y también relaciones hídricas como el espejo de agua. Los cambios de configuración durante la génesis del suelo son condiciones dependientes (r').

La ecuación general de Jenny del factor de estado

$$\text{l, s, v, a} = f\,(\,L_o, P_X, \text{t}\,)$$

establece que, una propiedad (l) del ecosistema, una propiedad del suelo (s), una propiedad de la vegetación (v), o una propiedad relacionada con lo animal (a) es una función del estado del ecosistema más grande (L) al tiempo cero (L_O), el potencial de flujo externo (P_X) y la edad del sistema (t).

En un paisaje dado en determinado momento, la efectividad relativa de los cinco factores del suelo (*cl*, *o*, *r*, *p*, *t*,) es característica. Un factor que tiene un margen estrecho a través del paisaje no es efectivo en producir variación en una propiedad del suelo de un lugar a otro. Un factor que tiene un margen amplio en el paisaje, puede ser inefectivo en parte del transcurso y efectivo en otro. La expresión matemática de Jenny, 1961, establece que un factor (f) tiene un amplitud ($c \rightarrow d$) en un paisaje y se relaciona a una propiedad v.g. (N= por ciento promedio de nitrógeno en superficie del suelo) como se puede mostrar en la curva de un gráfico. Cuando la curva tiene una pendiente de *0*, el factor es inefectivo, pero cuando la curva tiene una pendiente fuerte, el factor es efectivo. Este principio lo aplicó Jenny en las propiedades del suelo en ecosistemas de la India.

Esta discusión de los factores de formación recuerda el concepto de "organismo científico" de Whitehead. En este contexto, un cuerpo de suelo o una asociación de estos pueden considerarse cierta clase de organismo científico con cierto grado de dinámicas propias que no son impuestas simplemente sobre el suelo por factores externos (P_X). Buol (9) trae como ejemplo un suelo tropical negro al que nosotros denominamos "Suelo armónico" por tener la capacidad de abrirse y cerrarse como los fuelles de un armonio, siendo a la vez de constitución montmorillonítica, el cual se autogranula, se autoencala y se autoestructura en su relieve y puede actuar aún como un complejo de válvulas que en forma alternativa admiten y sacan la corriente del agua de percolación. En la extensión en que un suelo desarrolla su propia dinámica, participa como un factor en su evolución y ejerce una influencia en el medio, modificando su microclima, la microtopografía y la cubierta vegetal y alternando tambien el curso y la velocidad del ciclo geomórfico de la erosión y de la sedimentación.

Las secuencias de suelos pueden mirarse como determinadas por factores simples. Jenny ha reconocido la interdependencia de los factores de estado de la formación de suelo, pero ha buscado situaciones en las cuales se revela la influencia de un factor variable, porque todos los factores, menos uno, son "inefectivos" en el paisaje. Existen climosecuencias, biosecuencias, toposecuencias, litosecuencias y cronosecuencias de suelos; y experimentos llevados a cabo en invernadero por el mencionado autor, indican que fué sembrada cebada en suelos particulares de California, demostrandose que los factores genéticos correlacionan con rendimientos de cosechas.

Los factores del medio establecen límites y direcciones para el desarrollo del suelo, de la misma manera como estos factores estacionales determinan v.g. las clases de casas que construyen los esquimales en la tundra, que construyeron los pioneros norteamericanos y también los primitivos pigmeos del Africa. Pero los pasos reales por los cuales los suelos (o las casas) se forman, constituyen procesos pedogenéticos.

Las referencias de Jenny, de flujos que entran y salen y se trasladan dentro de los suelos son, en efecto, referencias a procesos de formación de los mismos entes. Los factores y procesos externos al ecosistema influyen y son influidos por factores paralelos y procesos dentro del ecosistema, tanto en la vegetación como en el suelo.

El Medio Viviente

La vida silvestre en los Paramos

Entre la fauna de los Páramos húmedos neotropicales apenas hacemos mención de ciertos auquénidos o camélidos como las llamas *(Llama glama)*, por cuanto esta aparece únicamente en áreas restringidas del Ecuador que más bien tienen características de Puna por su arenosidad, como es el caso de las extensiones cercanas al volcán Cotopaxi de la Cordillera Real de los Andes ecuatorianosque es el más alto de todos los volcanes en actividad (5.954 m) mencionado por el Doctor Acosta Solís. Porque los demás camélidos suramericanos pertenecen a biomas secos climáticos que se encuentran principalmente en el Perú, Bolivia, Argentina y Chile. Sin embargo, debemos mencionar que a Colombia debieron llegar desde tiempos incaicos y seguramente coloniales a algunas poblaciones indígenas y españolas, recuas de llamas domésticas como lo atestiguan algunos historiadores. Igualmente debemos recordar que en Colombia existen nombres vernáculos como el de Guanacas que trae a la memoria el nombre del guanaco silvestre que llega hasta el extremo sur de América y que entre nosotros designa algunas localidades como lo son el Páramo de Guanacas en la Cordillera Central entre Totoró e Inzá, Cauca, donde también se encuentra una laguna con el mismo nombre.

La importancia principal que tendría el hecho de declarar Reserva Natural de aguas, vegetación, fauna y suelo a los Páramos, desde alturas superiores a los 3.300 metros, radicará en la conveniencia de preservar el espacio ecológico para animales nativos que son joyas en América,como la danta de Páramo, el oso cuatrojos, el venado reinoso, el puma, el cóndor suramericano y muchos otros que, aunque menores, han habitado en estas alturas durante milenios, donde debe guardarse el equilibrio ecológico para satisfacer el interés científico y proteger la integridad de la naturaleza de nuestro planeta como una sola Tierra que es.

La Clasificación Puramente Ecológica de la Vegetación y de los Ecosistemas del Mundo mostrada como Modelo en los Páramos

Cuando definíamos el medio estacional distinguiendolo del medio geográfico, explicabamos que estos son dos conceptos diferentes, porque el primero expresa relación con los factores puramente ecológicos, valga decir, los físicos, y físico-químicos del agua, del aire y del suelo, así como los factores bióticos que en ellos intervienen pero que nosotros hemos omitido para delimitar el entorno vivo y el inerte. El medio geográfico en cambio expresa la relación con la ubicación sobre la Tierra.

Nuestro medio estacional, o residencial como diría Dugand, viene entonces a constituir el conjunto o suma de factores naturales, como son los acuáticos, los aéreos y los edáficos que obran como elementos integrantes de un sitio o unidad de lugar en la superficie terrestre, prescindiendo de su relación con el resto del planeta en ese sentido particular para abstraerlo del medio geográfico. A este "sitio" o medio estacional no hay que confundirlo con el concepto geobotánico de habitat, porque este significa el hecho de habitación y no el lugar habitado y porque el medio estacional es uno de los caracteres cualitativos o relativos a la sinecia como diría el mencionado autor, y así como podemos individualizar a esta por su morfología o por su composición florística, también es factible caracterizarla por su medio ecológico. Por esto, cuando hablamos de vegetación acuática o de vegetación terrestre, simplemente estamos caracterizando una agrupación vegetal por su relación con el medio estacional o residencial. Prescindiendo pues del aire como base de clasificación u ordenación ecológica en relación con lo vegetal, esta ordenación queda reducida a dos medios generales: el acuático y el terrestre en donde el último tiene un sentido estricto de tierra emergida.

Por lo que toca al medio terrestre, los factores del medio edáfico son la profundidad del suelo, su permeabilidad, su composición mineralógica y química, la altura del nivel freático,su estructura, etc. como diría el geobotánico y edafólogo E. Huguet Del Villar. Y a propósito de las sinecias consideradas como asociación o formación, para denominarlas según uno u otro concepto, se ha venido añadiendo la desinencia latina de colectividad en "etum" respectivamente al radical del biotipo. Del Villar adopta procedimientos análogos para denominar las colectividades vegetales en relación con el medio estacional, pero en este caso añade la terminación phytia (del griego "phyton": planta) a la radical griega expresiva del concepto estacional o residencial, siendo esta última expresión muy de A. Dugand. Nosotros preferimos darle a la terminación-*phytia* una significación diferente, cual es la de un sufijo que indica una adaptación fisiológica predominante vg. psammophytia que connota una respuesta a un substrato suelto como lo es el del arenal. Por lo dicho, a la vegetación del medio acuático la llamarán *Hydrophytia* y a la del medio terrestre *Pezophytia*, procediendo el último término del griego "pezós" que significa terrestre, precisamente por no estar sumergido. Entre las dos denominaciones anteriores se encuentra en el cuadro sinóptico la *Phreatophytia* que es el medio intermedio ya emergido que recibe la influencia de las aguas freáticas, siendo quizas el oásis el ejemplo de mayor contrastre en el desierto. En cuanto a la adaptación al medio, se puede decir que en ciertos casos algunos caracteres morfológicos corresponden positivamente al ambiente en que vive la planta, adquiriendo así un valor ecológico; pero en otros ejemplos vemos sin embargo plantas que viven en medios diferentes y muestran caracteres análogos. A este respecto se puede decir que el estudio de la ecología de unidades sistemáticas superiores ofrece un interés distinto, porque existen familias eminentemente polioicas como las Gencianaceas que cuentan con especies adaptadas a las más diversas estaciones, recorriendo un espectro de medios desde la hydrophytia hasta la chersophytia, pasando por la xerophytia y la psychrophytia donde encontramos *Gentiana nivalis.*

Sin embargo, como ideas directrices y a condición de comprobar el hecho debidamente en cada caso, Del Villar aconseja aceptar las síntesis generales sobre formas de adptación como las que tentativamente se dan aquí para ilustrar algunas adptaciones en varios medios xeroides:

En la Psychrophytia por ejemplo, aunque la adaptación en conjunto es xeroide, el resultado solo en parte coincide con la de la *xerophytia*: en parte es opuesta. Entre los rasgos más salientes figuran, en efecto los que siguen: ausencia de árboles y arbustos elevados, pues la atmósfera con sus vientos desecantes ofrece un medio hostil. Nanismo en el organismo vegetativo: se explica por la misma causa y la escaséz de nutrición. (Por el contrario las flores y frutos parecen grandes). Frecuencia del porte restrero o aplicado, del almohadillo y del arrosetado. Escaséz de formas espinosas y de aguijones. Desarrollo rápido y floración muy temprana: son muchas las especies que florecen en la nieve en las alturas de todo el mundo. En la *xerophytia* el desarrollo es rápido para las plantas anuales, para quienes la estación favorable es muy corta; muy lenta, al contrario para las leñosas, que vegetan todo el año. En la *psychrophytia*, de verano corto, las condiciones son para todas las especies comparables a las de las anuales en la *xerophytia*. Escaséz de especies anuales (lo contrario que en la *xerophytia*): se explica porque muchas semillas no alcanzan a madurar en buenas condiciones. Propagación vegetativa abundante: las especies que pueden propagarse sin necesidad de semilla, se encuentran, por la razón anterior, en mejores condiciones de lucha. Estructura xerofítica y pequeñez en las hojas. Colores vivos en las flores por la abundancia de iluminación (intensidad en las cumbres, duración en la estación luminosa que es la vegetativa, en las altas latitudes).

En la Oxyphytia se observa: pequeño tamaño en las hojas. Protección de la superficie transpiratoria por fuerte cutinización, por indumento céreo, etc. Pelosidad. Abundancia de musgos. En el elemento esencial de la alta turbera *(Sphagnum)* gran desarrollo del tejido acuífero, que le da una histología particular, y le permite almacenar grandes cantidades de agua, encharcando o inundando un terreno. En algunas leñosas de pantano ácido (*Taxodium distichum*), pneumatóforos (como en la formación análoga de la *halophytia*).

Vegetación y Ecosistemas de los Páramos dentro de la Clasificación Ecológica Pura para la Tierra.

Teniendo en cuenta los factores de sitio en Páramos considerados verdaderos por nosotros y sin salirnos de sus límites, ofrecemos al lector los mejores ejemplos que hemos podido escoger entre otros autores y nosotros, los cuales pueden ser aumentados infinitamente en número y calidad, mencionando aquí solamente los medios estacionales más intersantes de la Lithophytia, la Psammophytia, la Chersophytia, la Limnophytia, etc. que nos recoge y muestra la vegetación que vive sobre las rocas, sobre los suelos arenosos en enclave y también la de suelos de muy poca profundidad efectiva que descansan sobre substratos rocosos respectivamente, para mencionar luego la vegetación de otros medios estacionales y ecosistemas, como la de suelos cascajosos y rocosos; aquella que prospera en lugares amparados de factores ecológicos con efectos excesivos; la vegetación que crece en las fisuras de las rocas; la vegetación zonal o regional del Páramo propiamente dicho en topografía normal y aquella del super-Páramo; la que es propia de suelos orgánicos de reacción extremadamente ácida,como también la de un medio total o parcialmente acuático con discrepancia en el factor químico por exceso de acidéz, sin olvidar la del medio total o parcialmente acuático con armonía de factores como lo es la *Limnophytia;* la vegetación que habita en los torrentes, en rios y riachuelos; lo mismo que la microscópica vinculada al hielo y a la nieve; la vegetación que crece en suelos subirrigados que no dependen totalmente del clima atmosférico regional; las comunidades anfibias de pantanos y bordes de lagos y también aquellas que viven en medios estacionales creados por seres vivos con excepción del hombre; y la *Paranthropophytia* que es la vegetación de medios modificados también por el hombre, etc.

Finalmente deseamos mencionar particularmente el último Tipo Ecológico que hemos propuesto y denominado *Spelaeophytia* cuyo control ecológico discrepante del habitat está dado por razón de la ausencia de luz en las tinieblas de las cavernas.

Un nuevo Tipo Ecológico a manera de modelo: La *Spelaeophytia* de las cavernas y el hombre prehistórico

A mi colega Pierre Rutten y su familia debo la iniciación de mi interés por las cavernas, por haberme vinculado a ellas en 1960 en la zona calcárea del rio Gard, sur de Francia y particularmente en el Languedoc con centro en la ciudad romana de Nimes. A ellos dedico este nuevo Tipo Ecológico.

Al parecer durante los últimos diez años se ha venido prestando considerable atención a la investigación relacionada con las cavernas del mundo entero. Esto, que pudiera llamarse el estudio del *medio estacional* de la caverna se debe a que estas extensas perforaciones subterráneas son, para muchos autores, puros laboratorios naturales que han venido siendo investigados por naturalistas como T.L. Poulson, W.B., White, T.C. Barr, V. Caumartin, A.M. Gounot, H.L. Saunders y muchos otros. Porque dicen ellos que las comunidades de las cavernas pueden ser estudiadas totalmente y en cierto sentido son simples. Esta simplicidad ha permitido hacer análisis detallados de los procesos que son difíciles de completar en medios estacionales exteriores mucho más complejos, porque, entre otras cosas, el clima de las cavernas es fácilmente definible y estable.

La bioespeleología ha venido avanzando lentamente en Norte América entre 1930 y 1950 y al principio el punto central de interés era su origen cuando se preguntaban si las cavernas se formaban por encima o por debajo del espejo de agua en momentos en que Davis proponía que el desarrollo de estas formaciones se hacía profundamente por debajo de ese espejo por causa de una circulación lenta en los vericuetos subterraneos (El origen freático).

Otras teorías preferían colocar la zona de formación de las cavernas sobre la tabla de agua local o aún en esta misma (El origen vadoso).

El medio estacional de las caveras se ubica y se separa en espacios: primero, una zona de crepúsculo o penumbra cercana a la entrada; luego una zona media de obscuridad completa y temperatura variable, y tercero,una zona de completa obscuridad y temperatura constante en el profundo interior. La zona de crepúsculo posee la fauna más diversa y mayor, mientras que la zona media tiene varias especies muy comunes que pueden alternar entre el interior y la superficie, pero lo más importante aquí es el interior profundo en donde aparecen los aspectos únicos del medio de la caverna con su fauna obligada llamada troglobítica.

En la obscuridad permanente es lógico que las plantas verdes no pueden vivir casi ningún tiempo; por ello, profundamente dentro de la caverna el troglobio o animal troglobita debe encontrar otras formas de alimento, siendo apenas lógico que este sea escaso. Humus en el suelo, hojas y tallos que caen a la caverna o son arrastrados a esta, van a contituir el alimento básico del troglobio, mientras que cerca a la entrada de la cueva pueden encontrarse trogloxenos como son las ratas, los murciélagos e insectos que hibernan contribuyendo poco con el alimento base de especies que habitan en el interior profundo, siendo aceptado que la mayoría de troglobios viven en cavernas de regiones de la zona templada, lo cual debe investigarse más a fondo. Eso si, en cavernas tropicales y en algunas pocas de regiones templadas meridionales, se hospedan colonias perennes de murciélagos y aves como los guácharos que contituyen fuente importante de alimento para las varias especies facultativas troglófilas) por sus desechos fisiológicos y por la multitud de semillas vegetales que aportan.

De las investigaciones que se han hecho y de las que se adelantan últimamente en el intertrópico, se deduce que el clima general del interior de la caverna es mucho menos variable que el ambiental de la superficie, siendo la temperatura aproximadamente la misma que la que se da para la media de la región y por eso las cavernas que se encuentran a grandes alturas o latitudes pueden contener en su interior hielo permanente y aún muerto y fósil. La atmósfera de la caverna es húmeda en cualquier altitud o latitud y la humedad relativa puede ser tan baja como 80 % , pero más comunmente varía entre 95 y 100 % según diferentes autores, siendo las ratas de evaporación usualmente bajas, pero hay que aclarar que el aire de la caverna no permanece necesariamente quieto, porque en ella se desatan corrientes y aún vientos fuertes a considerable distancia de la entrada, los cuales son activados por efectos de chimenea y por cambios en la presión barométrica, para llegar a presentarse un fenómeno que es conocido con el nombre de "El suspiro de la caverna" en que las corrientes del aire van y vienen a través de estrechos pasajes en períodos intermitentes de segundos hasta de minutos.

La base de muchas adaptaciones en los organismos, parece que se encuentra en la dificultad para encontrar y utilizar el escaso alimento que se puede hallar en la caverna y de parte de los troglobios se sabe que requieren mucho menos alimento cuando se merman, tanto el crecimiento, como la rata del metabolismo. Por otro lado, para los bioespeleólogos, las bacterias de las cuevas son importantes porque interesan fundamentalmente a la sobrevivencia de los animales troglobíticos y nó por el hecho escueto de que se les considere únicas.

Otro aspecto interesante es el de que el medio terrestre de las cavernas ha sido menos estudiado que el medio acuático, de lo cual ya nos hemos ocupado al referirnos a los diferentes ecosistemas y tipos ecológicos del mundo exterior. Y lo cierto es que mucha de la fauna terrestre que habita el piso de la caverna depende del ingreso de alimento de origen vegetal y animal, del suelo y las bacterias quimiosintéticas que allí se encuentran, siendo los procesos mineralógicos aquellos derivados de la deposición por transporte en el agua que circula en el interior, pero la fase acuosa se limita a filones de humedad o de gotitas de agua que en ciertos sectores caen insesantemente acompañadas de un ruido aumentado. Por otro lado, entre los materiales del piso están incluidos sedimentos clásticos, arena, limo y arcillas derivados de la meteorización y el transporte en fuentes subterráneas que pueden estar distantes. Con estas arcillas que a ciertos niveles son de colores rojizos, hemos tratado de pintar con los dedos sobre el piso, animales prehistóricos parecidos a los que dibujaron los cavernícolas del Paleolítico hace unos quince mil años, pero con resultados muy inferiores.

En los medios estacionales acuáticos de la Hydrophytia de las cavernas se encuentran arroyos y charcos o lagunajos alimentados por las aguas de chorreo. Estos charcos se caracterizan porque su agua tiene un pH alto y muestran alta concentración de carbonatos disueltos con bajo contenido de materia orgánica aprovechable para alimento de una fauna esparcida. A cambio de ello, las corrientes que tienen conexión con fuentes de alimento del exterior, tienen un pH más bajo, están corrientemente menos saturadas de carbonato y es su fauna más rica.

Los espeleólogos consideran las cavernas unos laboratorios evolutivos, ecológicos y a la vez mineralógicos y ya se ha comprobado que un grupo de minerales cavernícolas son bien interesantes debido a su mineralogía peculiar y porque en ellos posiblemente entran bacterias en su formación, pues son masas blandas que se encuentran mencionadas colectivamente con el nombre de "leche de la luna" que consiste en una variedad de minerales carbonatados vinculados a especies particulares de bacterios, los que analizados para el sureste de USA han dado positivamente para hidromagnesita, aragonita y dolomita, debiéndose aclarar que las leches de grandes alturas quizá no estén relacionadas con la actividad bacteriana, pero si constituidas mayormente por la calcita que se cree originada por la deshidratación del compuesto $CaCO_3 \cdot H_2O$. Muchos de estos procesos son análogos a los que ocurren en fondos marinos y la deposición del carbonato puede ser estudiada en el sitio y medidos los parámetros geoquímicos de los mismos, siendo del mayor interés los llamados minerales "normales" de las cavernas: calcita, aragonita, yeso y una variedad de sulfatos raros, además de la leche de la luna.

La deposición de calcita en este ambiente es considerada como un proceso complicado por Holland quien lo describe para las aguas circulantes: el equilibrio del agua subterránea en el área del suelo; el transporte de la solución sin pérdida de dióxido de carbono a través de ranuras que conducen a los pasajes de la caverna; el reequilibrio de la solución a la presión del dióxido de carbono de la atmósfera en la caverna, el cual probablemente no es más alto que el de la atmósfera de la superficie en el exterior. El paso final de la deposición de calcita toma lugar mayormente por razón de la pérdida de dióxido de carbono, más bien que debido a la evaporación.

Los autores dicen que la rareza de troglobitas recientemente aislados, difiere de la rareza de los que son verdaderas reliquias. Invasores recientes troglobitas se presentan en muchas cavernas y muestran extensa variación donde hay barreras para la dispersión de una caverna a otra y también están modificados solo ligeramente si nos atenemos a los ejemplos que se han encontrado en la provincia cavernosa de los Apalaches. Pero los animales que son verdaderamente reliquias se encuentran a menudo en una caverna y no tienen familiares cercanos que estén vivos. Ellos se encuentran altamente modificados y quedaron aislados en cavernas desde tiempos tan largos como son los 100 millones de años, cuando sus parientes de la superficie se extinguieron. Muchos espeleólogos están de acuerdo en que estas son dos tipos de rarezas que deben considerarse en el contexto de la adaptación de la vida en esas cuevas subterráneas gigantescas que podemos visitar en cualquier continente.

Primera Parte

El Medio

EL MEDIO

El Medio Geográfico

Según Font Quer (36)* en Geobotánica hay que distinguir el *medio estacional* y el *medio geográfico*. El primero es la suma de factores naturales que integran una unidad de lugar, prescindiendo de su relación con el resto del globo terráqueo; en el segundo es precisamente esta relación la que se toma en cuenta. Ej.: cuando decimos que una planta es ruderal, calcícola o halófita, expresamos su relación con el medio estacional; cuando decimos que es sahariana o que vive en los Páramos andinos de Colombia, la referimos al medio geográfico.

Habiendo tratado en el lugar correspondiente la distinción entre los conceptos de *medio geográfico y medio estacional*, podemos decir en la nomenclatura que estamos usando, por *medio corográfico*, que es la descripción de un país, de una región o de una provincia, entenderemos simplemente el medio geográfico más o menos limitado; y por *medio local*, el mismo medio geográfico circunscrito a un espacio mínimo. Y cualquiera de estos tres conceptos envolverá la oposición o, mejor dicho, la distinción respecto del *medio estacional*.

De estas cosas se ocupa la Fitogeografía que es sinónimo de geografía botánica, habiéndose empleado ambas expresiones en el sentido de *Geobotánica* antes de que se creara esta última voz. Pero, en sentido estricto, Fitogeografía es la parte de la Geobotánica que estudia la localización de la vida vegetal en la superficie terrestre.

Respecto a los *factores fitogeográficos* podemos decir que, siendo las diferencias *estacionales* una de las causas reales de la localización de los vegetales y sus convivencias, es claro que una de las causas de la distribución sobre la tierra, será la distribución en ella de las diferentes estaciones. Pero tenemos que tener en cuenta que no siendo la influencia del medio la causa única de la distribución ecológica de la vegetación, con anticipación sabemos que la distribución geográfica de las *estaciones* no puede ser el factor único de carácter fitogeográfico. Estos, o el grupo de ellos son tres en realidad: la *evolución biológica, la evolución geológica y la distribución estacional.*

---

* Los números entre paréntesis hacen referencia a la Bibliografía y la letra pequeña corresponde a las transcripciones literales extensas de otros autores.

Al respecto de la *evolución biológica* cabe decir que su estudio no corresponde a la Geobotánica, sino a la Biobotánica para que aquella pueda tomar de ésta la información que pueda afectar el hecho geográfico; porque, que haya hechos de *habitat* que puedan provenir independientemente de las influencias de un medio, ya ha sido reconocido desde antiguo en la rama de la Geografía Botánica.

En el tiempo de Del Villar, los conocimientos reales sobre la evolución biológica eran relativamente escasos; sin embargo se podían citar ejemplos dirigidos a demostrar que la vegetación podría experimentar cambios que no eran relacionados con la influencia del medio directamente. Lo principal era la variabilidad misma de los seres; pero que el vegetal, como el animal sean susceptibles de variaciones que no podemos relacionar con el medio es algo que no se puede negar; porque la misma adaptación al medio hubiera sido inconcebible sin la facultad de variar biológicamente. Por ejemplo, De Vries con sus mutaciones ha demostrado la más alta expresión de variabilidad, y desde luego, con ésta viene a manifestarse el cruzamiento (81).

En cuanto a la *evolución geológica*, en el campo de esta ciencia está el averiguar las causas que a la Geobotánica le interesan, a pesar de que ésta no es completamente ajena a la Geografía y a la Biología, sino que se entrelaza con ellas y aporta las bases; porque la geología ofrece a la Geobotánica, lo siguiente: una sucesión de condiciones ecológicas a través del tiempo y del espacio; una sucesión de distribuciones geográficas de los suelos y una sucesión de formas biológicas.

La información que se deriva de las investigaciones tiene tanto interés para la Geobotánica cuanto más reciente sean dentro de su campo, así sea por el más directo nexo con el presente que tratamos de explicar, como por la mayor semejanza de condiciones ecológicas comparables, sin olvidar que estas condiciones empiezan en el Cretácico que es cuando cobran gran desarrollo las formas angiospermas, mientras que las eoseries anteriores estuvieron caracterizadas por formas más elementales dentro de las vasculares.

La distribución estacional es la única causa de naturaleza exclusivamente fitogeográfica, cuyo estudio corresponde por lo tanto a esta ciencia. Ella es la resultante de la distribución de cada uno de los factores estacionales, de los cuales unos son geográficos y otros bióticos como se puede ver en el sumario adjunto (81).

Entre las influencias bióticas está la dispersión de los gérmenes por intermedio de los animales y por ende de las gentes, lo que constituye una de las causas más efectivas de la distribución de las especies como se aprecia en las comunidades que se instalan en los cenagales y hasta en los termales y lagos de los Páramos por donde periódicamente pasan aves migratorias procedentes de otras latitudes.

Y al tratar de los factores estacionales geofísicos se aprecia que unos aparecen con carácter puramente *regional o local*, como es por ejemplo la naturaleza litológica del suelo, viéndose otros cuya distribución está relacionada con los *factores geográficos generales.* A esta altura es donde encaja el concepto de *clima* que lo definen como la *agrupación de factores estacionales* determinado por los *factores geográficos generales.* Del Villar (81) hace resaltar el hecho de que esta agrupación de factores obra en todos los medios y por eso el clima no se manifiesta solamente en el medio atmosférico, sino que, como se ha dicho con razón, existen también microclimas como el *edafoclima* que es el clima del suelo, y el clima acuático; por eso recalcan el concepto de que el *clima* no puede oponerse al de *suelo*, a pesar de que últimamente se está poniendo mucha atención en las medidas microclimáticas que se llevan a cabo por debajo de la superficie del terreno.

Los factores geográficos generales de la distribución estacional son tres: la *latitud*, *la altitud y la pezonomía* que se relaciona con la distribución de tierras emergidas y mares. Estos factores son los que determinan la distribución de los climas.(81)

De la *latitud* depende el régimen de las temperaturas del que a la vez se deriva el de las presiones, los vientos, las precipitaciones, la humedad y el de la luz que está relacionada también con la temperatura. De todo esto, resultan las designaciones de vegetación ecuatorial que es la que usamos, vegetación subtropical, franjas templado-frías y circumpolares.

La *altitud* por sí misma altera las condiciones climáticas dentro de cada uno de los climas; y de la altitud procede entonces el escalonamiento de la vegetación por pisos y las diferentes cliseries altitudinales que algunos homologan con las cliseries latitudinales.

Del Villar clasifica los *factores de la distribución fitogeográfica* de la siguiente manera:

I. Distribución estacional: factores geográficos (latitud, altitud, pezonomía).

II. Evolución geológica: sucesión ecológica; sucesión pezonómica; sucesión biológica.

III. Evolución biológica: Variabilidad; cruzamiento; vitalidad.

Los Páramos y su distribución geográfica en el mundo

Para Weber (85) los Páramos se asientan en lugares elevados restringidos a la zona tropical que nosotros preferimos llamar, ecuatorial o intertropical. Se encuentran los Páramos en las cordilleras de Colombia, Venezuela, Ecuador y probablemente en el norte del Perú, donde se hallan más o menos a 8º de Lat. Sur, existiendo una angosta franja de parajes con fisonomía de Páramo localizada en el flanco oriental de esas cordilleras y prolongándose más al sur, hasta Bolivia donde terminan aproximadamente a 18º de Lat. Sur. Para Weber, las demás altiplanicies de los Andes que se extienden a un nivel de

4.000 m de altura y más en el Perú y Bolivia, muestran un carácter diferente en ciertos aspectos, habiéndoseles descrito con el nombre de Punas que abren sus paisajes en ramificaciones hasta el norte de Chile y en noroeste de la Argentina. Este mismo autor, al mencionar a C. Troll quién definió los rasgos sobresalientes de la Puna en los años 30, la distingue del Páramo fundamentalmente por su aridéz y porque solamente muestra lluvias de verano. Para este geobotánico existe una Puna normal que se caracteriza por tener solo de 4 a 7 meses con escaséz de lluvia y con 400 – 1.000 mm de precipitación; y una Puna árida con una estación seca de más de 7 meses y otra lluviosa que es menor que en la Puna normal; finalmente, una Puna salina - que puede ser azonal ≤ de muy escasa precipitación, con menos de 100 mm. Así, de acuerdo con la sequedad creciente que va apareciendo en el Cono Sur, la fluctuación de la temperatura estacional, que es mínima en los Páramos, va aumentando poco a poco.

Weber prolonga los Páramos suramericanos a las altillanuras de la América Central, cuando las cadenas sobrepasan los 3.000 m de altura, como es el caso de la cordillera de Talamanca en Costa Rica, cuya prominencia más destacada, Chirripó, alcanza 3.820 m sobre el nivel del mar en donde se divisan extensos terrenos planos que muestan los rasgos del Páramo típico sin que su vegetación alcance la riqueza de la flora de las alturas de Sur América. El extiende los Páramos también a áreas menores por encima del límite de los bosques cercanos y a lo largo de los cráteres de los más altos volcanes de la Cordillera Central de Costa Rica, como son el Irazú y el Turrialba. Así mismo, en el Salvador, con el volcán Santa Ana y extensiones en el Macizo de Monte Cristo, ubicado en el tríangulo formado por Guatemala, Honduras y El Salvador. Este autor encuadra los Páramos entre los grados de Latitud 10 y 15 Sur, anotando que sin duda el Páramo alcanza su aspecto más exhuberante en las proximidades de la línea ecuatorial.

En sentido vertical recordamos denominaciones tradicionales establecidas desde el tiempo de Humboldt para diferentes zonas altitudinales o pisos que integran estas cliseries donde corrientemente se hace mención de la Tierra caliente (0 a 1.000 m), la Tierra templada (1.000 a 2.000 m), la Tierra fría (2.000 a 3.000 m), que en Colombia sería preferible llevarla hasta los 3.200 m; y la Tierra gélida o helada que estaría por encima de los 3.200 m de altitud.

Estas montañas y pirámides como la Sierra Nevada de Santa Marta, se encuentran rodeadas en lo que llamamos el bajo país, que está cubierto por extensas formaciones de selvas pluviales en los frentes del Pacífico y de la Amazonia (Hygrophytia); de enclaves de sabanas, allí donde declina la cordillera Central de Colombia y empiezan las llanuras del Atlántico, y en el frente oriental de la extensa Orinoquia (Subxerophytia), con bosques secos subxerofíticos e higrotropofíticos y valles transversales secos, hasta encontrar las formaciones de las estepas crasas guajiras en el frente del Caribe.

Hacia los 3.000 m de altura se encuentra el "paramillo" así llamado por Pitier, que incluye bosquetes bajos seguidos hacia las alturas por Páramos coronados de nevados en algunos casos, como son la Sierra Nevada de Santa Marta en sus picos Colón (5.775 m), Simón Bolívar (5.780 m) y la Sierra Nevada del Cocuy, el Ritacuba y muchos otros, algunos todavía sin nombre; los nevados del Tolima, el Ruiz, el Huila, sin olvidar los del Ecuador, el Chimborazo (6.310 m), el Iliniza (5.265 m), el Cotopaxi (5.943 m), el Antisana (5.704 m), el Altar o Capac Urco (5.320 m).

En Venezuela, el pico Bolívar (5.007 m) que se encuentra en las últimas estribaciones del ramal Oriental de los Andes colombianos, por donde está ubicada la ciudad de Mérida.

Y en el Africa ecuatorial, si es que se desea vincular estos paisajes vegetales y fisiográficos a los Páramos, existen igualmente series de los llamados *Rift Valleys* dondé se encuentran diseminados un número de altos montes aislados de origen mayormente volcánico con eminencias que alcanzan alturas comprendidas entre 6.000 y 3.800 m. Allí están eternamente los volcanes Virunga, Ruwenzori (5.119 m), Elgon, Aberdare, Monte Kenya (5.195 m), Kilimanjaro (5.895 m) y el Monte Meru, todos los cuales han recibido estudios importantes, mayormente de científicos europeos. Algunos de ellos han establecido que su vegetación difiere mucho a la de las planicies circundantes del bajo país, como sucede en los Andes y también que las partes más altas albergan una flora particular, caracterizada en parte por senecios y lobelias gigantes, alchemillas arbustivas y otras plantas de forma de vida muy notable, donde están contenidos representantes de muchos géneros desconocidos en las tierras bajas del Africa tropical, a lo cual Hauman ha llamado "flora afroalpina", que por fuera del Africa tropical oriental se encuentra, según él, bien representada en las altas montañas de Etiopía, con algunas especies que se extienden al Yemen, los Camerunes, Africa tropical meridional y Sur Africa (42).

Finalmente debemos mencionar el paisaje tropalpino con helechos arbóreos de *Cyathea atrox* en el alto valle Pindaunde del Monte Wilhelm cerca del límite del bosque a 3.300 m de alt. en Nueva Guinea, mencionado por A.M. Cleef (13).

R. Gaussen y P. Barruel (39) al mencionar a C. Troll transcriben cuadro sinóptico de los tipos de vegetación de los pisos en las montañas de América del Sur que, simplificado para el piso helado, quedaría de la siguiente manera:

Meses secos	Piso helado
0 - 1 - 2	Páramo
3 - 4 - 5	Puna húmeda (scrub y pampa)
6 - 7	Puna seca (scrub y pampa)
8 - 9 - 10	Puna espinosa (scrub y pampa)
11 - 12	Puna desértica

Y al mencionar a Cuatrecasas, los autores (39) hacen las siguientes comparaciones de los piso altitudinales de los Andes colombianos con los pisos de los Alpes.

El piso nival principia hacia los 4.700 a 5.000 metros. Los Páramos son comarcas frías y húmedas. La temperatura máxima es de 12°, y la mínima de -2°C, lo que indica una gran regularidad como es norma cerca del ecuador. Se hallan tres subtipos:

Subpáramos, propios de la parte menos elevada (alrededor de 3.200 metros), con "brezales" y pequeños árboles. Ahí termina el bosque andino superior. Cabe considerar análogo a los brezales subalpinos de las montañas europeas. El autor utiliza la palabra sub-Páramo.

Páramo propiamente dicho, que, situado por encima del precedente, está formado por prados alpinos con hierbas y en matas, plantas de roseta y matorrales bajos esparcidos; en suma, piso análogo a los prados subalpinos *(alpages)* y a los céspedes magros alpinos. El autor utiliza comunmente la palabra Páramo simplemente.

Superpáramo, que se dispone en los suelos arenosos o de grava, en zonas discontinuas a unos 4.400 o 5.000 metros de altitud. Se encuentran matas esparcidas de plantas alpinas, conjunto bastante análogo a lo visto en nuestras más altas montañas. El autor utiliza la palabra super-Páramo.

J.A. Tosi (73) en su libro *Zonas de Vida Natural en el Perú*, nos ofrece en uno de sus capítulos los pisos altitudinales subalpino, alpino y nival. Sostiene que en las zonas altas de los Andes de ese país, al igual que en las alturas intertropicales del globo, la isoterma de 6°C. media anual, marca un cambio ecológico de gran significado. En este ambiente, debido a las bajas temperaturas durante todo el año, las plantas herbáceas de cultivos no pueden madurar, mientras las plantas leñosas incluyendo las indígenas, no pasan del porte arbustivo o rastrero, siendo la mayoría de estas especies herbáceas, gramíneas o sifonógamas de pequeño porte que forman manojos, roseras o almohadillas que se aferran al suelo. En cambio, en los pisos inferiores existen condiciones favorables para el aprovechamiento de plantas alimenticias de cultivo tradicional y también de las arbóreas que se utilizan para la reforestación, siendo corriente el manejo de una ganadería diversificada.

Según el mencionado autor, en esas zonas altas terminales, la falta de eficiencia térmica es el factor limitante del medio y por ello, de entre los animales solamente prosperan excelentemente los auquénidos (alpacas, vicuñas, guanacos y llamas) y algunas razas de ovinos adaptadas al frío, siendo la lana y no la carne, el producto de mayor importancia económica. Como consecuencia de lo anterior y debido a la baja produtividad de la tierra, el tipo de explotación tiene una tendencia trashumante, donde los asentamientos humanos son escasos.

Tosi reconoce tres pisos térmicos encima de la isoterma anual de 6ºC.: el subalpino, con temperaturas entre 6ºC. y 3ºC.; el alpino, con temperaturas entre 3ºC. y 0ºC. y el nival, con menos de 0ºC. Después de la formación nival agrupa la maleza desértica subalpino y la tundra húmeda alpino, seguida del páramo húmedo subalpino y la tundra muy húmeda alpino; luego viene el páramo muy húmedo subalpino y la tundra pluvial y, finalmente, la formación pluvial subalpino, a la cual también denomina Páramo.

Para H. Walter 1973 (82) en los trópicos húmedos, la zona alpina lleva el nombre de Páramo y se describe como poseedora de un ambiente muy húmedo, brumoso, desolado y frío. A pesar de todo, el autor dice que permaneció una semana entera en los páramos de Venezuela bajo un cielo sin nubes cuando estas se encontraban a menor nivel, y anota que las capas superiores del suelo que nutren las raíces de las plantas paramunas se calientan durante el día de la estación seca a temperaturas por encima de la media anual, apareciendo los habitáculos rocosos como entornos más favorables que los suelos entrapados y fríos. Por otro lado concluye, que una merma en la temperatura ambiental obliga a las plantas a distribuir sus raíces bien cerca a la superficie, lo cual hace que la vegetación se encuentre cada vez más dispersa hasta que llega a desaparecer a unos 100 m. por debajo de la línea de la nieve permanente. Este, que él llama cinturón de desierto frío, lo considera típico de las regiones montañosas tropicales y lo compara con ejemplos de altas latitudes como los Alpes, asegurando que las plantas toman ventaja de una estación favorable por razón de la temperatura, para crecer en lugares libres de nieve que están por encima de la línea promedia de las nieves para el lugar. Sostiene además, que el suelo de los páramos permanece húmedo aún durante la estación seca, de tal manera que la vegetación no sufre por escaséz de agua, dando a la vista en cambio, la impresión de ser higromórfica.

M. Del Llano 1955 (22) en sus observaciones sobre el Nevado del Ruiz, notó que en los arenales próximos a las nieves perpetuas, las arenas se encontraban húmedas a pocas pulgadas de profundidad a pesar del ambiente estival, y propuso en el Congreso Latinoamericano de Suelos el nombre de *Xerosol* para un grupo de suelos que en aquel tiempo él consideró clímax en los Andes, a estas alturas.

Para Walter sería muy interesante llegar a cerciorarse que existen Páramos "sin estaciones secas" no soleados, y si ello es así, saber como reaccionaría la vegetación en este ambiente, pues la composición florística de los Páramos de Sur América, Asia, Africa e Indonesia, varía ampliamente con peculiaridades para cada región. Para él, es sorpresivo el hecho de que existan, además de las plantas que se pegan al suelo, especies altas, mayormente Compuestas, que poseen un tallo bien definido y con un penacho de hojas erectas cubiertos de felpa como son los frailejones, en los Andes, especies de *Anaphalis* en Indonesia y especies arbóreas de *Senecio*, en alturas del Africa ecuatorial. En el Kilimanjaro, especies muy lanosas de *Helichrysum* prosperan hasta una altura de 4.400 m en un ambiente en que el paso fugáz de nubes en un día soleado produce severas bajas en la temperatura del entorno. Aquí el límite superior de la vegetación se encuentra entre 4.000 y 4.500 m, lo cual coincide probablemente con una temperatura media anual de 1° C.

El Ruwenzori o Montañas de La Luna fueron exploradas y descritas tempranamente (1901), en las primeras ascenciones a las cúspides más altas de esta cordillera nevada que se halla entre los grandes lagos ecuatoriales del Africa central. Dirigió esta expedición el Príncipe Luis Amadeo de Saboya y el relato fue hecho por el Dr. Felipe de Filippi e ilustrado por Víctor Cella miembro de la expedición; de ello resumimos el relato que damos a continuación.

Los Valles de Ruwenzori tienen trechos llanos aluviales de origen fluviolaustre adornados con terrazas. Las cuencas lacustres se transformaron en llanos con suelos más o menos hidromórficos y el lago de Bujuku constituye el residuo de una de esas antiguas cuencas. Cerca de ese, se encuentra el valle de Mobuku que está a unos 3.000 m de altura en un clima húmedo y templado que favorece de modo especial el desarrollo de licopodios, musgos, hepáticas y líquenes que se agarran a troncos vivos y caídos. A esta altura, en la cubierta vegetal resaltan ericáceas, cúmulos de bambú, zarzas, orquídeas y helechos a cuya sombra crecen violetas, ranúnculos, geranios y umbelíferas. Cerca a los 3.500 m desaparecen casi por completo las plantas que integran los bosques de los valles y, la vegetación arbórea queda reducida a ericáceas, lobelias y senecios, al tiempo que empiezan a destacarse helechos, licopodios, musgos, hepáticas y líquenes que alcanzan su máximo grado de abundancia a los 3.800 metros de altitud, es decir, un poco antes de que desaparezca la población de ericáceas, quedando mayormente lobelias, senecios, juncos, musgos, licopodios, hepáticas y líquenes. Aquí, los elicricios, cuya presencia se empezó a notar desde los 3.500 m, forman matas muy tupidas que, con los *Senecio*, llegan hasta los heleros.

Como entre nosotros, en las cuspides se ven musgos y líquenes, una que otra gramínea y algunas fanerógamas enanas que hicieron recordar a los miembros de la expedición el tipo de vegetación característica de los Alpes. Las rocas desnudas solo se pudieron ver a unos 5.000 mts. de altitud.

A medida que se ascendió por el Valle de Mobuku, la fauna fué haciéndose cada vez más pobre hasta que, pasado ya Bujongolo, solamente se encontraban misteriosamente, leopardos, quizá en busca de algún *Hyrax*, ratones, murciélagos, cuervos, halcones, gorriones, insectos y gusanos. El límite de las nieves perpetuas pudo calcularse que se hallaba entre 4.450 y 4.500 metros; es decir al mismo nivel al que llegan aproximadamente las lenguas inferiores de la mayoría de los ventisqueros allá. A la mayoría de los integrantes de estas exploraciones en las Montañas de La Luna les llamó la atención el enorme desarrollo que debieron alcanzar los heleros durante el periodo glacial; porque durante aquel tiempo, los Valles de Mahoma, del Mokuku y del Bujuku estuvieron ocupados por ventisqueros que fueron considerados de primer orden y bajaban hasta más allá de Bihunga.

De nuestro Profesor Enrique Gaussen y P. Barruel (39), tomamos un aparte sobre las montañas de Africa:

Por el contrario, el Monte Camerún, que alcanza los 4.055; los Macizos de Kenya y Kilimandjaro, que llegan a los 6.000 metros, y las montañas de Etiopía entran de lleno en su tema. En el *Macizo de Ruwenzori*, entre los 2.200 y los 3.000 metros nos hallamos en un clima húmedo. El suelo está ocupado por un bosque de bambúes con algunos *Podocarpus* (tipo de coníferas específico del hemisferio Sur). Por encima, la temperatura desciende intensamente y la nubosidad aumenta. Cabe hablar de piso húmedo y nuboso que Engler ha llamado subalpino inferior, aunque es mejor no buscar coincidencias de nomenclatura, ya que las floras son diferentes. En todo caso, se trata esencialmente de un paisaje constituido por brezo arborescente, ericáceas como *Philippia*, helechos; los líquenes penden de las ramas, los *Sphagnum* forman un colchón esponjoso y mojado, donde el caminante se hunde hasta las rodillas. El agua lo invade todo, y los exploradores guardan siempre mal recuerdo del piso de los *Sphagnum* donde, por si fuera poco, la temperatura se mantiene constantemente baja. Constituye un interesante problema biológico saber cómo las plantas con flores llegan a cumplir su ciclo vital en esta temperatura invariablemente baja. Aquí nos hallamos a 3.500 metros aproximadamente. Por encima, entre los 3.500 y los 4.000 metros se encuentra un paisaje vegetal de los más extraordinarios del mundo. Hallamos ericáceas e inmortales, pero hay verdaderos bosques de *Senecio* arborescentes y de *Lobelia* gigantes, plantas sumamente interesantes, de las que hemos hablado antes. En esta región, la humedad y la nieblas son menos frecuentes; se la podía comparar al piso subalpino de nuestras montañas. Por encima de los 4.000 ó 4.500 metros, los árboles desaparecen y se puede entonces hablar de piso alpino. Hay todavía inmortales y géneros análogos a los de los Alpes: gramas, espiguillas, ranúnculus, mastuerzos, etc. La cima se alcanza a los 5.119 metros.

Las cimas de *Abisinia* se elevan a menudo a más de 4.000 metros, pero se conocen mal, a causa de la dificultad de su acceso. A pesar de lo insuficiente de tal conocimiento, podemos concluir que, como en Africa Central, la vegetación y la flora de las altas cimas son muy distintas de las de las regiones bajas. Presentan, en cambio, gran afinidad con las de altitudes análogas en las altas montañas ecuatoriales. . . los volcanes de *Africa Central* suman a su condición de alta montaña la de volcán. . . las altas montañas de Oceanía en la Insulindia han de ser muy elevadas para poseer el tipo de clima necesario a la vegetación que se estudia en este libro. En Nueva Guinea existen cimas que alcanzan 5.000 metros. . .

El Medio Estacional

EL CLIMA REINANTE

La información climática general sobre algunos de los Páramos más importantes proviene de las estaciones meteorológicas oficiales de variado tipo, el Himat, La Car, La CVC y el INDERENA, entidad esta última que nos ofrece en su extensa publicación (45) la información básica de importantes Páramos colombianos, ubicados en algunos de los Parques Naturales de las llamadas Provincia de Los Andes y Provincia del Caribe y del Macizo de Santa Marta, donde se encuentran incrustados los Páramos de El Cocuy, Chingaza, Sumapáz, Pisba, Los Nevados, Las Hermosas, El Nevado del Huila, Los Farrallones de Cali, Puracé, Pisba, Cordillera de Los Picachos, Paramillo y de la Sierra Nevada de Santa Marta.

En esta última, el clima regional está determinado en gran parte por los vientos alisios del nordeste y por la elevación sobre el nivel del mar, con una temperatura de 27ºC en la base, en comparación con las de las cimas más altas de La Sierra Nevada de Santa Marta que es de 6ºC o menor, con los siguientes límites altitudinales que han sido dados para esta mole piramidal, la más alta del planeta encontrada al nivel de un mar: Páramo de 3.400 a 4.200 m. de altitud; super-Páramo, de 4.200 a 5.100 m y, Piso Nival, de 5.100 a 5.700 m.

En el Parque, en general, la precipitación parece ajustarse a un patrón bimodal, con un espacio de tiempo con menor intensidad de lluvias entre diciembre y abril; otro más lluvioso hacia julio y agosto y aquél con el máximo de precipitación entre octubre y noviembre.

En La Sierra Nevada del Cocuy las temperaturas anuales varían entre 23.6ºC para la base y 3ºC bajo cero en las mayores alturas, partiendo de una media anual de 0ºC a los 4.800 m de altitud que corresponde cercanamente a la altura que pudimos medir en el límite de los hielos en 1979 (4.700 m). Sin embargo, las temperaturas en la vertiente occidental de esta Sierra son algo mayores por un efecto que se atribuye a la presencia del profundo valle del río Chicamocha que es seco e imparte un efecto de continentalidad.

En cambio, la vertiente oriental de la Sierra del Cocuy tiene precipitación pluvial y nubosidad mayores debido quizá a la influencia de los vientos alisios de Los Llanos, siendo que el pluviogradiente calculado indica una precipitación media anual de 3.500 mm a 500 m de altura; un máximo de

4.800 mm a los 1.000 metros; decreciendo la precipitación paulatinamente desde este punto, hasta 1.500 mm a los 4.000 metros de elevación. Un régimen de lluvias unimodal con menores caídas pluviales hacia febrero o marzo y, un incremento notable en mayo y junio, pero con viraje hacia un régimen bimodal en la vertiente oriental.

Con un clima tan variado, en el Cocuy se encuentran representados, además de algunos de los biomas del Bajo Pais, El Páramo, el super-Páramo y el Piso Nival.

Pero el clima actual está muy lejos de proyectar los climas del pasado de este pintoresco Macizo, pues se ha calculado que las temperaturas de las partes más altas durante las fases más frías del Würm y del Riss fueron cerca de 8ºC y 11ºC más bajas que las actuales, respectivamente.

La Sierra del Cocuy constituye una reserva hidrográfica de incalculable valor para Colombia, ya que alimenta un conjunto de tributarios de los ríos Arauca y Casanare, y también del río Chicamocha afluente del Magdalena, cuyas quebradas vienen desde las mayores alturas como la de Laguna Grande de Los Verdes, que se encuentra a 4.500 metros de elevación.

El clima en el Parque Nacional Chingaza y en sus alturas está determinado por la influencia de los vientos alisios del suroriente y varía según su elevación, la cual llega a los 4.000 m de altitud, con temperaturas medias anuales alrededor de los 4.5ºC, donde estas alturas se encuentran sometidas a heladas.

Desafortunadamente, entre los recónditos picachos que se divisan desde la laguna de Chingaza, la insolación no sobrepasa las 3.5 horas diarias y, debido a la alta nubosidad y frecuencia de niebla, esta se reduce a 2.5 horas en las cimas. En cuanto a los vientos, son de poca intensidad y varía su velocidad entre 14.4 y 68.4 km por hora. En la zona de Páramo se observan caídas de lluvia anual según los registros mencionados, hasta de 3.322 mm en un sitio denominado El Dedal sobre la cuenca del río Chuza, donde sigue la precipitación una distribución estacional unimodal, con un período más lluvioso hacia junio y julio y otro relativamente seco en enero y febrero. Este medio agreste fue escogido por el Inderena como querencia central de los cinco cóndores andinos traídos desde San Diego, California, para repoblar la Cordillera. En este momento todos los ejemplares vuelan libremente en la montaña de donde habían desaparecido hace unos 35 años. Tuvimos el privilegio de ser testigos de la iniciación de este importante proyecto a comienzos de 1989.

Somos partidarios de que las investigaciones sobre el Páramo deben iniciarse empezando con las ecológicas y particularmente las relacionadas con el clima y las interacciones suelo-agua-planta. Más adelante daremos alguna información sobre aquellas que se han llevado a cabo en el Páramo de Mucubají y alturas vecinas en Venezuela, donde se han instalado estaciones meteorológicas con estudios adicionales relacionados, los cuales nos pueden servir de guía.

En el Parque Nacional Sumapáz, aunque el Cerro Nevado se cubre de nieve durante los meses más lluviosos de octubre y noviembre, actualmente no existen nieves perpetuas en este sector. Las temperaturas medias anuales del Parque varían entre 19ºC a 1.500 m de altura y 2ºC a 4.300 m., estando favorecida la elevada pluviosidad de la región en la parte baja del Páramo, por los vientos húmedos provenientes de los Llanos Orientales, circunstancia ésta que va acompañada de una alta humedad relativa. Aquí el Inderena ha establecido varios sectores pluviométricos: el del norte, a la altura de la laguna de Chisacá, con precipitación media anual de 1.248 mm y régimen de lluvias de transición entre bimodal y unimodal, con lluvias mínimas en enero y máximas en noviembre. El segundo sector corresponde a la vertiente occidental con elevada pluviosidad y posiblemente con un régimen bimodal de precipitación algo atenuado por la altura. El tercero atañe al Páramo de la vertiente oriental con caída pluviométrica de unos 1.300 mm a 2.400 mm, hasta alturas del orden de 3.500 metros; estos valores pueden decrecer hasta 800 ó 1.000 mm hacia la cima en un regimen unimodal de lluvias mínimas por enero, y máximas en junio, julio y agosto.

En el Parque Nacional de Pisba y debido a la presencia de un cinturón de nubes que se presenta por los 3.000 m. de altura, las precipitaciones pluviales anuales se calculan en unos 1.300 mm a los 2.000 metros; en 2.100 mm a los 3.000 metros y 1.600 mm en los picos más altos.

La influencia de los vientos procedentes de los Llanos Orientales favorece la frecuencia de niebla y abundancia de lluvias, lo que determina que tal vez no existe ningún mes con escasez de agua disponible para las plantas.

El régimen de precipitación se muestra unimodal con menores lluvias en enero o febrero y máximas hacia mayo, junio y julio, pero en la vertiente occidental de la Cordillera vira hacia un regimen bimodal con disminución de la precipitación entre julio y agosto.

Durante la estación de lluvias, en los rincones del Páramo de Socha, es grande la cantidad de lluvia y humedad que reina en el ambiente, particularmente cerca a la laguna. En estos lugares se forma una cerrada palizada cubierta de musgos que origina esfagnales donde se instalan bosquetes de Páramo en sitios abrigados. En cambio, en las colinas del Páramo abierto, con graminoideto y pajonales pedregosos se amaña según el decir de los campesinos, el venado reinoso; y en parajes altos y quizá bien drenados han sido observados ocasionalmente los pumas.

El régimen de lluvias en el Parque Nacional Los Nevados es bimodal en casi toda su extensión, con dos periódos altos de lluvia y dos bajos, donde se presenta el primero en los meses de abril y mayo y el segundo, de octubre a noviembre. Estas épocas están separadas por otras dos de menor precipitación, con sus mínimas centradas en los meses de enero y febrero y de julio a agosto, encontrándose las caídas de lluvia entre 2.000 y 2.500 mm en la vertiente occidental y entre 1.000 y 1.250 en la oriental. En la franja del Páramo propiamente dicho, comprendida entre 3.800 y 4.200 m, las temperaturas son aproximadamente del orden de 3° y 6°C y la precipitación de unos 1.500 a 2.000 mm en la vertiente occidental, y de 1.000 en la oriental. Por encima de los 4.200 m, las temperaturas están por debajo de 3°C y la precipitación es inferior a 1.500 mm al oeste y 1.000 mm al este.

El Parque Nacional Las Hermosas muestra en las cimas más altas de las vertientes que miran hacia el Magdalena y el Cauca, una temperatura media anual no menor de 4°C. En estas soledades recorridas por nosotros en el año de 1934 era grande la serenidad del paisaje, particularmente en los rincones de la Cordillera donde se encuentran más de 300 lagunas rodeadas de Páramo; algo semejante a lo que contemplamos en el vecino Páramo de Los Domínguez unos 20 años más tarde. Desafortunadamente la fauna mayor ha decrecido de manera notoria, pues, según información personal del Señor Enrique Cucalón Monet, en la primera década de este siglo (1911) pastaban rebaños de dantas *(Tapirus pinchaque)* en llanadas del Páramo de Las Hermosas.

Las cimas más elevadas de los páramos del Nevado del Huila tienen temperaturas menores de 3°C y se ha sugerido (45) que por encima de los 3.500 m la precipitación pluvial media anual alcanza los 1.500 mm, siendo el régimen de lluvias principalmente de tipo bimondal, con caídas máximas de abril a junio y de octubre a diciembre, y mínimas de enero a marzo y de julio a septiembre. Nuestras excursiones a las vecindades de este Nevado se llevaron a cabo en 1940 y 1978. Se observó un ambiente óptimo para la danta de Páramo, el venado reinoso y el cóndor. En estas soledades sería aconsejable investigar el medio estacional para la danta como lo sugirió el investigador Graig Dowing.

En las mayores alturas del Parque Nacional Farallones de Cali que no sobrepasan los 4.200 metros, se dice que las lluvias registran valores pluviométricos muy altos, siendo lluviosos todos los meses, especialmente febrero en la vertiente occidental que mira al Pacífico entre Buenaventura y Tumaco. En la oriental en cambio, el régimen es bimodal con lluvias y periódos secos intercalados, principalmente entre enero y marzo, y julio y agosto. La alta pluviosidad del flanco occidental se atribuye a los vientos muy húmedos que llegan del Pacífico, mientras que en la vertiente oriental, el efecto orográfico agreste que la caracteriza no alcanza a dar meses tan secos como para afectar considerablemente el crecimiento de las plantas.

Tanto los Farallones de Cali como el Nevado del Huila se pueden observar fácilmente desde esta ciudad en mañanas y tardes despejadas; el primero, hacia el sureste y los Farallones hacia el suroeste.

Las temperaturas medias anuales en el Parque Nacional Puracé y en sus partes más altas se encuentran alrededor de 2ºC, siendo frecuentes las heladas por encima de los 3.000 m y practicamente diarias sobre los 4.000 a 4.200 m.

En la vertiente oriental el régimen de lluvia con sus mayores valores en los meses de mayo y agosto es unimodal, particularmente en tiempo de los alisios del sudeste que vienen cargados de humedad y traspasan la Cordillera Oriental con la correspondiente condensación de las alturas de la misma vertiente en la C. Central. La vertiente occidental en cambio, tiene régimen bimodal de lluvias, con máximas en abril y noviembre, como reflejo de los desplazamientos de la zona de convergencia intertropical. Debido a esta variedad climática, en el Puracé están representados entre otros, los biomas de Páramo, super-Páramo y algo del Nival. En las mañanas despejadas, es corriente ver desde Popayán el volcán de Puracé parcialmente cubierto de nieve, la cual desaparece antes del medio día.

En Cundinamarca, según Sturm y Abouchaar, (71) las horas de calma eólica en el Páramo de Monserrate son comunes en los días de sol; estos autores opinan que las descripciones corrientes de algunos viajeros que hablan de los vientos fuertes y constantes en estas regiones se han generalizado en demasía, y anotan que los extremos de temperatura y humedad relativa causados por una radiación intensa en forma ocasional, son quizá los factores que caracterizan el clima de este Páramo bajo, lo cual influye considerablemente en la composición de la vegetación y de la fauna del suelo, agregando que las temperaturas mínimas bastante moderadas son un factor positivo en la selección dentro de la biocenósis del Páramo andino.

En el Páramo de Cruz Verde situado cerca de Bogotá, Schnetter et all. (66) realizaron estudios sobre las condiciones climáticas y edáficas del sector a una altura de 3.300 a 3.400 metros aproximadamente. Aquí la precipitación anual fue de 1.800 mm y el mes más seco, el de febrero (1971: 51, 3 mm; 1972: 61 mm); los meses más húmedos fueron junio (1972: 296,9 mm) y julio (1971: 248,1 mm).

La temperatura, medida a 1 m de profundidad fue de 10,3°C habiéndose determinado también temperaturas del aire en las horas tempranas de la tarde, entre 9ºC y 12,8ºC a 1 m de altura.

Mediciones de la radiación global dieron valores entre 0,19 y 0,51 cal/cm^2 min. para las mismas horas del día bajo condiciones de cielo nublado.

La velocidad del viento proveniente del sureste osciló normalmente entre 2 y 4 m/seg.

Como tipos y condiciones del suelo en este sector se diferenciaron "Suelos humíferos andinos" de poca profundidad y "Suelos humíferos de Páramo" más profundos, de acuerdo a Jenny, encontrándose además turberas en sitios húmedos.

En este clima y ambiente los valores de pH fluctuaron entre 3,5 y 5,2 en los estratos superiores del suelo y aumentaron en profundidad hasta 4,5 y 6,1 a 1 metro.

La mayor capacidad de retención de agua fue determinada en un suelo poco profundo bajo la asociación de *Calamagrostis effusa* y *Spiranthes vaginata* (84% de suelo seco), siendo mayor en la turbera, bajo la asociación de *Diplostephium revolutum*.

Los contenidos de agua del suelo oscilaron de acuerdo a la precipitación y fueron más llamativos en la asociación de *Calamagrostis effusa* y *Spiranthes vaginata*, donde también se determinaron contenidos de agua inferiores (18,2% - de peso fresco del suelo). En la turbera siempre saturada de agua obviamente no se pudieron demostrar oscilaciones dependientes de la situación meteorológica.

Los valores del pF fluctuaron generalmente alrededor de 0,5 y en la asociaión de *D. revolutum* son siempre menores a esta cifra, mientras en la asociación de *C. effusa* y *S. vaginata* alcanzaron en una ocasión, el valor de 3,85.

De los experimentos llevados a cabo en el laboratorio se concluyó que *Geranium multiceps*, *Espeletia grandiflora* e *Hypericum goyanesii* llegan al punto de marchitamiento permanente a pF 2,25 por lo cual se explica la ausencia de estas especies en los sitios más secos del Páramo. Los datos tomados por los autores en las zonas paramunas de las cercanías de Bogotá, los llevan a confirmar que el clima de este medio se destaca por el frío y la humedad y, al compararlos con otros datos procedentes de los Páramos de la Sierra Nevada de Mérida, quizá indica que el verano es menos acentuado y prolongado en los páramos colombianos que en los de Venezuela.

Determinando la productividad de algunas plantas por el método de cosecha, Cardozo y Schnetter (66) concluyeron que la asociación de *Calamagrostis effusa*, *Espeletia grandiflora* y *Geranium santanderiense* mostró la mayor biomasa aérea como consecuencia del mayor porcentaje de plantas leñosas en la vegetación. En segundo lugar, siguió la asociación degradada de *Dyplostephium revolutum*, pero con valores inferiores en forma clara. Los menores valores fueron encontrados en la asociación de *Calamagrostis effusa* y *Altesteinia fimbriata*. Además encontraron la mayor biomasa subterránea en la asociación degradada ya mencionada de *D. revolutum*, mientras en las dos asociaciones restantes, se determinó solo un poco más de la mitad hallada en el terreno húmedo.

Finalmente, E. Guhl (41) hablando acerca del Ecuador climático en que se encuentra el Páramo de Sumapáz y la clasificación de su clima según Koeppen dice:

El páramo de Sumapáz tiene según Koeppen, un clima A (H)f. Según el régimen de lluvias, se trata de una región siempre húmeda, aunque con período de menor intensidad ubicada en zona ecuatorial (31/2° a 41/2° Lat. norte) a gran altura entre 3.500 y 4.000 metros sobre el nivel del mar. Es un tipo de clima de alta montaña inter-tropical, sin mayores oscilaciones anuales en temperatura y lluvia, y que no se debe confundir —lo que se hace en tantos atlas y libros— con un tipo de clima C de latitudes medias con su régimen estacional de temperaturas. En Colombia todos los climas son tropicales.

Investigaciones climáticas en Páramos venezolanos

La caracterización ecológica del clima de un Páramo venezolano, el de Mucubají, fué llevada a cabo de manera destacada por las doctoras Aura Azocar y Maximina Monasterio, de la Facultad de Ciencias de la Universidad de Los Andes en Mérida, Venezuela. Las autoras, teniendo en cuenta que en este Páramo ubicado en la Sierra Nevada de Mérida, que incluye un complejo morénico constituido por dos morenas laterales y una terminal a 3.550 m de altitud, y posee una estación meteorológica desde 1967, decidieron concentrar sus estudios sobre las características climáticas que son del mayor interés ecológico para el esclarecimiento de algunos de los secretos del clima del Páramo en general (57).

De las descripciones y características de varios autores, nos queda en claro que hay un acuerdo general en calificar el clima de la alta montaña ecuatorial como un clima diario en que las diferencias entre la temperatura del día y de la noche son más marcadas que las diferencias anuales. Sin embargo, no debemos olvidar que las condiciones climáticas de estos medios estacionales no son homogéneas, existiendo en cierto sentido, diferentes tipos de Páramos por razón de las distintas temperaturas y de la precipitación reinante que varía en función de factores como la altitud, la exposición y la topografía.

Los factores más importantes desde el punto de vista ecológico escogidos por las autoras fueron, el régimen térmico, el régimen hídrico y la marcha anual de la insolación.

En cuanto al régimen térmico, el clima de la localidad se caracteriza por ser diario. En relación a la marcha anual de la temperatura de este Páramo, la media varía solamente en 1.2°C (5.9°C para el mes más caliente que es junio y 4.7°C para el mes más frío que es diciembre); un rango de oscilación térmica anual que se considera extremadamente bajo.

Las máximas medias más altas se presentaron de enero a marzo; y de noviembre a abril las mínimas más bajas. En cambio, las máximas absolutas son más irregulares, mientras que las mínimas absolutas extremas se presentan de diciembre a marzo, siendo la máxima absoluta de 22°C para los nueve años de registro durante el mes de marzo y de menos de 8,6°C la mínima absoluta en el mes de enero.

En diciembre y marzo se dieron las temperaturas mínimas más bajas, aunque puede haber días con temperaturas por debajo de 0ºC que dan origen a heladas en cualquiera de los meses del año.

Entre los diferentes meses, las temperaturas máximas medias no varían mucho, siendo el valor de 2,7ºC la diferencia entre la máxima media más alta y la más baja.

El hecho de que en la época seca aparezcan las mínimas más bajas y las máximas más altas, hacen de éste período el de mayores oscilaciones térmicas diarias (diferencia entre la temperatura máxima y la mínima registrada en un ciclo de 24 horas).

La máxima oscilación entre temperaturas diarias extremas para el período mencionado fue de 28,2ºC que es la que muestra las temperaturas mínimas más bajas.

A este respecto, las autoras anotan que "la ocurrencia de estos dos factores climáticos debe constituir un factor ecológico de importancia fundamental en este ambiente, puesto que cuanto más bajas sean las temperaturas, mayor es el efecto que se produce con la variación de las mismas".

Las mayores oscilaciones ocurren pués durante los meses de menores precipitaciones, mientras que las amplitudes mínimas se presentan entre mayo y septiembre, que, como ya hemos visto, es la mayor precipitación; es decir "las mayores amplitudes durante la época seca se deben a la intensa radiación que llega al suelo y a la alta reirradiación nocturna durante los periodos de cielo despejado".

Eso sí, en la noche el calor es irradiado rápidamente y la temperatura desciende verticalmente, siendo el enfriamiento más rápido en el suelo y en las plantas que en la atmósfera, por lo cual el agua se congela sobre las superficies sólidas produciendo escarcha (57).

En relación al régimen térmico, las autoras adelantan las siguientes conclusiones:

a) La temperatura presenta un ritmo diario bien definido mucho mayor que la anual. Las amplitudes térmicas diarias mayores ocurren en los meses secos y las menores en los meses lluviosos, lo cual determina la existencia de un termoperiodismo anual.

b) Las heladas son un fenómeno frecuente durante los meses secos cuando más de la mitad de los días tienen heladas, siendo ocasionales en cambio en los meses húmedos. Este fenómeno de las heladas podría representar el factor limitante para el desarrollo de ciertas especies en el área, e incluso períodos prolongados de días con heladas pueden influir en la supervivencia de los individuos.

c) Los factores más desfavorables para el crecimiento y para el desarrollo vegetal sería: temperaturas medias bajas todo el año; heladas y temperaturas mínimas bajas, concentradas en una época del año. Esto determina que en relación al factor térmico exista una época netamente más desfavorable y limitante para el crecimiento vegetal cual es la estación seca de diciembre a marzo.

Por otro lado, las bajas temperaturas mínimas y medias que se registran, influyen directamente en varios de los aspectos del funcionamiento de las especies vegetales. Las temperaturas bajo 0°C por períodos prolongados son letales para las especies no resistentes al "stress" cryotérmico. Por ejemplo, la temperatura mínima para fotosíntesis neta en plantas alpinas está aceptada entre menos de 2°C y menos de 5°C.

Entre los factores que determinan el régimen de humedad ambiental, las autoras han considerado tener en cuenta la precipitación, la humedad relativa y la evaporación. La precipitación en su promedio anual para 10 años en Mucubají es de 968.8 mm con patrón de repartición anual evidente de dos estaciones contrastantes: una relativamente seca que abarca diciembre y marzo y otra húmeda de abril a octubre, quedando noviembre de transición. Pero, como los Páramos de Venezuela son generalmente más secos que los de Colombia en sus tres cordilleras principales, no debemos descuidar este aspecto ya que en los meses de la época húmeda, el tiempo máximo que pasa sin llover es de 5 días; en cambio, en la época seca éste varía en gran medida el número de días que pasan sin llover en Mucubají, siendo de 70 el máximo período de días consecutivo que han transcurrido sin llover, claro está, no atendiendo a las lluvias inferiores a 1mm día. Los meses más críticos en el sentido de que la precipitación pudiera llegar a ser nula serían enero, febrero y marzo para esa región.

Al mencionar a Gaussen de los años 1954, las autoras aluden a que debe considerarse como mes seco, aquel en el cual $T < 2pp$ o sea, que en ésta área, cuando la precipitación es menor de 10 mm eso se realiza, ya que la temperatura media es menor de 10°C. Por lo tanto, en esa localidad, de acuerdo al climodiagrama respectivo, no existiría ningún mes seco. Sin embargo, tomando los valores del año, se puede observar que algunos meses de la época seca presentan valores por debajo de los 10 mm; esto nos indica que, aunque tomando los promedios de varios años no se vé ningún mes seco y desde el punto de vista ecológico podrían presentarse problemas de sequía tal vez en uno de cada dos años.

Finalmente, se debe señalar que en este Páramo, la precipitación en forma de nieve puede ocurrir de manera muy esporádica, siendo las nevadas de esta zona frecuentes por encima de los 4.100 m de altitud.

En cuanto a la humedad relativa se observa que esta, en su categoría de media mensual, alcanza su valor más bajo en el mes de febrero con 63%, no rebajando del 70% durante los otros meses, con el máximo de 88% en el mes de julio. La humedad mínima más baja de 33% se registra también en el mes de febrero y la mínima más alta en julio, presentándose en la mayoría de los días del año, promedios de humedad relativa alto como del 93%

En el Páramo de Mucubají la humedad relativa muestra un ritmo diario muy regular, particularmente en los días soleados de la estación seca, pero también en la estación lluviosa excepto, como es natural, en los días con lluvia.

En las primeras horas de día, cuando las temperaturas son más bajas, la humedad relativa es alta y disminuye gradualmente para alcanzar los valores mínimos entre las 10 y las 14 horas. Durante los meses lluviosos se mantiene un valor muy alto todo el día y es por lo tanto, en los meses secos, donde se evidencia más claramente la existencia de un ciclo diario, obteniéndose el valor mínimo en las horas de mayor radiación y temperatura.

La evaporación para el período 1970-76 alcanzó en Mucubají 763.3 mm la media anual, siendo esta cifra bastante inferior a la media de precipitación. Y, al comparar la evaporación y la precipitación mensual durante los 4 meses de la estación seca, se puede ver que durante este período las precipitaciones resultan inferiores a la evaporación mensual y, aún en el mes de noviembre que es de carácter tradicional, ambos valores se igualan. Es decir, que por un periódo de 4 a 5 meses, la evaporación y por consiguiente la transpiración que está estrechamente asociada con ella, alcanzarán valores altos, introduciéndose un déficit para las plantas apenas cese de haber agua disponible en el suelo.

La síntesis de las autoras sobre las características principales del régimen de humedad en esta localidad es la siguiente (57):

a) El régimen pluviométrico presenta un patrón biestacional muy pronunciado, en el cual las precipitaciones descienden bruscamente por un periodo de 4 meses (Diciembre a Marzo). Según la clasificación de Emberger (1954), esto correspondería a un regimen de clima tropical neto.

b) Durante el período más seco las precipitaciones pueden descender en cualquiera de estos 4 meses hasta valores menores de 5 mm por mes.

c) La estación climática seca nunca sobrepasa los 5 meses de duración. La estación ecológicamente seca, si se considera el criterio de Gaussen, varía según los años entre 0 y 3 meses, pero puede ser más prolongada si tenemos en cuenta el balance hídrico.

d) La estación seca puede considerarse como el período crítico en este ambiente, ya que, acoplada a la mayor humedad, se presentan las temperaturas más bajas y las oscilaciones térmicas más altas. Ello hace que en este período se presenten los factores ecológicos capaces de seleccionar las poblaciones vegetales que pueden sobrevivir en este tipo de medio.

La insolación en los meses de diciembre a marzo, alcanza valores mensuales promedios por encima de las 150 horas, encontrándose el máximo anual en el mes de febrero con 203.7 horas y el mínimo en junio con 83.3 horas, lo que representa en promedio una insolación del 66% del máximo posible del mes más despejado y de algo menos del 20% en el mes más nublado.

Esto les sugiere a las autoras que durante la época más lluviosa que es la de junio y julio, la luz puede llegar a constituir un factor desfavorable para el crecimiento vegetal, ya que tanto la alta nubosidad como las neblinas diarias deben limitar la capacidad de asimilación fotosintética de muchas especies de plantas.

La longitud del día ha sido considerada comunmente de menor importancia ecológica, debido a que las variaciones a lo largo del año son muy pequeñas; sin embargo, Monasterio (57), sugiere que una diferencia en longitud del día del orden de 1 hora, puede desencadenar en ciertas especies una respuesta fotoperiódica.

La variación anual en la longitud del día en este Páramo es de una hora, presentándose los días más cortos en diciembre con 11 horas y 63 minutos, y los más largos en junio, con 12 horas y 63 minutos.

Los vientos y su intensidad han sido considerados por diversos autores factor ecológico importante en estos ambientes de la alta montaña intertropical. Sin embargo, los valores de velocidad del viento registrados en este Páramo han sido considerados bajos especialmente si se tiene en cuenta que estas medidas han sido tomadas a 10 metros sobre el suelo por donde corre el viento entre vegetación que no tiene más de 2 metros de altura sobre el piso. Hay que anotar que en los ciclos diarios típicos para un mes seco y otro húmedo (marzo y julio) puede apreciarse que en marzo, la velocidad media del viento obtiene valores menores que en julio que es época húmeda.

Finalmente, las autoras concluyen, que si se puede utilizar el análisis de balance hídrico de Thornthwaite, se encuentra lo siguiente: en primer lugar, la evapotranspiración potencial anual calculada para el Páramo de Mucubají es de 539.8 mm lo que representa un 70% de la evaporación media en tanque A. Cualquiera de estos valores, bien sea el de evapotranspiración potencial o el de evapotranspiración, es menor que el promedio de precipitaciones del lugar (alrededor de 1.000 mm por año). Si consideramos que la capacidad de retención de agua en el suelo, calculada a partir de los datos de agua útil en las morenas, de acuerdo a Azocar y Monasterio (57) es de unos 150 mm, el diagrama correspondiente muestra que un periodo seco, en el sentido de que no hay agua en el suelo disponible para las plantas que alcanzan una profundidad de al menos 50 cm, ya que durante la época en la cual las precipitaciones disminuyen al mínimo, la vegetación dispone del agua almacenada en el suelo. Por lo tanto, desde el punto de vista ecológico no existirían problemas hídricos para dichas especies vegetales en este medio.

Sin embargo, las especies de radiación más superficial, como son buena parte de las plantas herbáceas de las diferentes asociaciones paramunas que solo disponen del agua útil en los 20 ó 30 primeros centímetros, pasarían por un período seco de uno a dos meses entre febrero y marzo.

Como quiera que el período de registros analizado es relativamente corto, las autoras esperan años más secos y más fríos que los extremos correspondientes a los 10 años de registro en el Páramo de Mucubají.

El autor sugiere mayor investigación sobre la distribución de las raíces de especies vegetales paramunas en estos suelos, siguiendo los primeros pasos de J.E. Weaver (84) ; igualmente para el clima del Páramo en Colombia.

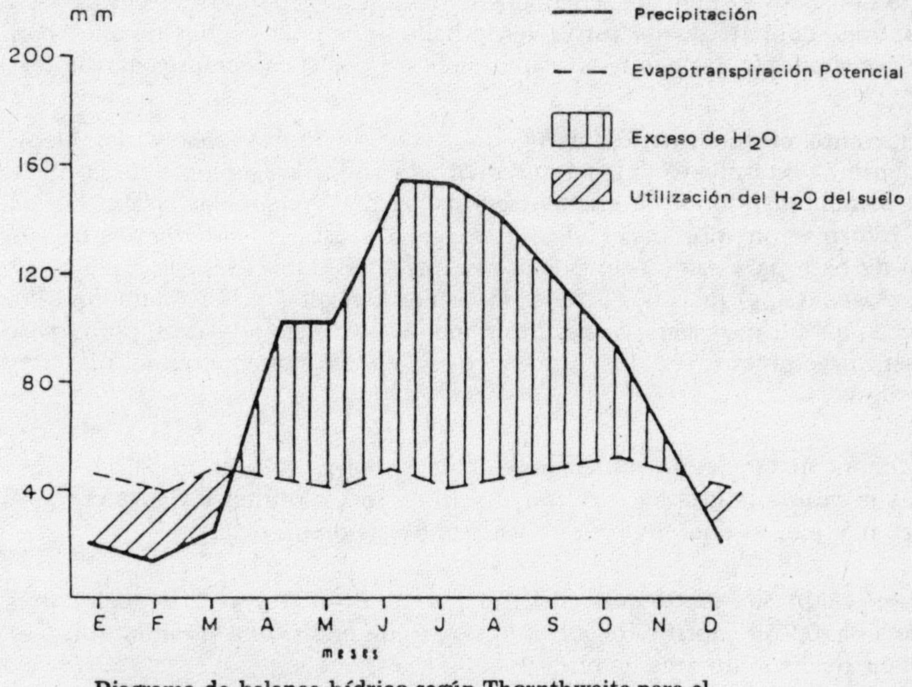

Diagrama de balance hídrico según Thornthwaite para el Páramo de Mucubají. Se tomaron 150 mm como capacidad de retención de agua del suelo (57).

LOS RASGOS GEOLOGICOS QUE AFLORAN EN LOS PARAMOS.

A pesar de que el basamento geológico de los Páramos es por lo regular de gran antigüedad, la alta montaña paramuna ha sido recubierta más recientemente por materiales clásticos de origen glacial y volcánico principalmente, quedando expuestos a la atmósfera solamente algunas salientes agrestes, donde, por causa de las bajas temperaturas y el declive acentuado, no han podido formarse ni el manto ni el suelo autóctono y regional. Referente a acumulaciones más o menos superficiales, quedaría por mencionar la ocurrencia de suelos cumulosos orgánicos en las antiguas depresiones lacustres y pantanosas, colmatadas de turba desde hace unos pocos miles de años para acá y por supuesto, las pequeñas capas de hielo y los ventisqueros existentes.

Ultimamente el Instituto Nacional de Recursos Renovables y del Medio Ambiente ha recopilado datos fundamentales sobre la Geología de las montañas paramunas, donde se encuentran los Parques Nacionales más solitarios, cuya información, por hacer alusión especial a estas rocas y entornos, nos sirven de base para establecer relaciones estrechas con el relieve estructural, la morfogénesis, el manto, el suelo, la cubierta vegetal y la vida de hoy. Por lo dicho, los últimos tiempos recibirán más atención en adelante, por cuanto inciden directamente en los seres vivos y en el paisaje andino que hoy admiramos.

En primera instancia, se podría hablar de la Sierra Nevada de Santa Marta que es la montaña que alcanza mayor altura en Colombia y figura como el macizo más elevado del mundo, ubicado al borde de un mar.

La Sierra, con sus picos más altos, el Simón Bolívar y el Cristobal Colón, ambos con 5.750 metros de altitud, se yergue como una pirámide de base subtriangular, con un área basal de 16.400 km^2.

La mayor parte del macizo está formado por un complejo de batolitos de edad Jurásica con sus 162 a 167 millones de años. De estos, el batolito central es la unidad geomorfológica que ocupa la mayor extensión dentro del conjunto y está formado por granodioritas y cuarzodioritas; se sitúa al norte de la Sierra Nevada a manera de amplia faja orientada en el sentido general de las fallas geológicas preponderantes, alcanzando a constituir por el sur, los picos nevados de Codazzi, La Reina y Ojeda. En contacto con aquél, se halla el batolito Bolívar del Jurásico Superior, formado por los mismos materiales.

El pico Guardián es de cuarzomonzonita y granodiorita y proviene de otro batolito.

En la Sierra Nevada del Cocuy, la mayor parte de la geología descrita para el Parque Nacional, está conformada por rocas sedimentarias Cretácicas (Albiano-Aptiano) que son principalmente areniscas cuarcíticas que en algunos lugares se ven intercaladas con esquistos negros donde estos constituyen la base de la formación. Hacia el nordeste aparecen areniscas Juratriácicas circundadas por areniscas cretácicas, habiéndose encontrado también rocas sedimentarias del Paleozóico (Devónico medio a Pérmico). En el sector occidental aparecen capas con mantos de carbón correspondientes a las formaciones Guaduas (Maestrinchtiano) y Socha (Paleoceno). Además ocurren depósitos cuaternarios como resulado de procesos de erosión y acarreo de origen fluvioglacial. Por ello, la orogénesis de la Sierra parece haber sufrido los mismos procesos que el resto de la Cordillera Oriental, con un levantamiento inicial a finales del Cretáceo, otro durante el Mioceno y uno final durante el Plioceno, que habría sido más acelerado que el de los Andes cundinamarqueses.

Durante el Würm, cuando sucedió el máximo avance de los hielos, los glaciares descendieron hasta unos 3.000 metros de elevación y el límite inferior del Páramo hasta unos 2.200 m, lo que corresponde al llamado Estadio de San Paulín, siendo las alturas durante el Riss, de unos 2.800 y 2.200 metros respectivamente y correspondiendo a las temperaturas de las partes altas de esta Sierra, durante las fases más frías del Würm y del Riss, a unos 8 y 10°C por debajo de las actuales respectivamente. Sin embargo, las temperaturas en la vertiente Occidental de la Sierra deben ser algo mayores por efecto de la continentalidad del valle del río Chicamocha (45).

En Chingaza, el basamento del conjunto montañoso es el viejo macizo de Quetame conformado por rocas metamorficas (filitas, pizarras y micas con cuarzo intercalado) de edad Paleozóica que vienen a ser el resultado de la transformación de rocas Cambro-ordovicianas, cuando, durante el período Caledoniano se creó un geosinclinal que dió comienzo a la formación de la Cordillera Oriental. A estas rocas se sobreponen formaciones sedimentarias cretácicas que representan grupos sucesivos según se trate del Cretáceo inferior, del medio, o del superior, el cual es precisamente un conjunto de origen marino.

En los albores del Terciario sobrevino una fase del levantamiento andino y en el Mioceno se produjo otra aún más intensa, como resultado de ella es probable que algunas de las cimas más elevadas de estas montañas hubieran llegado a 2.000 metros de altura sobre el nivel del mar, o un poco más. Pero fue en realidad durante el Plioceno, cuando tuvo lugar el gran levantamiento final de la Cordillera Oriental. De manera que, durante el Pleistoceno, cuando vinieron grandes cambios climáticos como fue la alternancia de períodos fríos o glaciales, con interglaciales de clima similar al actual, o algo más benigno, la Cordillera fue severamente afectada por estas alteraciones.

A alturas superiores a los 2.500 metros, el paisaje de Chingaza revela de manera inequívoca el efecto de por lo menos tres glaciaciones: la primera cuyas características y datación no se han establecido; la segunda finalizada entre los años 12.000 y 10.000 A.C. con morenas terminales a 3.100 metros de altura en las inmediaciones de la laguna de Chingaza; y la última, la más reciente, cuyo receso se inició hacia los 3.000 A.C., viene a señalar la desaparición total de las nieves perpetuas y los casquetes de hielo en esta región.

En diversos sectores de estos Páramos existen rasgos de la última glaciación con morenas situadas entre 3.250 y 3.500 metros de altitud, donde la acción de los hielos fue muy notoria y en donde, como resultado de la mencionada glaciación se formaron grandes oquedades, circos, artesas y valles en forma de "U" señalados por abruptas escarpas, por rocas pulidas y estriadas y cubetas que algunos denominan "ombligos", en cuyas cuencas se formaron lagos o lagunas como la de Chingaza que tiene 1 km^2 de superficie. También hubo fenómenos de acarreo derivados del proceso erosivo y del empuje de los hielos; de ello son ejemplo las morenas, las rocas amontonadas y los umbrales de las cubetas. Más abajo, las quebradas nacidas del deshielo formaron depósitos aluviales de diferente profundidad en las depresiones.

En los Páramos de Sumapáz las principales formaciones geológicas que entran al Parque Nacional están constituidas por un conjunto de rocas metamórficas al sur del rio Ariari y en el extremo oriental del área; pero en el sector de las cabeceras del rio Duda, son rocas sedimentarias que penetran por el oeste hacia el rio Nevado y están constituidas por conglomerados y areniscas cuarzosas. En la planicie ondulada del Páramo se encuentran rocas cretácicas y terciarias que se sedimentaron en forma de conglomerados, areniscas y arcillolitas. Grandes depósitos cuaternarios constituidos por morenas, pequeños conos aluviales y depósitos fluvioglaciales derivados en su mayor parte de rocas del Cretáceo superior, con matriz arenosa y arcillosa aparecen debajo de los suelos.

El paisaje actual de la alta montaña y del Páramo de Sumapáz tiene su origen en la intensa actividad glacial ocurrida durante los periodos fríos del Pleistoceno. El resultado de la acción de los ventisqueros se puede observar en las morenas, en las olletas y sus alrededores que están asociados a los lagos del Páramo, como los de Chisacá, Laguna Negra y otras. También quedaron valles de origen glacial en forma de "U" en las cabeceras de los ríos Chisacá, Ariari y Nevado, e igualmente aparecen depósitos de cenizas volcánicas, los cuales se encuentran a alturas superiores a los 3.000 metros en estos sectores cordilleranos,los que fueron transportados por el viento desde la Cordillera Central durante erupciones ocurridas principalmente en el Pleistoceno.

El Cerro Nevado de Sumapaz de unos 4.800 m de altura, debio perder sus nieves perpetuas en tiempos históricos y, aunque actualmente se viste con un manto de nieve durante los meses lluviosos de octubre y noviembre, la nieve desaparece durante el resto del año (41).

Así mismo, en la cordillera Oriental y dentro del Departamento de Boyacá se encuentra el Parque Natural de Pisba que tiene alturas de hasta 3.800 metros, en donde están representadas rocas de edad cretácica (Barremiano-Aptiano) con predominio de las llamadas areniscas del Cocuy.

En los terrenos del Páramo de Pisba hacia el occidente del Parque mencionado, existen algunas formaciones sedimentarias del Terciario que son duras y resistentes, lo cual determina la presencia de escarpas, picos y cañones angostos. El Pleistoceno ha dejado aquí sus rasgos típicos en las morenas, los valles en "U", los circos, las rocas aborregadas, las cuencas semicirculares y los lagos de origen glacial.

En los terrenos más altos de la Cordillera Central está enclavado el Parque Nacional Los Nevados. Ese conjunto es considerado el más elevado de las tres montañas en que se dividen los Andes de Colombia. Aquí se encuentran cinco cráteres en su mayoría activos que están unidos entre sí por un cordón compuesto por una serie de diques, cuellos y lomos volcánicos alineados de sur a norte de la siguiente manera: El Tolima, Quindío, Paramillo de Santa Rosa, Santa Isabel y El Ruiz.

El más importante de los volcanes es el Nevado del Ruiz o Mesa de Herveo, con 5.400 metros sobre el nivel del mar y representa un volcán de escudo con una superficie de 200 km^2 y dos cráteres adventicios, La Olleta (4.800 m) al oeste del cráter principal, y el Alto de La Piraña al nordeste. El cráter principal del Ruiz tiene unos 300 metros de ancho y 150 de profundidad y se encontraba libre de hielo a la fecha. Este cráter ha erupcionado en varias ocasiones durante los últimos 14.000 años y sus actividades más importantes en los últimos siglos han sido la del 12 de marzo de 1595 relatada por Fray Pedro Simón, seguida por la acción catastrófica del 10 de febrero de 1845 cuando se desprendió del Ruiz un alud de hielo y lodo que bajó por el costado oriental del volcán y por los valles de Lagunillas y Santo Domingo, para alcanzar a Ambalema, ardiente puerto del rio Magdalena, donde dejó un saldo superior a los 1000 muertos.

Pero, la mayor catástrofe ocurrió en nuestros días, 150 años después, el 13 de noviembre de 1985, cuando perecieron según las crónicas unas 22 mil personas, habiendo sido destruida totalmente la ciudad de Armero por la acción combinada del volcanismo y la fusión de las nieves, lo que produjo un enorme alud sulfurado compuesto de lodo y piedras que alcanzó una velocidad de más de 300 km. por hora y llegó hasta el río Magdalena.

Un poco al sur del Nevado del Ruiz se encuentran otros volcanes como son el de Santa Isabel (4.950 m), el Paramillo de Santa Rosa (4.600 m) y el Nevado de El Cisne (4.700 m), los cuales ostentan un domo basáltico y andesítico. Remata esta cadena volcánica el Nevado del Tolima con 5.200 m de altura. Esta región ha presentado actividad volcánica en los años 1822, 1825, 1826 y 1943. Recibió su nombre de Dulima o "país de la nieve".

En el área del Parque Nacional se encuentran rocas metamórficas del grupo Dagua (Paleozóico o Precámbrico) y en este conjunto aparecen intrusiones cuarzodioríticas al noroeste y nordeste del nevado del Ruiz que forman el plutón de Manizales.

En la vertiente oriental se halla el batolito de El Bosque, integrado por granodioritas del Eoceno, con unos 50 millones de años, sin olvidar que el levantamiento de la cordillera se produjo a fines del Cretáceo. Este proceso se reactivó hace unos 20 ó 25 millones de años cuando se inició un período de actividad volcánica de fluctuaciones, la que aún perdura. La intensa actividad eruptiva formó una cubierta de lava andesítica y dacítica de unos 900 Km^2 de depósitos piroclásticos.

Durante el Pleistoceno, la acción de los glaciares descendió aproximadamente hasta los 2.700 metros en la vertiente oriental del Parque Nacional y a 3.200 m. en la occidental, alcanzando el casquete de nieve y hielo en su máximo desarrollo, unos 860 km^2. El retroceso de las nieves y glaciares se inció hace unos 14.000 años y culminó hacia el año de 1845 de nuestra era, después de lo cual ha habido un nuevo retroceso, para conservarse como casquetes permanentes de hielo y nieve solamente El Ruiz, el Santa Isabel y El Tolima.

En estos extensos Páramos se pueden admirar actualmente multitud de evidencias topográficas heredadas de la glaciación pleistocénica, siendo las más importantes las gargantas en U, los lagos, las rocas pulidas y acanaladas, los circos y nichos de glaciación y las morenas de diferente clase.

Hacia el sur, entre los Departamentos del Valle y el Tolima, el Parque Nacional Las Hermosas alberga en la extensión de sus Páramos más de 300 lagunas de origen glacial que están circundadas por pajonales, frailejonales y bosquetes enanificados en sitios resguardados por los vientos, los cuales se conservan en el ambiente en que los vimos en 1937. En el Páramo de Las Hermosas nacen innumerables ríos que son de importancia económica vital para estos sectores del país, pues de sus aguas dependen más de 20.000 hectáreas de arroz en el Tolima y extensiones importantes de plantaciones de caña de azúcar en el Valle del Cauca.

Más al sur, en las cabeceras de los ríos Saldaña y Atá y en los Páramos de Moras y Santo Domingo, está enclavado el Parque Nacional Nevado del Huila donde se encuentran rocas metamórficas de edad paleozóica del llamado grupo Cajamarca que consta de esquistos alumínicos, cuarzo-feldespáticos o verdes. En el nordeste aparece una faja de arenisca y arcillitas de edad presumiblemente pérmica.

Las rocas intrusivas Juratriásicas del batolito de Ibagué prevalecen en la mayor parte del Parque Nacional. El batolito consta de cuarcita y cuarzomonzonita interpuestas entre las rocas paleózoicas, con grandes afloramientos de rocas cretácicas porfiríticas o facies dioríticas en el noroeste sobre el Cretáceo ígneo; a las rocas paleozóicas y el batolito aludido se hallan superpuestas lavas andesíticas observables en las cabeceras de los ríos Saldaña y Atá y también en el macizo del Nevado que es de edad Plio-pleistocénica.

Acerca de las glaciaciones del área no se conocen datos detallados sobre los diferentes niveles, a pesar de que existen depósitos morénicos; eso sí, ha sido observada una clara disminución regional de la acumulación de nieve, lo cual puede relacionarse también con el hecho de que, un Páramo cercano, el Páramo de Malvasá, que actualmente carece de nieve permanente, era llamado en el siglo pasado "Nevado de Malvasá".

Las actividades volcánicas del Nevado se manifiestan por las emanaciones observadas últimamente a distancia. Por las grietas del Nevado del Huila salen gases sulfurosos que cristalizan en sus bordes hasta alturas de unos 4.900 metros. Nuestras excursiones a esta montaña se hicieron en 1939 y 1978.

En este lapso de tiempo, el Páramo ha perdido mucho de su soledad y de su fauna, particularmente la danta que era muy abundante.

En el sector más destacado del relieve colombiano que está formado por el Macizo de Almaguer o Macizo Colombiano y la Sierra de Los Coconucos, se encuentra el Parque Nacional de Puracé donde están ubicadas unas 50 lagunas y el nacimiento y curso superior de cuatro de los más caudalosos ríos del país: Magdalena, Cauca, Patía y Caquetá; de ahí el calificativo de estrella hidrográfica de Colombia, en donde las alturas máximas llegan a los 5.000 metros en los Departamentos de Cauca y Huila.

El rio Magdalena nace en la laguna del mismo nombre, que se encuentra en una pequeña planicie turbosa del Páramo de Las Papas. El rio Caquetá tiene su nacimiento en una planicie circundada por cerros que forman una especie de anfiteatro enmarcado por los Páramos de Peñas Blancas y Peña Alta.

La Sierra de Los Coconucos a la que antes se le llamaba Sierra Nevada, consta de 7 picos volcánicos principales que, empezando por el Pan de Azúcar (5.000 m) es la única eminencia que en la actualidad ostenta durante todo el año una cobertura nival. El único pico activo actualmente es el Puracé (4.780 m). La Sierra, hace menos de un siglo tenía todas sus grandes alturas con nieve permanente, aunque sin glaciares. En cuanto a rocas, las lavas de estos volcanes son al parecer principalmente basaltos alcalinos y el Sotará se encuentra en la faja del llamado grupo diábasico de edad cretácica. En 1948 la erupción del volcán del Puracé ocasionó la muerte a 16 excursionistas. Años más tarde, el Jueves Santo de 1983, la ciudad de Popayán fue parcialmente destruida por un terremoto.

La mayor parte de los terrenos del Parque Nacional corresponde a la llamada formación Popayán, de edad pleistocénica que consta de lava, cenizas aglomeradas, tobas y depósitos fluviolacustres intercalados. Según información personal del Geólogo Dr. Enrique Hubach, en el Páramo de Paletará y en el de San Francisco se presentan capas de turba enterradas y en la superficie.

En el valle del páramo de las Papas se han encontrado depósitos pleistocénicos formados por flujos de lodo, conos aluviales y depósitos fluvioglaciales. Esta formación geológica dá testimonio de una serie de episodios volcánicos intensos que tuvieron lugar durante el Plioceno y el Cuaternario; pero durante el Holoceno solo han tenido actividad volcánica el Sotará y el Puracé. Según información que recibimos directamente del Doctor Carlos Lehmann, entre las tobas volcánicas de este sector fueron encontrados trozos de cornamenta del venado *Odocoileus virginianus*, extinguido hoy en día quizás por la acción volcánica. El mencionado Profesor opina que fué por la predación del puma.

En el Puracé existen dos clases de aguas termales: las del rio Vinagre que son ácidas y azufradas y las de Pisimbalá al extremo noroeste de la Sierra de los Coconucos, que son salinas y azufradas. A estas últimas pertenecen los termales de San Juan en las estribaciones del Pan de Azúcar que alcanzan temperaturas de 36°C.

El Parque Nacional Farallones de Cali se halla sobre el eje de la Cordillera Occidental dentro del Departamento del Valle y tiene alturas máximas de 4.200 metros sobre las playas del Océano Pacífico (26). Cuando alcanza la altura del Páramo se convierte en farallones abruptamente cortados en rocas de edad cretácica de los grupos Dagua y Diabásico con extensiones desprovistas de suelos o a lo más, con Litosoles y Tierras Pardas. Y, a pesar de que los Farallones han debido recibir aportes de cenizas volcánicas por encontrarse entre el grupo de los volcanes del sur y los del Macizo de Los Nevados, no tenemos noticia sobre glaciaciones pleistocénicas en el área, ni tampoco de Andosoles y ni siquiera de especies de frailejón.

En el norte del Departamento de Antioquia y sur de Córdoba se encuentra el Parque Nacional Paramillo que alcanza al Páramo, con enclaves de bosques micrófilo, nanómicrófilo y bosquetes de subpáramo en lugares protegidos, llegando a alturas cercanas a los 4.000 metros. A este sector corresponde el nudo llamado Paramillo o Paramillo del Sinú que está localizado en las estribacciones más septentrionales de la Cordillera Occidental de Colombia, donde se ubica el cerro Paramillo (3.960 m). Son terrenos con rocas sedimentarias y volcánicas del Cretácico superior que incluyen *cherts* (horsteno) negros, limonita y *shales* negras con intrusiones de rocas volcánicas que aparecen en la mayor parte del área en los valles del Alto Sinú, Alto Esmeraldas y Antozales.

Por otro lado, en las cimas más elevadas del Parque Nacional Cordillera de Los Picachos aparecen manchas de Páramo con frailejón que llaman la

Cordillera Occidental, Páramo de Frontino, Antioquia. Límite bien definido entre el Páramo y los bosques inferiores, aquí con *Drymis granadensis* presidiendo. Foto Pedro Ruiz, 1.970.

El escalador Erwin Kraus en el Nevado del Huila, rancho de Verdún, lugar de cacería de dantas de Páramo, ***Tapirus pinchaque.*** Foto Erwin Kraus, 1.940.

Cordillera Central, Nevado del Huila. Mujer Paez en el pueblo de Huila. Foto Erwin Kraus, 1.940.

atención por tratarse en realidad de un enclave aislado del Páramo de Sumapáz ubicado a más de 100 kilómetros al norte. Este Parque se encuentra entre los Departamentos del Huila, Meta y Caquetá, con relieve quebrado y alturas máximas de solo 3.530 metros sobre el nivel del mar. El conjunto de la Cordillera de Los Picachos es de edad Precámbrica y hace parte del Batolito de Garzón que es un bloque tectónico levantado, que se extiende desde la región de Mocoa y está vinculado a un cinturón granulítico que iría hasta el Macizo de La Sierra Nevada de Santa Marta, el cual debió haberse formado durante la orogenia Nickeriana hace unos mil trescientos millones de años según criterios moderados. Sobre los últimos lapsos de tiempo no se tiene información acerca de actividad volcánica regional ni de glaciación alguna en la Cordillera de Los Picachos.

En el anticlinal de Arcabuco (Boyacá) está el conjunto del área del Santuario de fauna y flora de Iguaque que hace parte de una Serranía de 22 km. de longitud al este de Villa de Leiva. Se destaca una formación geológica de edad Juracretácica de las areniscas blanquecinas de Arcabuco con fuerte cimentación por cuarzos y fósiles de invertebrados marinos: equinodermos, moluscos, bivalvos y amonitas. Pero, durante el Pleistoceno se sucedieron aquí por lo menos tres glaciaciones, siendo una de ellas, quizás la de Riss, la que dejó rasgos topográficos acentuados a 3.500, 3.600 y 3.800 metros de altitud, entre los que se encuentran principalmente circos glaciales, lagunas, como las de Cazadero, Empedrada, El Monte, Ojo de Agua e Iguaque; así mismo, morenas que bajan hasta los 3.000 metros y aparentemente marcan el máximo avance de los heleros.

Los escaladores

En 1937, según nuestras conversaciones, Erwin Kraus empezó a escalar sus montañas en Colombia en compañía de algunos amigos,la mayoría de ellos extranjeros. A él se le debe personalmente la medición de muchas alturas mayores en nuestras cordilleras. Por eso, las presentes líneas las dedicaremos a mencionar las primeras excursiones de Erwin Kraus y diversos compañeros, a los nevados colombianos.

Nevado del Cocuy:

Marzo 1938: Erwin Kraus y Anton Lampel. 1er. ascenso al Pan de Azúcar 5.160 m por su vertiente occidental.
Enero - febrero 1942: Erwin Kraus y Heriberto Hublitz escalaron por primera vez el Ritacuba Negro 5.300 m aproximadamente.
Erwin Kraus. H. Hublitz y Enrique Drees escalan por 2a. vez el Ritacuba Blanco, el Cóncavo 5.250 m y el Pan de Azúcar por 3a. vez.
Dic. 43 y enero 44: Erwin Kraus Fred Marmillod y su esposa Dorly escalaron por 1a. vez los cerros de la Plaza 4.880 m, el Pico El Castillo 5.160, El Campanilla grande 4.970 m por su vertiente norte y el Pulpito del Diablo 4.800 m aprox. por su vertiente norte, para tal efecto cruzamos el paso de Bellavista de oriente a occidente por primera vez (laguna de la plaza —laguna de la Sierra).
Enero - febrero 1946: Erwin Kraus H. Hublitz y E. Dreeses escalan por 2a. vez los cerros de la plaza el Pico del Castillo y, por 1a. vez los picos sin nombre 5.000 aprox. al norte

del pico del castillo. E. Kraus y H. Hublitz, por 2a. vez el Pulpito del Diablo.
Marzo 1948: Erwin Kraus y H. Hublitz escalan por 4a. vez el Concavito, por 3a. vez el Concavo, por 5a. vez el Pan de Azúcar por su vertiente norte y bajan por su vertiente Occidental.
Enero 1959: E. Kraus y Thomas van der Hammen escalan el Pan de Azúcar, el Pico Toti y el Concavo.
Marzo 1948: E. Kraus, Luitpold Werz y Franz Von Mentzingen escalan el Pan de Azúcar por su vertiente norte.

Cordillera Central:

Enero 1940: E. Kraus, Heinz Kleinhans, Anton Lampl y Hans Ulrich ensayan sin éxito escalar el Nevado del Huila al encontrar un tiempo sumamente lluvioso y falta de equipo adecuado.
Enero 1943: E. Kraus, H. Hublitz y E. Drees cruzan por 1a. vez El nevado del Tolima 5.160 m, subiendo por su vertiente norte y bajando por su vertiente sur-occidental escalaron y cruzaron los tres picos del Nevado de Santa Isabel de sur a norte y escalaron el Nevado del Ruiz 5.237 m por su vertiente occidental.
Febrero - marzo 1944: E. Kraus, JH. Hublitz y E. Drees escalan por 1a. vez el pico central del Nevado del Huila 5.364 m. y por 2a. vez el pico norte del nevado del Huila 5.240 m.

Sierra Nevada de Santa Marta

Enero - febrero 1939: E. Kraus, Guido Pichler y Enrico Praolini escalaron por 1a. vez el pico Simón Bolívar 5.775 m (Febrero 2 - 1939).
Febrero 1949: E. Kraus, H. Hublitz y E. Drees escalan por 2a. vez el pico Santander; por 4a. vez el pico La Reina 5.340 m y el Pico del Guardián 5.100 m aprox.
Enero 1951: E. Kraus, Georges Cuenet y Raymond Griere escalan el pico el Guardian por su vertiente norte y el último pedazo por su arista occidental. El pico Simón Bolívar por su vertiente norte y el último pedazo por su arista oriental. Cruce total de la sierra en dirección sureste a noroeste.
Octubre 1958: E. Kraus, Thomas Van der Hammen escalan el guardián por su vertiente norte y el Pico de la Reina.

Entre nosotros existen hoy en día grupos de este deporte distribuidos en varias ciudades; en Bogotá están los equipos llamados El Escalador, Roca y Hielo y los vinculados a las Universidades de Los Andes, La Javeriana y La Nacional. Algunos de los andinistas de estos grupos ya han participado en ascensos importantes a picos del Himalaya y de la cordillera de Los Andes en Suramérica.

GEOMORFOLOGIA E HIDROGRAFIA

La inestabilidad de los hielos

Hoy en día encontramos en Colombia el frente de los hielos perpetuos por encima de los 4.700 - 4.800 metros de altitud como lo pudimos comprobar en 1979 en el frente occidental del Nevado del Cocuy, con tendencia aparente al retroceso desde ese nivel; pero en el curso de milenios, el frente de los neveros ha descendido de acuerdo a las investigaciones de Thouret y Van der Hammen,(74) hasta elevaciones de 2.200, 2.700 m y en ese momento (2.200 m), los hielos pudieron encontrarse a la altura de la línea superior de los bosques andinos, lo cual nos hace notar la inestabilidad histórica de estos límites, y también la diversidad de los paisajes de la alta montaña que son simplemente el reflejo gradual de los cambios climáticos ocurridos al paso del tiempo.

La secuencia glaciológica estudiada por los investigadores aludidos en La Sierra Nevada del Cocuy en relación con su historia medio - ambiental, nos informa que, después de reconocer seis tipos de terrenos parentales diferentes *(drifts)* acarreados por ventisqueros, y en base de los grupos de morenas terminales y laterales identificadas en la propia montaña, se han podido definir seis estadios de glaciación, de los cuales cinco de ellos fueron denominados de edad fuqueniense (último glacial), mientras que el sexto pertenece al Holoceno (neoglacial). De lo anterior, ellos pudieron deducir que la mayor extensión de los glaciares tuvo lugar alrededor de 25.000 años antes del presente y más probablemente entre 45.000 y 25.000 años A.P., de donde se pudo concluir que el carácter del clima de este período era húmedo, lo que ha venido a favorecer la presencia del límite superior del bosque entre 800 y 1.000 metros por debajo del nivel actual. Sin embargo, entre 21.000 y 14.000 años A.P. la extensión de los glaciares era mucho menor y la línea superior del bosque se hallaba entonces a menor elevación por ser el clima más seco; esto trajo como consecuencia la presencia de una zona paramuna más ancha y seca.

Pero, en lo que se denomina el Tardiglacial, que es más húmedo, las temperaturas anuales aumentan y existen entonces dos estadios definidos. Aparecen pués indicios contundentes de una neoglaciación y, como consecuencia de los anteriores factores ambientales, los glaciares empiezan a retroceder desde sus morenas terminales exteriores hacia el año 1850 D.C., todo ello para continuar un receso en los días actuales. Durante los últimos

27 años se ha operado un considerable retroceso de algunos glaciares en Colombia. Según Inderena, en 1957 el área cubierta por los hielos perpetuos en el Parque Nacional Sierra Nevada de Santa Marta era de 105 km^2 y algunos descendían hasta 4.200 m. de alt. aproximadamente. En 1981 en cambio, el área se redujo a 35 km^2 y la cota inferior de casi todos ellos era la de 5.000 metros, con adelgazamiento de la capa de los hielos y de las nieves perpetuas y retroceso de unos 800 metros en sus frentes. Dice Inderena que la regresión glaciar se ha generado por una disminución en la precipitación de la nieve que alimenta los ventisqueros, disminución ésta que se atribuye indistintamente a la deforestación de la Sierra o a los cambios en el clima del Planeta. En esta región los glaciares de hoy en día se ubican en los picos más altos de la Sierra. Por ejemplo, el Macizo Central está constituído por un gran complejo formado por los picos más altos que son, Ruiz, Erazo y Simmons (5.660 m.), Bolívar y Colón (5.770 m.) y Vespucio, conjunto denominado Chundúa por los indígenas serranos. Por otro lado, hacia el nordeste se encuentran las crestas de los picos Menders y Ruiz Wilches y en la misma dirección el nevado Parra Lleras, encontrándose, al oriente del grupo principal dos ramales que incluyen los picos Ojeda (5.490 m.), Codazzi, Tulio Ospina (5.375 m.), La Reina (5.535 m.) y Ramírez. Un poco más al sur se hace mención de un largo murallón que remata en los picos Tayrona y Guardián (5.295 m.).

Dieter Brunnschweiler (8) en su comunicación pasada al Congreso del Cuaternario reunido en Bogotá en 1981, que lleva por título "Glacial and Periglacial form and systems of the Colombian Quaternary", resume los siguientes hechos en cuanto a la evolución geomorfológica glaciaria y periglacial sobre evidencias claras:

1. Durante el máximo del último glacial, el límite de las nieves en los Andes colombianos se situaba a 3.800 m o sea, algo menos de 1.000 m más abajo de su nivel actual en la Cordillera Oriental (4.700 - 4.800 m). Si se asume una variación de 0.6^oC por cada 100 m, esto indicaría una disminución de la temperatura media anual de 6^oC en las regiones de Páramo.

2. El piso de los circos es un indicador confiable de la altitud del límite de las nieves. Existen centenares de ejemplos de estas geoformas. Los más bajos, cerca de 3.000 m no presentan huellas de la última glaciación, lo que tiende a hacer considerar su formación durante la penúltima glaciación; esta hubiera excedido en magnitud a la del Werm/Wisconsin.

3. La conformidad de los niveles altitudinales correspondiente a procesos de origen, respectivamente glaciario y periglacial por una parte y, por otra, el paralelismo de sus variaciones verticales en relación con las formaciones vegetales afectadas por factores similares, muestran que el modelo geomorfológico temporo - espacial está en acuerdo con la bien establecida bioestratigrafía del Pleistoceno superior y del Holoceno.

4. Los niveles altitudinales de una determinada actividad glaciaria y periglaciaria se presentan de manera uniforme a lo largo de la cordillera Oriental. Se requiere, sin embargo, un mayor muestreo de sitios de observación para delimitar claramente las respectivas zonas de actividad en diferentes épocas.

5. Las morenas terminales del último avance glaciario en Colombia (cuyo máximo se

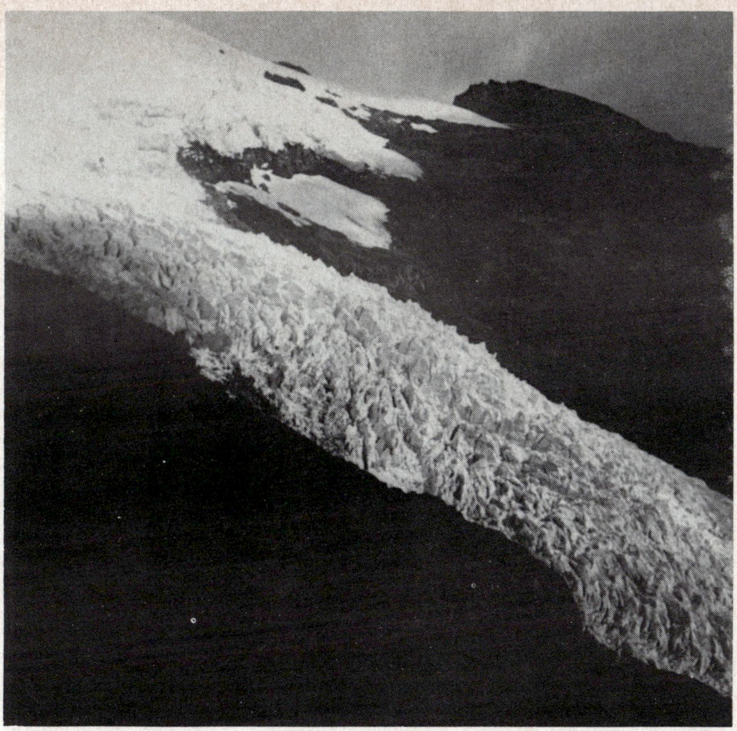

Cordillera Central, Nevado del Huila entre el Pico Central y el Pico Sur. Esta era la lengua de glaciar más baja de Colombia que descendía hasta 3.900 metros según lo atestigua la foto de Erwin Kraus. 1.949.

Cordillera Oriental, frente occidental. Bloque errático con vegetación casmófita (Chasmophytia) arriba de la población de Pasca, Cundinamarca. Foto Juan Manuel Del Llano, 1.988.

Cordillera Central en su frente oriental. Corte en morena arriba de Manizalez, en Gallinazo. En el tríangulo inferior, los Profesores Pablo Schaufelberger, Alberto Abouchaar y Gustavo Sarmiento. Foto Manuel Del Llano, 1.972.

Cordillera Central, Nevado del Ruiz, en su vertiente oriental. Bloque de roca ígnea con acanaladuras ocasionadas por el glaciarismo y desplazado de su sitio. Foto G. Sarmiento, 1.972.

propone llamar San Pablín) se encuentran definidas de manera no confundible cuando corresponden a glaciares de valle, pero su identificación requiere análisis litoestratigráfico en el caso de glaciares colgantes o capas de hielo de tipo glaciar de piedemonte. Siempre que haya existido un área de acumulación suficiente, el hielo logró bajar hasta 3.300 m o menos aún durante el último avance. Depósitos glaciarios más antiguos (pocos han sido estudiados) se encuentran debajo de las morenas de San Pablín y fueron observados a altitudes menores, hasta 2.700 m (anfiteatro de Pasca).

6. Formaciones periglaciales, especialmente las que resultan de la crioplanación (aplanamiento de crestas) y de la crioturbación (arreglo *in situ* de cantos de gelifracción), muestran una distribución amplia y se encuentran bajando hasta el nivel de la sabana de Bogotá; hoy día, el límite inferior corriente de la acción intensa del hielo, se sitúa alrededor de los 4.000 m.

Sólo un esfuerzo multidisciplinario permitiría resolver los numerosos interrogantes que todavía plantea la evolución de los paisajes de los pisos andinos durante el Pleistoceno medio e inferior.

Observando la Sabana de Bogotá durante el Congreso Internacional del Cuaternario, en compañía del doctor Dieter Brunnscchweiler, él me hizo la observación de que algunas oquedades altas que se observan en el frente occidental de los largos cerros de Monserrate que van de S a N, debieran estudiarse como posibles nichos de glaciación. En efecto, recorriendo superficialmente las cañadas que aquí se encuentran, hemos observado escalones de esos que pudieron dar origen a hilos de agua en las lomas del nororiente de Bogotá donde se encuentra el jardín Grimaldi.

Las Glaciaciones. El paisaje actual de la montaña

Cuando se inició el Holoceno, hace unos 10.000 años, el clima cambió fundamentalmente y con él el paisaje regional de la alta montaña andina, después de haber pasado por varios períodos glaciales. Poco a poco se fueron fundiendo los hielos en la cordillera y se perfiló el paisaje para pasar del extenso campo blanco y uniforme, al roquedal anguloso desde unos 3.000 m. de altitud hacia arriba.

Ya el paisaje no es el mismo del Pleistoceno con sus vastos campos de nieve y hielo de decenas o centenares de metros de espesor, por donde solamente asomaban algunos picos rocosos y las sierras enhiestas parcialmente desnudas, donde las nieves no podían sostenerse. Ha quedado el esqueleto duro y pétreo de la montaña con su vientre vacío y los costillares encajando los largos valles de bodegón, sin espuelas ni obstáculo alguno.

Si al bajar imaginariamente del pico mayor de una de estas montañas que han estado sometidas a varias glaciaciones en tiempos pretéritos, damos un vistazo al paisaje que queda a nuestros pies, podemos ver en lontananza extensiones donde aparecen valles encausados entre lomajes con forma de ballena, y al fondo, sierras agudas, aristas, gargantas, glaciares, anfiteatros, circos, cuernos, campos de nieve, lagos y salientes recortados. Al lado de esta se encuentran los talus en forma de escalera, desde donde se alcanza a ver un ventisquero con sus morenas centrales y laterales que la acompañan. Sobre el helero, los llamados pozos de ventisquero y extensiones de rocas brillantes aborregadas, pulidas, estriadas.

Al pasar por una montura a otro bodegón bien definido en "U", vemos que contra sus paredes se recuestan pequeños abanicos aluviales y conos de deyección, los cuales, vistos en cortes abruptos muestran potentes brechas de origen glaciar. En cambio en los sedimentos más finos cortados a plomo, se pueden observar las pequeñas varvas estratificadas por las corrientes en diferentes períodos de invierno y verano que sirven para calcular el tiempo en las zonas templadas. No lejos de aquí se encuentra otro talus con aspecto de cono que tiene en su base un canchal escabroso, donde se ha instalado misteriosamente un bosquete de colorados y palo blanco; y al lado, la cascada en hilo que desciende de un valle colgado que fue cortado a pico por el rio de hielo. En cambio, el piso del valle muestra amplias gradas mal drenadas con acumulaciones de materiales de ablasión de formas caprichosas, por lo que pensamos que el ventisquero pudo tener túneles y molinos; entre tanto, en el area del nevé, arriba, donde se desnuca el glaciar, se encuentran las clásicas grietas, reto de los alpinistas.

Más abajo encontramos la morena terminal y después una planicie de deriva glaciar o *drift* estratificado que últimamente tratan de cultivar.

Al pie de la montaña y propiamente en el piedemonte de una extensa planicie de orígen laustre, descansa un enorme depósito de conglomerado fluvioglaciar, emparentado con extensas terrazas conglomeráticas y campos de bloques a nivel inferior.

Pero si nos imaginamos la reconstrucción de nuestro paisaje postglacial en un macizo aislado como es el *stock* diorítico de Frontino, encontraremos en la zona extraglaciar, terrazas muy definidas de deriva, y en el mismo macizo, un típico valle en "U" como es el de Churrumblum. Aquí, como en Cundinamarca, se encuentran cantos erráticos como del tamaño de un rancho pajizo o de una casita, que se asientan en un piso ajeno y están cubiertos de una vegetación casmófita que le dá variedad a estos paisajes. Pero, al mirar las viejas morenas del lado, notamos que las inferiores y más antiguas son duras *(tillita)* y sus fragmentos rocosos se encuentran algo meteorizados; en cambio las superiores que se muestran blandas, no han empardecido y en algunos sectores no se encuentran, pués han sido quitadas por la erosión en las pendientes donde afloraban las rocas del basamento.

En un rincón de esta montaña se ven campos de *drumlins* y, en el corte de profunda zanja, se perfila un suelo enterrado o fosilizado (paleosuelo) encajado entre dos morenas como un emparedado; este, con una muestra de turba le servirá a los investigadores para averiguar si es cierta la edad de los 10.000 años de la última glaciación que transformó el paisaje que tenía entonces la montaña.

Al observar de paso el paisaje glaciar en una llanura de la zona templada, digamos Norte América, y al ver en un corte de carretera el llamado *gumbotil* que es la acumulación del fino loes, el viajero puede informarse acerca de la composición de los variados elementos del paisaje de glaciación tan abundante en *drumlins*, que son pequeñas colinas ovales compuestas de *tillitas* sin estratificar; de *eskers* o lomas en forma de largas serpientes ciclópeas que se supone fueron hechas por quebradas en el seno de los ventisqueros; o grupos de *kames*, (colinas - crónicas) de *drift* estratificado y depositado como en conos aluviales; o de *kettles*, que son depresiones umbilicales hechas en una capa de *drift* al fundirse los bloques de hielo que quedaron enterrados y muertos en el material de acarreo. Finalmente nos tocó observar un corte de *till*, que es un *drift* glaciar no estratificado que se diferencia de la tillita, porque esta es dura y cementada.

Cuando el talus se encuentra por encima de 4.000 m. puede ofrecer condiciones particulares que influyen en el paisaje vegetal porque aparecen de pronto bosquetes aislados de palo colorado *(Polylepis* sp.*)*, una rosácea con porte de arbolito. Este fenómeno que sorprende y que hemos observado en las laderas del Nevado del Cocuy, ha sido explicado por H. Walter (82) para los Andes, de la siguiente manera: en alturas vecinas a los 4.200 m. acompañadas de temperaturas de unos 2°C, aparecen rodales de *Polylepis sericea* que invariablemente se acomodan en las fuertes pendientes de talus que miran al este o al oeste y consisten de grandes bloques expuestos al sol por la mañana o por la tarde. Como las raíces del *Polylepis* profundizan aproximadamente hasta 1.5 metros, la única explicación posible que encuentra el mencionado autor para la ocurrencia aislada de los arbolitos a 1.000 m. por encima de la línea superior de los bosques, es la de que las pendientes de los talus ofrecen condiciones favorables de temperatura muy particulares cuando la radiación entrante calienta fuertemente la capa más cercana al suelo permitiendo que el aire más frío fluya entre los bloques hasta el extremo inferior del talus, lo cual hace que el aire caliente sea inducido por los bloques en la parte superior, favoreciendo para el sistema de raíces de los arbolitos de *Polylepis* las condiciones de temperatura que vienen a formar una especie de enclave cálido ascendente que contradice el principio normal de zonación. La explicación de Walter se ve reforzada por la circunstancia adicional de que la parte inferior del talus se encuentra desprovista de árboles y a menudo aparece completamente calva. Hasta aquí, los paisajes idealizados.

Para fortuna del país, los pintorescos paisajes heredados de las glaciaciones pasadas y aún los de la actual, pueden encontrarse con muchos de sus detalles intactos en los Páramos de las Sierras Nevadas de Santa Marta y del Cocuy; en Chingaza, Sumapaz, Pisba, Parque Nacional Los Nevados y Las Hermosas; el Nevado del Huila, el Puracé, el Cumbal y también el horizonte a lo largo de las altas montañas que separan los ríos Cauca y Magdalena, formando una línea aparentemente horizontal a unos 4.000 m. de altura.

Casi en todas estas montañas se encuentran esplendidos pisajes al alcance

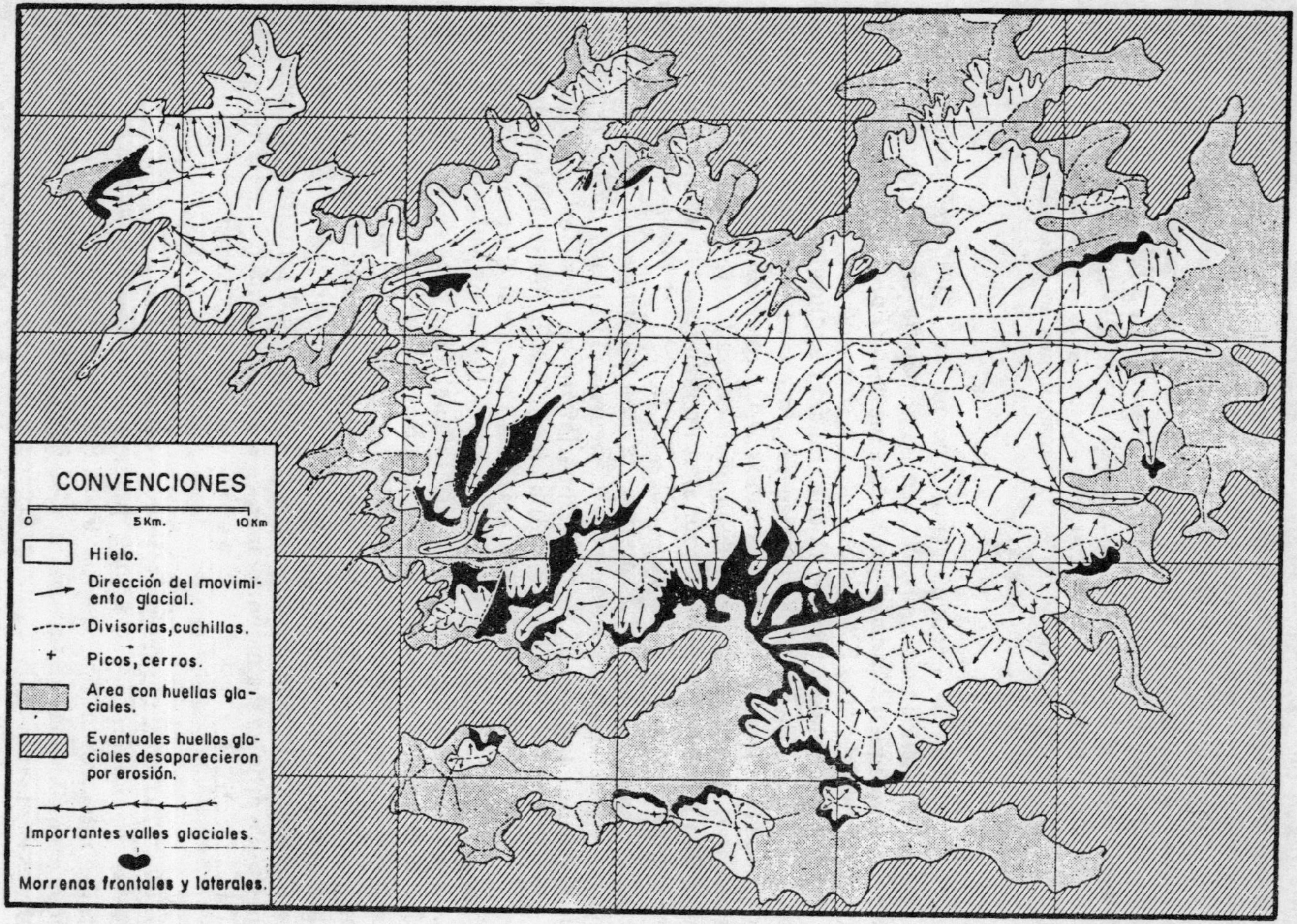

Extensión máxima del hielo durante el Gran Estado Mamancanaca, Sierra Nevada de Santa Marta, según H. C. RAASVELDT 1957

de buenas comunicaciones que el turismo puede aprovechar. Sin embargo, para preservar los recursos de flora, fauna y aguas, es preferible evitar la construcción de vías carreteables de importancia dentro de algunos sectores pristinos y utilizar al máximo los caminos de herradura para las excursiones de estudio y paseo.

H.C. Raasveldt, 1957, en su artículo "Las glaciaciones de la Sierra Nevada de Santa Marta" distingue para esta espléndida montaña que se yergue a poca distancia del mar Caribe, tres estados principales de glaciación: el estadio Bolivariano, el Mamancanaca y el Premamancanaca o Adurameina. Los primeros dos períodos los divide su autor en varias fases que quedaron reflejadas en las morenas cuando el hielo avanzó y luego retrocedió.

La extensión aproximada de los hielos durante estos estadios fue posible estimarla por la posición de las morenas terminales que aparecen en los dos últimos mapas de Raasveldt que se dan a continuación para facilitar las comparaciones se han presentado en la misma escala la extensión de los glaciares actuales en el primer mapa, indicando asimismo, las cuchillas divisorias entre los circos antiguos y actuales e igualmente, las direcciones de las corrientes y los valles glaciales más importantes.

Las superficies cubiertas por las glaciaciones son las siguientes:

Glaciaciones	**Superficie en proyección sobre el plano horizontal**
Reciente	39 km^2
Bolívar	105 km^2
Mamancanaca	856 km^2
Adurameina	?

Por el momento, el citado autor no dá ningún dato exacto acerca de la cronología de los estados de glaciación pero parece bastante seguro que las morenas bolivarianas son modernas mientras que las del estado Mamancanaca podrían pertenecer al Pleistoceno por su gran magnitud. El recubrimiento tan escaso con materiales de orígen glacial de la zona comprendida entre las morenas Mamancanaca y las bolivarianas indica un rápido retiro de los glaciares a través de una distancia apreciable, porque es muy probable que los glaciares desaparecieron completamente entre los estadios Mamancanaca y Bolívar, o por lo menos se redujeron a una extensión menor que la que ocupan los glaciares actuales. Por esta sugerencia, el autor justifica suponer que las morenas del período Mamancanaca son del Pleistoceno; es decir Würmianas en términos internacionales.

Raasveldt, al mencionar a Gansser dice que éste también distingue tres estadios de glaciación correspondientes con los suyos, y denomina *glaciación*

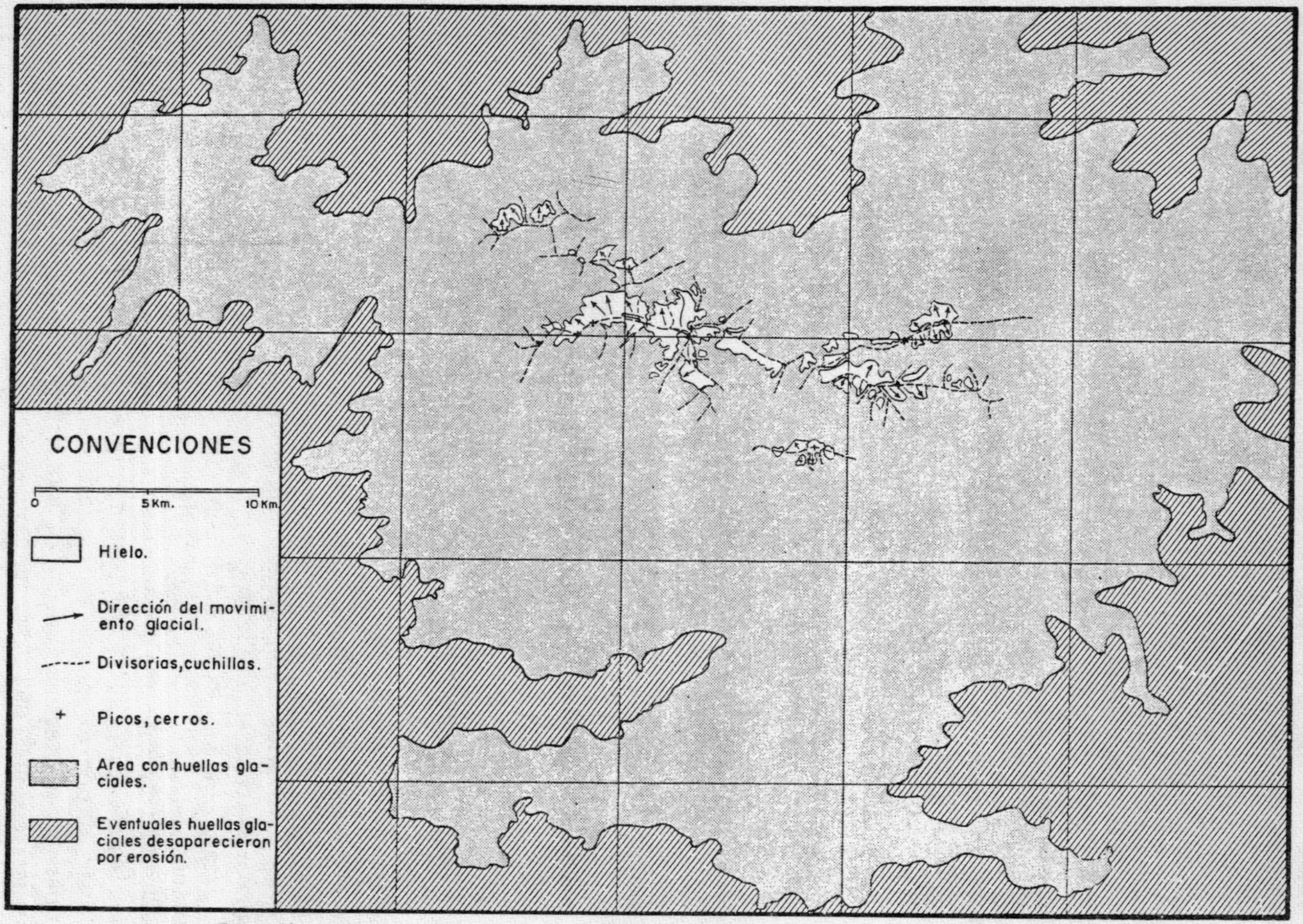

Extensión actual del hielo en la Sierra Nevada de Santa Marta, según H. C. RAASVELDT 1957

reciente hasta subreciente al Bolivariano. Gansser notó que por debajo de los 3.000 metros de altitud se comprueba un aumento de las gradientes de los ríos que corresponde al límite de una intensa erosión fluvial que está ascendiendo desde el nivel del mar. Explica la ausencia de glaciaciones pre-würmianas en Colombia, suponiendo que el macizo de la Sierra Nevada de Santa Marta no fue levantado hasta el nivel de la neviza, sinó después de la penúltima glaciación pleistocénica (Riss). Este concepto lo hace extensivo a las demás montañas de Colombia.

Nevados con volcanes y volcanes en los Páramos nevados.

El paisaje de los nevados y volcanes norteandinos aumenta su encanto con los numerosos lagos de orígen volcánico y glacial de cientos de metros de diámetro que se aposentan en los cráteres con sus aguas de color amarillo verdoso como en el Cumbal. Según el Rev, P. Jesús Emilio Ramírez que fue hasta hace poco la mayor autoridad envolcanismo entre nosotros, y a quien se debe la presente agrupación regional, los volcanes colombianos se encuentran todos en la zona superior de la tierra fría a más de 3.000 metros sobre el nivel del mar, con la típica vegetación de Páramo. Estas estructuras están colocadas sobre una base de rocas plutónicas que provienen de erupciones terciarias ocurridas hace millones de años y desafortunadamente no han sido objeto de la curiosidad de los investigadores modernos sinó hace muy poco, como sí lo fueron los volcanes de otros países. Sin embargo, la fascinación de los volcanes colombianos la sintieron Wilhelm Reiss, Al-Aphons Stuebel en el siglo pasado e Immanuel Friedlaender en el presente, quienes escribieron, según E. Ramírez, lo mejor sobre el volcanismo colombiano.

Pero el interés sobre los volcanes está pasando ya de las descripciones históricas acerca de las erupciones, a la composición mecánica eruptiva y a la relación de la estructura geotectónica, a la historia de la tierra, a la teoría de placas, etc.

Los volcanes colombianos se extienden de sur a norte más o menos en fila desde la frontera con la República del Ecuador en latitud 0° 48' norte, hasta 6° norte, a lo largo de una banda que coincide a grandes rasgos con la Cordillera Central, como se puede apreciar en el mapa adjunto (Mapa P. Ramírez) donde aparecen unos 30 volcanes entremezclados con cráteres adventicios que E. Ramírez los agrupa haciéndolos corresponder con focos la corteza terrestre. Sus variados nombres de origen indígena y español quedan ordenados de la siguiente manera:

Primer grupo: Los volcanes de la Cordillera Central, al norte de Ibagué: Cerro Tusa, Cerro Bravo, Alto Mellizo, Farallones de Valparaíso, Mesa de Herveo, El Ruiz, La Olleta, Las Palomas, El Cisne, Santa Isabel, Quindío, Tolima, El Machín.

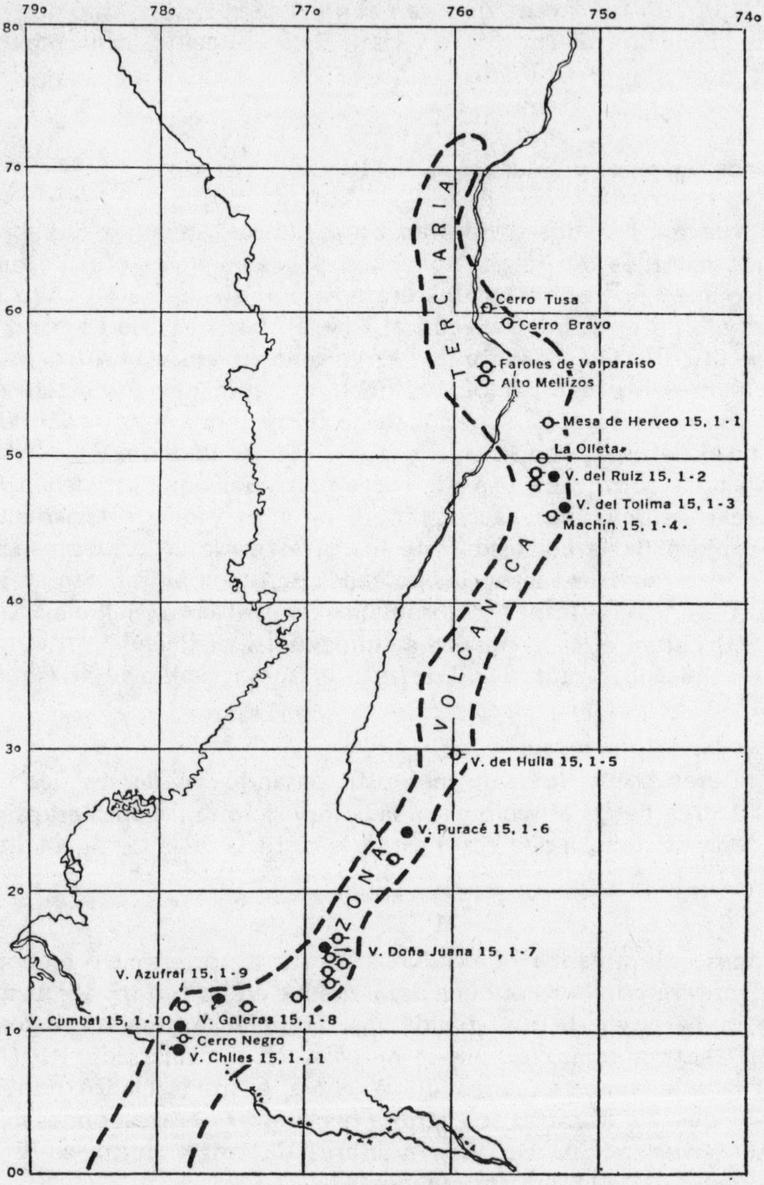

Según Jesús E. Ramírez S.J.

Segundo grupo: Los volcanes de la parte media de la Cordillera Central, entre los orígenes de rio Magdalena y la región de Popayán: Serranía de La Fragua, El Huila, la región volcánica de Silvia y del rio Coquillo, El Puracé, el pico de Paletará en la Sierra de Los Coconucos, el Pan de Azúcar y El Sotará.

Tercer grupo: Los volcanes de la Cordillera Oriental, entre Popayán y Pasto: El Cerro de las Petacas, Doña Juana, El Cerro de Las Animas, El Cerro Juanoi y el Páramo de Tajumbina.

Cuarto grupo: Los volcanes alrededor de Pasto y Túquerres: El Galeras, El Morosurco, Los Patascoi, El Bordoncillo, el cráter del Campero, El Páramo del Frailejón y el Azufral.

Quinto grupo: Los volcanes vecinos a la República del Ecuador: El Cumbal, La Serranía de Colima, El Chiles y El Cerro de Mayasquer.

El volcán Tolima es un cono truncado con unos 5.525 metros de altura con nieves perpetuas desde los 4.700 metros hacia arriba y con algunas fumarolas que miran hacia el sur. Su cono volcánico está compuesto de capas de lava y de rocas andesíticas y dacíticas. Hacia el suroeste y a unos 13 kilómetros del volcán del Tolima, se encuentra El Machín con algunas solfataras y una vieja caldera de 3 km. de diámetro de la cual solo queda en pié la muralla de la parte norte. Posición: (Lat. 4º 39' N., Long. 75º 22' W.).

El Ruiz con su aspecto de meseta tiene un cráter profundo en su parte noreste por donde se desprenden gases a presión con fuerte ruido. En el flanco suroeste, está el cono parásito de La Olleta compuesto por lapilli, arenas y cenizas y un cráter de unos 40 metros de profundidad que desde el año de 1937 hemos visto tapado y con algo de nieve en sus flancos.

Existen tres cuadros "impresionantes", para utilizar una expresión del Padre Jesús Emilio Ramírez, de gigantescas inundaciones de lodo y cenizas acompañadas de fuego y posiblemente de temblores que ocurrieron en las vertientes orientales de la Cordillera Central colombiana. Sin duda alguna, las tres catástrofes provinieron del volcán Nevado de el Ruiz, a pesar de que Humboldt atribuyó la primera de ellas al Tolima, basado en la descripción del escritor español Cieza de León que observó la erupción el 12 de Marzo de 1545 a las 11 a.m. desde la ciudad de Cartago. Esta erupción fué descrita también con mucho detalle por Fray Pedro Simón, quien en ella menciona los rios Gualí y Lagunilla, los mismos cauces de desastres posteriores, atribuyendo la catástrofe a un "Cerro nevado" que no tiene forma de cono o de estrato-volcán.

Una explosión semejante aconteció el 19 de febrero de 1845 cuando un torrente de lodo se originó en el Volcán del Ruiz y, dividido en dos brazos, siguió por los valles de Lagunilla y Santo Domingo para destruir haciendas y dispersar bloques de hielo, borbotones de lodo, troncos de árboles, piedras y cadáveres que llegaron hasta la ciudad de Ambalema sobre el río Magdalena.

Para dar una idea de lo que fue esta catástrofe transcribimos el relato de José Manuel Restrepo aparecido en la Revista de La Academia Colombiana de Ciencias.

El 19 del corriente, a las 7 de la mañana, ha ocurrido una catástrofe lamentable en el río Lagunilla, que corre del Poniente al Este y desemboca en el río Magdalena. En dicha hora se oyó un gran ruido en la vega del río, y se sintió como un temblor de tierra. En breve apareció una inmensa inundación de lodo que cubrió y arrastró los bosques, las casas y los desgraciados habitantes que no huyeron: unos quedaron sepultados y algunos pocos se acogieron a los árboles que resistieron la fuerza del torrente. Pocos de éstos se pudieron salvar y los demás perecieron de hambre y de sed, pues ninguno les podía socorrer. Han muerto como 1.000 habitantes de la parte alta del valle de Lagunilla, y de 4 a 6 leguas cuadradas quedaron cubiertas de piedras, cascajo, arena y lodo de tierra no vegetal. Entre esto había grandes masas de nieve. La capa de lodo era de 5 piés de espesor en lo más bajo.

Luego que aquel torrente salió de la estrechura de la Cordillera, donde subía 200 varas de altura, se dividió en dos corrientes. La una siguió el curso del antiguo cauce del lagunilla hacia el Magdalena, y la otra, invadió el valle de la quebrada de Santo Domingo arrastrando los bosques, lo mismo que si fueran de paja. Precipitóse en el río Sabandija, y los árboles, lodo y piedras le formaron una fuerte represa que amenazaba inundar todo aquel valle; felizmente una fuerte lluvia que cayera por la noche hizo crecer los tributarios del Sabandija y sus aguas rompieron la tapia que cerraba el curso del río. Aún se ignora cuál fue la causa de este desastre. La opinión más probable es que una gran parte del nevado del Ruiz, de donde nace el Lagunilla, se derrumbó con la nieve y tapó el curso de las aguas; aumentadas éstas con el deshielo de la nieve rompieron la tapa, arrastrando cuanto encontraron al paso y mezclando mucha nieve que aún no se había disuelto. Creen otros que acaso el Ruiz, que es un volcán, hizo alguna erupción de lodo, lo que prueban con el hecho de que aún el mismo río Magdalena tuvo sus aguas hediondas a azufre. Se ensuciaron tanto que no se podían beber, y los peces, medio muertos, huían a las orillas. El nevado del Ruiz está como a 10 leguas y todavía no han ido a registrar aquellos lugares para saber la causa de tamaña desgracia. El terreno cubierto era muy fértil y con sementeras de tabaco. . .

El autor concluye diciendo que si las tierras quedaran estériles, las pérdidas serían ingentes.

Periódicamente el autor visitó estas tierras hasta 1978, las cuales encontró repuestas y feraces.

La destrucción de Armero

El 13 de noviembre de 1985, es decir 140 años después de la erupción descrita por el cronista José Manuel Restrepo, a eso de la media noche, se produjo casi en la cima del Nevado del Ruiz y particularmente en su cráter Arenas, una reventazón de gases ardientes cargados de azufre, anhídrido carbónico, vapor de agua, materiales piroclásticos, agua de nieve fundida y lluvia que, una vez vomitada y mezclada con enormes piedras se precipitó por los cauces del volcán y las depresiones a grandes velocidades, hasta llegar al piedemonte para abrirse aquí en abanico y sepultar la ciudad de Armero, la cual destruyó en minutos y dejó en su seno más de 22.000 vidas humanas.

Por el este las corrientes llegaron al rio Magdalena después de recorrer 33 kilómetros y por el oeste cayeron al rio Cauca destruyendo lo que encontraron a su paso, hasta las residencias de la Estación Experimental del Café en Chinchiná.

El fenómeno fue estudiado y clasificado por el Igac (56) como un flujo de lodo por efecto volcánico de lahar húmedo que descendió a gran velocidad por los rios Lagunilla y Gualí, alcanzó en sus estados fluídos grandes espesores con el aporte de las lluvias en los estrechos valles y salió de la cordillera alcanzando en el piedemonte una anchura aproximada de 5 kilómetros y 33 km. de longitud total.

Mediciones tomadas por el Igac a 20 días de la ocurrencia del lahar permiten estimar el espesor del lodo en un metro promedio que para el área afectada representa unas 60 millones de toneladas, teniendo en cuenta un contenido de 23% de agua. Sin atender al promedio en ciertos lugares, el barro llegó a sepultar completamente las casas.

Por los últimos meses de 1985 el cráter Arenas fue haciendo poco a poco fumarolas que arrojaban ejectamenta piroclástica del tipo de bombas, lapilli, arenas y cenizas que empolvaron y suavizaron el relieve regional para alcanzar las cenizas, grandes distancias en su dispersión, pués estas fueron recogidas del lado limítrofe con Venezuela hacia el Lago de Maracaibo, en la Sierra Nevada del Cocuy, la región de Ubaté, en el Oriente y en el Sur del país.

Los aglomerados piroclásticos modificaron en algo la topografía y en forma fundamental las características de las tierras sepultadas, como seguramente ha venido sucediendo desde tiempos de la conquista y en los últimos milenios.

El estudio realizado en el Igac por D. Malagón (56) que lleva por título "Caracterización del flujo de lodo en la región de Armero", tuvo como objeto principal caracterizar los lodos, las arenas y las cenizas en aspectos físico-químicos, mineralógicos y microbiológicos para esculcar su composición y comportamiento que pudieran influir en su aprovechamiento potencial.

El material a analizar, en el caso de los lodos, se obtuvo mediante muestreo sistemático recolectado en calicatas representativas de la distribución longitudinal y transversal del flujo. Las muestras fueron analizadas en el Laboratorio de Suelos del Igac de acuerdo al Manual de Métodos Analíticos de suelos (1979).

Las muestras de arenas y cenizas volcánicas fueron obtenidas en áreas representativas mayores, sitios específicos (puntuales); ellas se comentan en el estudio referidas a localidades y zonas como: Armero, Ubaté, Sierra del Cocuy, etc. Los resultados de los análisis y algunas apreciaciones se dan en el Apendice A.

Recuperación de los Suelos de Armero

Según el periódico El Tiempo del 21 de junio de 1987 las investigaciones llevadas a cabo por la Universidad del Tolima con el apoyo de Colciencias, demuestran al cabo de 20 meses, que es posible hacer crecer arroz, maní y canavalia forrajera sobre los materiales volcánicos arrastrados por las corrientes de barro cuando fue destruida la ciudad de Armero y sus alrededores, con lo cual se abre una nueva perspectiva en la recuperación de las 3.500 hectáreas de suelos sepultados en 1985 por la erupción del volcán Arenas y por el deshielo parcial del Nevado del Ruiz.

Los resultados obtenidos en las pesquisas sobre corrección de lodos, derivan de la comparación de tres maneras diferentes en que estos fueron tratados. Lo primero que se hizo fue "lavar" los lodos expuestos en la superficie añadiéndoles agua para eliminar las sales y ácidos que afectan el crecimiento de las plantas; lo segundo consistió en mezclar los materiales con cal y, lo último, fue adicionar una mezcla de residuos vegetales y gallinaza, a la vez que una combinación de calcio y fósforo.

Un buen número de plantas fueron sembradas en estos lodos para observación. Después de varios meses se obtuvieron las siguientes conclusiones: el arroz, el maní y la canavalia pueden crecer en el lodo, aún sin un tratamiento especial; pero el estado de las plantas mejora cuando el lodo es tratado, advirtiendo que el mejor de los correctores es el compost a que se hizo referencia. Plantas como el tomate y el ajonjolí no lograron sobrevivir en ninguna de las condiciones experimentales.

Dada la importancia económica del flujo de lodo o lahar húmedo, y también la gran extensión de dispersión de las cenizas volcánicas en Colombia y aún en paises vecinos, el autor considera de mucho significado el contenido de la información analítica ofrecida en el Apéndice A. En efecto, por doquiera que los edafólogos y geólogos transiten en el bajo pais colombiano o en los Páramos, se encuentran con que los perfiles de suelos están integrados en cantidades variables por cenizas volcánicas en cualquier tipo de topografía, en fondos de lagos o en eminencias planas,lo cual hace pensar en la importancia que tiene el volcanismo en la renovación y en la distribución uniforme de material parental con características peculiares conocidas en vastas extensiones. Esta peculiaridad es aún más notoria en los altos Páramos que bordean centros volcánicos, donde se puede observar fácilmente una secuencia cronológica de materiales piroclásticos casi completamente crudos que alternan con suelos humíferos fríos y también volcánicos, los cuales se formaron durante períodos de un reposo ambiental más o menos prolongado y favorable (21).

Abastecimiento de aguas

La importancia del Páramo en el abastecimiento de las aguas de Colombia es algo difícil de evaluar. Ya Guhl (41) describió la capacidad de los Páramos circundantes de la Sabana de Bogotá para retener agua en los extensos pajonales. Desafortunadamente en su concepto, las condiciones de los Páramos vecinos a la capital se encuentran en un estado de degradación avanzada debido a la quema, la ganadería, el cultivo de la papa, y la extracción de leña.

Para nosotros, el Páramo es para el país lo que el impluvio para las casas romanas; aquel espacio descubierto en el atrio de las residencias en medio del cual había un estanque para las aguas llovedizas. Los Páramos son en efecto, los lugares en donde las aguas lluvias son absorbidas por una cubierta vegetal tan particular como para colocar este país en el quinto lugar entre las naciones de más recursos en materia de potencial hidroeléctrico en el mundo.

Al Inderena se le debe este avance fundamental y es en sus manos que queda el cuidado de los Páramos que entran en los Parques Naturales ya establecidos. Falta, eso sí, que se impartan disposiciones efectivas para el sub-Páramo, los Páramos bajos y paramillos, siquiera por encima de los 3.000 m. de altitud, donde la devastación y la tala se hace sin descanso como en casi todo el país.

En la Sierra Nevada de Santa Marta por ejemplo, ya por encima de los 3.000 m. aparecen numerosos lagos en donde actuó la glaciación, siendo una de las lagunas principales la Anti-Naboba que fue considerada sagrada por los indios, quienes nos dejaron un ejemplo en sus relaciones con la naturaleza. Pero de ninguna manera podemos olvidar la singular influencia económica y social actual de La Sierra, pues es allí donde nacen los ríos y las quebradas que abastecen de agua la zona turística del Magdalena, la región bananera, la ciudad de Riohacha y un buen número de poblaciones menores. Se ha estimado que de La Sierra salen anualmente 10 millones de metros cúbicos de agua.

En el Cocuy tenemos entre los depósitos grandes, La Laguna Grande de los Verdes que se encuentra a 3.900 m. de altitud y que lleva este nombre por su colorido que, según los expertos, proviene de su riqueza en algas y planton. Esta laguna hace parte de los 300 o más cuerpos de agua encontrados en el área, los cuales, junto con 80 ríos que tienen su nacimiento en el macizo, dan fe de la importancia hídrica de este sector en el cual juega un papel muy importante la existencia de las nieves permanentes.

Los Páramos de Chingaza que entran en el Parque Natural con una extensión de 50.354 hectáreas, ofrece en ciertos rincones de topografía quebrada e islotes, un paisaje admirable en jurisdicción de los departamentos de Cundinamarca y Meta y abarca un sector de diez municipios, interesando cuencas de tanta importancia como las de los ríos Negro, Guatiquía y Guavio, pertenecientes a la Orinoquía y Tominé de la hoya del Magdalena que proporciona aguas a Bogotá, Villavicencio y las poblaciones de Cumaral y Restrepo.

Las autoridades señalan el Parque de Los Nevados como una de las grandes reservas de agua pura, pues de sus combres descienden quebradas y ríos que bañan los costados oriental y occcidental de la Cordillera Central, alimentando por el occidente, la cuenca hidrográfica de las zonas cafeteras de los departamentos del Quindío, Risaralda y Caldas. Por el oriente, desde las nieves del macizo descienden varios ríos importantes del norte del departamento del Tolima, que también pasan por zonas cafeteras antes de llegar al Magdalena. Aquí se originan las aguas indispensables para la producción de más de 50% del café colombiano y de este factor depende también el éxito de los extensos cultivos de arroz, algodón, sorgo y maíz. Las corrientes de agua que provienen de las cumbres influyen en el bienestar de más de 35 municipios con una población que se estiman en 2 millones de habitantes (45).

Al igual que Los Nevados, Las Hermosas se encuentran en el lomo de la Cordillera Central y marcan el divorcio de aguas entre las cuencas del Cauca y el Magdalena. En las 150.000 hectáreas que constituyen la reserva, se incluyen laderas y sectores de los municipios de Buga, Cerrito, Palmira, Pradera y Tuluá en el departamento del Valle y Chaparral, y Río Blanco en el Tolima.

En el Páramo de Las Hermosas nacen muchas quebradas y ríos que van a integrar un sistema hídrico de importancia vital pues de sus aguas dependen más de 20.000 hectáreas de arroz en el Tolima y una buena parte de las plantacciones de caña de azúcar del Valle del Cauca.

El cañón de Las Hermosas ofrece magníficos paisajes en el Sur del Tolima, donde el río Amoyá y su afluente el Davis forman una profunda depresión de exótica belleza. Lo mismo observamos en el cañón del río Amaime con sus altas terrazas en que otrora se encontraron no lejos de las nieves.

El solitario y húmedo Nevado del Huila tiene asegurado un futuro en los programas turísticos nacionales que debe derivarse no sólo de la práctica de los deportes de nieve, sino también del espectáculo de los fenómenos post-volcánicos como son las fumarolas y las aguas termales abundantes en el actual Parque Nacional (45).

Sobre el eje de la Cordillera Occidental, se encuentran los Farallones de Cali, con 150.000 hectáreas, todas en el Departamento del Valle y en la jurisdicción de los municipios de Cali, Jamundí, Dagua y Buenaventura, con alturas que llegan a los 4.200 m, donde nacen gran número de quebradas que van al Pacífico e importantes ríos que caen al Valle del Cauca, como el Jamundí, el Pance y el Lili.

En las 83.000 hectáreas del Parque Nacional Natural de Puracé se recoge enorme cantidad de agua. Algunos consideran que esta es el área más sobresaliente del macizo colombiano que ha sido llamado también de Almaguer y de La Sierra de Los Coconucos. Al conjunto se le llama Estrella

Hidrográfica de Colombia. Allí nacen más de 50 lagunas y se encuentra la parte superior del Magdalena, el Cauca y el Patía a alturas comprendidas entre 2.600 y 5.000 metros. El Parque Natural se halla en realidad en jurisdicción de los Departamentos de Cauca con los Municipios de Almaguer, Puracé, San Sebastián y Sotará y, del Huila, con los Municipios de La Argentina, La Plata, San José de Los Isnos, Saladoblanco y San Agustín.

Sumapáz alberga numerosas lagunas como la de Chisacá y Laguna Negra. Este Páramo se encuentra en la confluencia de dos grandes hoyas hidrográficas vg: la del Magdalena con las cuencas del río Bogotá y del Sumapáz, y la del Orinoco, con las del Meta, el Guaviare y el Ariari.

Debemos también mencionar el Santuario de Fauna y Flora de Iguaque donde se encuentra la hermosa laguna de Iguaque, rodeada de suelos turbosos como muchas de las centenares de lagunas de los Páramos donde nacen infinidad de quebradas y ríos.

Finalmente hay que recordar el efecto de paraguas que tiene para la árida Costa Atlántica, la pirámide de la Sierra Nevada de Santa Marta, con los principales ríos que nacen en sus cumbres.

LOS SUELOS

Avances Recientes en el Estudio de los Suelos de Páramo en Colombia

En el Simposio y mesa redonda llevada a cabo en 1986 en el Instituto Geográfico "Agustín Codazzi", tuvimos la oportunidad de comentar ampliamente acerca de las nuevas investigaciones adelantadas en los Páramos. Se presentaron importantes ponencias, entre otras las de los siguientes profesionales: E. Pulido, A. López, M. Bendek, G. de Benavides, E. González, A. Pinzón, Infante, E. C. Chamorro, L. E. de la Torre, A. Correa y M. Romero. De éstas pesquisas haremos un corto relato.

En relación con la *Génesis y Evolución* de los suelos de los Páramos de Sumapáz, Chingaza y Guerrero, se concluyó en que los factores de más incidencia en aquellas son el clima, el material parental y el relieve, mientras que procesos bien descollantes son las transformaciones y las pérdidas, siendo los factores específicos que determinan la morfología y sus diferentes propiedades, la rubefacción, la andolización, la melanización y la paludización.

Se ratificó que la mayoría de los suelos son jóvenes y presentan un epipedón grueso, rico en materia orgánica que descansa en un epipedón cámbico en los ejemplares más evolucionados. Los menos evolucionados sobre material rocoso fragmentado por la glaciación también pueden descansar sobre la roca.

Además son suelos ácidos, ricos en materia orgánica, altos en capacidad de cambio catiónico y acidéz intercambiable y bajos en bases intercambiables y fósforo disponible. Sus propiedades físicas son adecuadas especialmente en el estado de agregación de sus materiales y en la retención de humedad. Los minerales corrientes en la fracción arena son el cuarzo, los feldespatos, los ferromagnesianos y el vidrio volcánico. La caolinita y la halofana lo son en cambio en la arcilla. Tipo de humus *moder* o *mull* ácido en suelos no derivados de cenizas volcánicas y *mull* ándico en los derivados de estos materiales parentales.

En la *Distribución y Clasificación* de los suelos en las áreas paramunas, se dijo que ellos correlacionan bien con las unidades geomorfológicas mapificadas y también, que en el Páramo alto, las crestas de gelifracción muestran muy poca profundidad efectiva por la cercanía de la roca fundamental y

Cordillera Occidental en su frente del Pacífico, Bitaco, Valle, a 1.500 metros. Corte en manto residual sobre basalto cretácico que se extiende formando antigua penillanura entre el triángulo de volcanes Puracé - Ruiz - Huila, donde se pueden encontrar suelos *Dystrandept*. Señora María Buenaventura de Llano, foto del autor, 1.962.

Cordillera Central. Páramo y Nevado del Ruiz. Pajonal y frailejonal de ***Agrostis foliata*** y ***Espeletia*** sp. Ecología del Suelo: varios suelos humíferos sepultados entre capas de cenizas volcánicas con lapilli de diferentes edades, a diferentes profundidades y cuyos suelos se formaron en medios estacionales distintos. Foto del autor, 1.955.

Cordillera Oriental. Páramo de San Francisco. Ecología del Suelo: un perfil rankeriforme con clastos a nivel del piolet en Páramo abierto y base de fuerte pendiente donde ha recibido material proveniente de las alturas que se encuentran en proceso de deterioro por causa de glaciarismo, gelifracción y humificación ácida. Foto del autor, 1.980.

corresponden a los *Lithic Cryumbrepts* o a los *Lithic Cryandepts.* Suelos más profundos se ven en las cimas y laderas, donde los diversos materiales permiten su formación, encontrándose aquí especialmente los *Typic Cryoumbrepts* y los *Tipic Cryandepts.*

En las morenas son comunes los suelos clasificados como *Entic Cryumbrepts* y *Tipic Cryandepts* que generalmente ostentan abundante material grueso casi desde la superficie.

Los suelos orgánicos se encuentran en los bajos fondos; están caracterizados por el diferente grado de alteración que dá la siguiente clasificación: *Tipic o Terric Cryohemists, Tipic o Terric Cryofibrists y Terric Cryosaprists.*

Para el Páramo bajo ecotónico, a alturas de 3.000 y 3.600 m, en las laderas de denudación, predominan los *Tipic Dystrandepts* y los *Tipic o Andic Humitropepts.*

Como se dijo antes, estos suelos son muy ricos en materia orgánica, muy ácidos, muy pobres en fósforo asimilable y tienen alto contenido de aluminio intercambiable.

El *Fraccionamiento y Caracterización* de la materia orgánica mereció la determinación de diferentes características fisicoquímicas en el humus de suelos de los Páramos Sumapáz, Neusa y Chingaza, con alturas comprendidas entre 2.960 y 3.730 m, con ubicación geomorfológica diferente. Por razón del material parental, dividieron los suelos en tres grupos: andosólicos, intergrados ándicos, e Inceptisoles sin influencia de ceniza volcánica.

Quedó comprobado el predominio de la materia orgánica ligada sobre la materia orgánica libre en los dos primeros Páramos. La mayoría de los suelos estudiados presenta una mayor proporción de fracciones extraibles en forma directa por los reactivos alcalinos, lo cuál indica que la principal vía de humificación es posiblemente la vía indirecta. A la vista de los espectros infrarrojos, esto es evidente.

A pesar de las condiciones ecológicas poco favorables para el crecimiento de las moléculas, se presenta alta polimerización (espectros I.R.) en los ácidos húmicos; también, tamaños moleculares altos (fracción excluida en Sephatex G—100 20%) y predominio de ácidos húmicos sobre fúlvicos.

Las *Propiedades Andicas* de los suelos de Páramo en relación con el material no cristalino fueron estudiadas en 25 perfiles con ceniza volcánica de los páramos de Sumapáz, Neusa y Chingaza. Se propuso una clasificación con base en el Comité Internacional para los Andosoles (Icomand). Mediante el valor delta, se determinaron los contenidos de alofano. También la capacidad catiónica de cambio y los contenidos de aluminio, silicatos totales y no cristalinos en las arcillas desferradas mediante una combinación de métodos químicos y espectroscopía de infrarrojo.

Los *Andepts* presentaron hasta la profundidad de 35 cms. o más estas propiedades ándicas: aluminio activo mayor de 2% , retención fosfórica mayor de 85% y densidad aparente menor de 0.9g/cc. Los *Alludands, Melanudands, Fulviudands, Hapludands y Melanoborands* fueron ratificados aquí de acuerdo a la Clasificación.

Los contenidos de aluminosilicatos totales hasta la profundidad de 35 cms. o más, oscilaron entre 56 y 96% y los no cristalinos, entre 8 y 46%, constituyendo menos del 50% del total de aluminosilicatos de la arcilla. La relación *sílice alumina* osciló entre 1 y 8, y los contenidos de alofano fueron con pocas excepciones menores del 20% , no siendo característico el espectro IR de material amorfo. Correlaciones altamente significativas y positivas fueron encontradas entre el aluminio activo y la retención fosfórica y entre éstos dos parámetros, con la contribución de los aluminosilicatos no cristalinos y el contenido de alofano. Según estos conceptos se deduce que los suelos se encuentran en temprano estado de desarrollo y que su complejo de cambio no está dominado por el material amorfo.

La *Caracterización Física* de los suelos de los mismos Páramos, indica que no hay diferencias significativas en sus propiedades físicas. En la mayoría predominan las texturas francas a excepción de algunos horizontes en el Páramo de Neusa que son arcillosos. La retención de humedad es alta, característica ésta que se presenta más en los suelos orgánicos que en los minerales, y es lento el movimiento de agua en estos suelos.

En los suelos de los tres Páramos la densidad aparente y real es baja, mientras que la porosidad es alta, pero su distribución difiere de un Páramo a otro. Para la mayoría de los suelos estudiados la estabilidad estructural es alta, con algunas excepciones en el Páramo de Sumapáz.

La temperatura del suelo fluctúa entre 8.9ºC y 15.5ºC en los primeros 50 cm de profundidad, y se estabiliza a partir de los 30 a 35 cm. Se hizo la predicción de pérdida de suelo para tres usos: pastos, papa y rastrojo en diferentes pendientes, con resultados de pérdida alta del material suelo para pendientes mayores de 25% en el cultivo de la papa.

Teniendo en cuenta que el 2.2% del territorio colombiano está constituido por ecosistemas de alta montaña y que para este trabajo fue considerada una cota por encima de los 3.600 m de altitud, lo que representa el 90% de los Páramos del mundo, se investigó acerca de la *Influencia del uso del suelo sobre la edafofauna en el Páramo de Chingaza*, seleccionando áreas representativas en zonas intervenidas y no intervenidas, tomando muestras al azar en el mantillo y en los primeros 20 cm. de horizonte A. En el mantillo se obtuvo material biológico por medio de la técnica de Barber, mientras que las muestras del segundo nivel fueron procesadas mediante la técnica de Berlesse.

Se concluyó que la macro y mesofauna, tanto del mantillo como del suelo propiamente dicho en su horizonte A, muestran mejores condiciones en el suelo natural que en el intervenido, siendo los valores de densidad de la fauna del mantillo en condiciones naturales, del orden de 7.735 individuos/m^2 frente a 4.160 individuos/m^2 de la zona intervenida, difiriendo estos valores también para el suelo natural, pero no en la magnitud encontrada en el mantillo. Lo anterior se estableció mediante el análisis estadístico a través de las variables estudiadas: abundancia, densidad, constancia, frecuencia, dominancia, diversidad, biomasa y organización trófica.

Se demuestra la influencia negativa del uso del fuego en las comunidades edafofaunísticas del Páramo. Por lo tanto, se recomienda mantener y preservar la vegetación natural para garantizar el desarrollo y la conservación de la fauna edáfica, lo cual habrá de redundar en la conservación del suelo mismo.

El aspecto de la *Caracterización Química y la Población de Lombrices* fue estudiado en el Páramo de Sumapáz, sector de Chisacá, en un transecto entre 2.900 y 3.700 m de altura. En cada lugar se establecieron 5 puntos de muestreo de 20 x 20 x 40 cm. distribuidos al azar y las observaciones se hicieron en las profundidades de 0-20 y 20-40 cm.

Los suelos en cada punto altitudinal corresponden a los siguientes subgrupos en el sistema taxonómico americano. *Typic Dystrandept* (Bayara, 2.990 m); *Typic Dystropept* (La Unión, 3.200 m); *Andic Humitropept* (La Ye, 3.400 m); *Typic Cryumbrept* (Buenos Aires, 3.600 m); *Entic Cryumbrept* (Siberia, 3.700 m), IGAC, 1986.

En todos los suelos estudiados el 80% de la población total de las lombrices habita en los primeros 20 cm. de profundidad, habiéndose encontrado la mayor población a 3.200 m y la menor a 3.600 m de altitud, correspondiendo las lombrices encontradas a las siguientes especies: *Diplocardia singularis, Octalasium lacteum, Bimastus tenuis, Dendrobaena octaedra y Andiodrilus bogotaensis. O. lacteum* es dominante y exclusiva en el suelo Bayara; *B. tenuis* domina con carácter de exclusividad en el suelo La Unión; *O. singularis* es dominante en La Ye; *O. octaedra* domina en el suelo Buenos Aires y *A. bogotaensis* domina y es exclusiva en el suelo Siberia.

La población de lombrices mostró tener una correlación altamente significativa con las variables suelo, profundidad del mismo y carbono orgánico; significativa también con aluminio, y no significativa con el pH.

En el *Estudio de la Microflora* en los suelos de los Páramos de Chisacá, Neusa y Chingaza se obtuvieron los siguientes resultados: en el Páramo de Chisacá hay mayor diversidad y abundancia poblacional. También es mayor la actividad global de la microflora determinada por la producción de CO_2. Así mismo, respecto a los procesos de amonificación y nitrificación, se aprecia en este Páramo una tendencia alta en el proceso de la primera y baja en la segunda. Por otro lado, en el Páramo de Neusa durante la época seca, se vé afectado el proceso de amonificación, pero el de nitrificación es similar en todas las épocas muestreadas. En 1952 realizamos pruebas sobre microflora en el Páramo de Los Domínguez, Valle, con el Dr. Alberto Sánchez.

Los *Efectos de las Quemas* en los suelos de Páramo retardan considerablemente el proceso de regeneración de los pajonales, lo cual toma más de 2 años para presentar una fisonomía semejante a la de los prados no quemados.

Para averiguar estas reacciones se aprovechó el período seco para efectuar quemas donde habían transcurrido 15 y 3 años sin quemar en suelos de la consociación Telecom medial *Lithic Cryandept* a 3.500 m de altitud.

En muestreos periódicos los resultados obtenidos durante 8 meses, no indican cambios en las propiedades químicas del suelo, pero sí se obtuvo un mayor contenido de proteína, fósforo y potasio en los rebrotes a los 3 meses.

El estudio del *Uso Actual y Manejo de los Suelos* de Páramo es importante ya que estas tierras ocupan en Colombia el 2.7% del territorio nacional, es decir, 30.833 kilómetros cuadrados que los dividen de acuerdo a su altitud, vegetación y temperatura, en sub-Páramo, Páramo propiamente dicho, super-Páramo y Piso nival, siendo la más intervenida la franja del sub-Páramo, pues en esta ha sido destruída la vegetación natural para reemplazarla principalmente por papa y adicionalmente por haba y cebolla. La ganadería extensiva es una actividad económica que ocupa áreas de descanso del cultivo de la papa y en algunos casos se remonta hasta el Páramo.

Se consideró muy baja la aptitud potencial de las tierras del Páramo para cultivos comerciales y como limitantes principales se mencionó el clima que restringe la posibilidad de utilización a muy pocos cultivos. Igualmente se habló de las condiciones topográficas desfavorables, el mal drenaje en ciertas áreas, la pedregosidad y la baja fertilidad de los suelos que por lo regular son manejados con prácticas deficientes.

El resultado de la utilización inadecuada de éstas tierras redunda en: destrucción de flora y fauna, evidencia de una erosión progresiva, pauperización del campesino, agotamiento de las fuentes de agua y, finalmente, destrucción de un ecosistema que tiene poca extensión territorial y gran importancia como reservorio de aguas.

En los *Aspectos Socioeconómicos* de los Páramos de Sumapáz, Guerrero y Chingaza, se concluyó que aparentemente los Páramos no tuvieron ocupación antes de la Conquista como sucedió en la Puna y el Tolar en tiempos incáicos. Entre nosotros los Páramos fueron visitados por las tribus vecinas en partidas de caza como se ha observado en las partes altas de Pasca y El Abra; también en rituales sagrados como debieramos hacerlo nosotros en admiración hacia la naturaleza.

En cuanto a la propiedad, el tamaño predominante corresponde a la de tipo pequeño y mediano,, entre 5 y 100 hectáreas, siendo la tenencia predominante la del propietario, pero se encuentran también casos frecuentes de arrendatarios y aparceros.

Los expertos conferencistas concluyeron que las actividades extractivas en el Páramo, son las que más destruyen el medio en una forma irreversible. Aquí recordamos la actuación de una mujer esquimal que escarbó el suelo de la tundra en busca de raíces: al retirarse cubrió la excavación con un trozo de esfagno diciendo que "en su tierra la naturaleza era delicada".

Suelos de alta montaña en los Parques Naturales de Colombia

Según Inderena, en el *Parque Nacional de la Sierra Nevada de Santa Marta*, por encima de los 4.000 metros se encuentran suelos poco evolucionados *(Cryorthents)* intercalados con afloramientos rocosos y desarrollados sobre materiales que por lo regular son producto de la erosión de los glaciares, de la gelifracción y la solifluxión. Hasta los 2.800 metros, los suelos muestran rasgos de ser poco o moderadamente evolucionados y pobres en nutrientes, identificables como *Tropepts y Orthents* o, donde el drenaje es deficiente pueden corresponder a Histosoles. En elevaciones menores, ellos han encontrado suelos con características de *Tropepts* que en declives muy pronunciados pasan a ser *Orthents.* En seguida sólo haremos referencia a los suelos de alta montaña paramuna en los Parques Nacionales administrados por el Inderena (45).

En el Parque Natural El Cocuy los suelos comprenden los siguientes conjuntos: *Orthents* muy poco evolucionados de super-Páramo que se encuentran sujetos a procesos de erosión glaciar y se cubren temporalemente de nieve. En nuestra excursión de 1979 pudimos observar que por donde pasaron los enormes bloques de hielo hoy en día desaparecidos, se había formado una placa de roca compactada y estructurada en bandas horizontales de 1 mm de espesor aproximadamente, que sumadas alcanzan 1 cm. La placa desprende de la roca sedimentaria dura subyacente con la punta del martillo y se encuentra perfectamente independiente de aquella, siendo su superficie de contacto de aspecto fino areniscoso. Por encima ofrece el exterior de un queso azul, acanalado en dirección del movimiento del hielo y sus estrías irregulares superficiales alcanzan 1 cm o más, no siendo perfectamente continuas, pero sí llenas de oquedades de hasta medio centímetro, donde ofrecen un color oscuro azuloso y hospedan robustos musgos, *Bryum* sp. en forma de diminuto clavo.

En esta montaña, por encima de los 3.600 m se encuentran suelos de Páramo con relieve fuertemente quebrado que se desvanece hasta llegar a ser ondulado. Son suelos ácidos con bajo contenido de nutrientes y moderadamente profundos y superficiales *(Orthents o Umbrepts)* a los cuales van asociados en las depresiones, suelos orgánicos en estado de descomposición *(Saprists)* con muy mal drenaje. Pero en estrechos valles de aluviación corriente hemos descrito aluviones más bien cargados en arena de color pardo, con substratos gleyizados en profundidad, cubiertos de vegetación de puro Páramo y prados de vega. Sin embargo, en el Páramo que se encuentra sobre Santa Rosa de Viterbo y en el que se extiende entre La Plata y Silvia, hemos observado *Inceptisoles* de vegas a lo largo de quebradas raudas.

En las grandes escarpas de la vertiente Oriental del Cocuy, como la que se halla en el flanco Oeste en el filo de Campohermoso, entre los ríos Royatá y Sínsiga, y también en la vertiente oriental de este río, aparece extensamente la roca desnuda.

En el Parque Natural Chingaza la mayor parte de los suelos son jóvenes, poco o moderadamente evolucionados, con temperaturas internas hasta de 15ºC y regímenes correspondientes a condiciones de abundante precipitación y drenaje variable. En conjunto, son suelos ácidos o muy ácidos, con alta capacidad catiónica de cambio , ricos en calcio, siendo la cantidad de aluminio y la escaséz de potasio notables.

En condiciones de relieve plano y ligeras pendientes con buen drenaje, se encuentran *Inceptisoles* del Orden de los *Tropepts o Andepts* cuando en su génesis han participado cenizas volcánicas provenientes de la cordillera Central y transportadas hasta allí por los vientos altos. Según Inderena, estos ocupan alrededor del 60% del piso del Páramo y en esta área se caracterizan por poco humus y relativa escaséz de materia orgánica. Allí donde las pendientes son pronunciadas se ven *Entisoles* que alanzan a ser rankeriformes en pendientes próximas al 45%, siendo frecuentes los procesos erosivos y de escurrimiento como resultado de la solifluxión. En cambio, en lugares de avenamiento impedido, se encuentran *Histosoles (Hemists)* como acontece en el fondo de pequeños valles.

En el Parque Nacional Sumapaz, los suelos del Páramo y del paramillo que se encuentran por encima de los 3.000 metros de altitud, desarrollados en relieves de pendientes suaves a fuertes, son por lo común ácidos, pobres en nutrientes y encajan en los *Tropepts y Umbrepts*, observandose también suelos *Andepts* cuando han evolucionado a partir de cenizas volcánicas. Así mismo, suelos *Orthents* en fuertes pendientes y escarpados, e Histosoles en turberas y tremedales.

En el Parque Nacional de Pisba son frecuentes las morenas de glaciaciones pleistocénicas, los circos, las olletas y lagos de origen glacial; los valles en "U" y las rocas aborregadas. Del Paramillo para arriba, en terrenos ondulados y quebrados, hay suelos ácidos de los grupos *Umbrepts y Orthents*, mientras que en los lugares mal drenados del Páramo de Pisba se encuentran Histosoles.

En el Parque Nacional Los Nevados los suelos han sido clasificados como Andosoles y como *Andepts o Andaquepts* que derivan de cenizas volcánicas, encontrándose también Histosoles en fondos mal avenados.

En el Parque Natural Las Hermosas los suelos en conjunto son ácidos o muy

Cordillera Oriental. Páramo y Nevado del Cocuy. Ecología regional del Suelo: suelo humífero de gran altura con abundancia de cryoclastos limpios en la mitad superior del perfil. Páramo abierto ventoso en piedemonte local que alcanza a recibir ceniza volcánica de occidente; cercano al Nevado. Según el contenido de diferentes materiales parentales, en este medio se encuentran ejemplos de ***Cryumbrepts*** como éste, e igualmente Andic ***Cryumbrepts*** y ***Humic Cryandepts***. Foto del autor, 1.979.

ácidos, de poco a moderadamente evolucionados y pobre en nutrientes. En los niveles superiores a los 3.000 m, los suelos pertenecen a los *Tropepts y Umbrepts*, apareciendo los *Andepts* en los lugares en donde ha habido acumulación de ceniza volcánica. Así mismo, los *Orthents* se encuentran en las pendientes fuertes, mientras que en los lugares hondos con avenamiento deficiente se pueden observar Histosoles.

En el Parque Nacional Nevado del Huila, por encima de los 4.200m y hasta las nieves perpetuas, los suelos dominantes son los *Orthents* que están sujetos a efectos periglaciales; pero entre los 3.000 y 4.200 m los suelos principales son *Andepts y Tropepts*, mientras que en las depresiones y lugares mal drenados, especialmente en el Páramo de Santo Domingo, se encuentran Histosoles, a pesar de que a elevaciones inferiores a los 3.000 m predominan *Andepts y Tropepts*.

Las primeras excursiones que hicimos al Nevado del Huila se realizaron en el año de 1935 desde Cali cuando llegó la Misión alemana para la Educación. Posteriormente renovamos nuestro interés en esta región desde la Universidad Nacional, en 1978 con la esposa del autor. En esta ocasión se describió una pequeña catena de suelos sobre materiales piroclásticos en el paramillo oriental del Nevado del Huila. Llama la atención, la manera como ha cambiado el paisaje vegetal en el lapso de 43 años por la destrucción del bosque en lugares no aptos para la agricultura que antiguamente estuvieron cubiertos por una formación forestal cerrada hasta el borde del Páramo del Brujo. En el mismo estado de destrucción encontramos los paramillos que bordean el Páramo de Urrao y muchos otros con sus bosquetes de canelo *(Drymis granadensis)*.

En el Parque Natural Farallones de Cali el relieve es extremadamente quebrado y se distinguen rocas de edad cretácica de los grupos Dagua y Diabásico. Hacia las partes altas de los Farallones, los suelos son muy poco evolucionados, muestran reacción ácida y son pobres en nutrientes; corresponden principalmente a los grupos *Tropepts, Horthents y Andepts*. A alturas de 2.000 a 3.000 metros el Inderena menciona suelos moderadamente evolucionados, derivados de cenizas volcánicas principalmente *(Andepts y Tropepts)*. El aspecto de la cima de los Farallones desde el lado oriental es impresionante por su escabrosidad y llama la atención la ausencia de frailejones en la vegetación.

En la región donde se extiende el Parque Nacional Puracé, los suelos son moderadamente evolucionados, encontrándose principalmente *Andepts y Cryoumbrepts*. En lugares muy inclinados se hallan *Orthents* y en planicies con avenamiento deficiente, aparecen suelos turbosos (Histosoles), que también son mencionados por el Geólogo E. Hubach para Paletará, donde nosotros hemos visto suelos fuertemente gleyizados de bajos fondos y suelos humíferos profundos en amplias terrazas. El Inderena (45) también llama la atención acerca de alfombras y suelos turbosos en depresiones muy húmedas y en vecindad de aguas termales. Pero cuando las condiciones topográficas son de pendientes acentuadas como en el propio volcán de Puracé, aparecen los arenales piroclásticos sueltos y móviles, comparables con los regosoles, los *Orthents* y los afloramientos rocosos aislados. Como estos arenales a veces son húmedos debajo de la superficie, desde lejos se alcanza a ver un cordón vegetación posiblemente del frutex *Loricaria Thuyoides* que cruza las cuestas del volcán en sesgo, el que posiblemente está alimentado por las aguas vadosas y freáticas que son alcanzadas en sitios erodados o en el fondo de las zanjas profundas que se hacen para dividir los predios como práctica corriente en la región.

En el Parque Nacional Paramillo y en la parte más alta del Páramo, los suelos son pobres en nutrientes *(Tropepts y Andepts)* y en los parajes rocosos, *Orthents* y algunos Histosoles.

En el Parque Natural Cordillera de Los Picachos y en sus cimas más altas aparecen probablemente según el Inderena, *Tropepts y Umbrepts* de Páramo; mientras que en los sitios muy escarpados, afloran sustratos rocosos y también suelos *Orthents.*

En el Santuario de Fauna y Flora de Iguaque y principalmente en la zona Norte de la Serranía, hacia los 3.000 m se encuentran *Humitropepts, Dystropepts* e Histosoles.

El super-Páramo y el Páramo entre las Provincias Edáficas de Colombia

M. Del Llano y J. Pichot presentaron ante el Congreso de la Sociedad Colombiana de la Ciencia del Suelo reunido en Villavicencio, su aporte PROVINCIAS EDAFICAS DE COLOMBIA. Consideraciones acerca de la Ecología de los Suelos, su Erosión y Conservación. Es bien conocido que la naturaleza de los paisajes y la ecología regional colombiana varían ampliamente con el juego de los factores de formación del suelo, lo cual deja un sello de complejidad en un territorio de mangitud, pero al mismo tiempo permite descubrir ciertas afinidades de parentesco entre los suelos agrupados para formar las Provincias, concepto este muy central, que los autores se proponen destacar tanto a nivel conceptual como cartográfico en las presentes líneas.

El estudio tuvo por objeto proponer a los asistentes a la Reunión, la cristalización de una idea largamente contemplada, que consistió en la creación de grandes agrupaciones pedológias en el país, dando así el primer paso para la delimitación de Provincias que reunieran nuestros principales suelos con ciertas afinidades comunes, como lo son algunos procesos de formación o los tipos de arcillas predominantes dentro de unos marcos ecológico-pedológicos.

Fueron diez las Provincias o grandes regiones que se propusieron:

1. Provincia Arídica.

2. Provincia Armónica.

3. Provincia Piedemontana.

4. Provincia Caolisólica.

5. Provincia Alofánica.

6. Provincia Litocámbica.

7. Provincia Alfisólica.

8. Provincia Parámica.

9. Provincia Periglacial.

10. Provincia de Paisajes fluviales, Playas y Manglares que más o menos aparecen en todas las zonas de vida del país. Se aprecia que las cuatro primeras pertenecen al bajo país cálido; las cinco siguientes a la Cordillera de Los Andes, la décima a casi todo el territorio colombiano.

Desde hace mucho tiempo se sabe que las propiedades fisicoquímicas de la arcilla ejercen un papel importante en la erodabilidad de los suelos. Los investigadores en este campo se dieron cuenta que la principal diferencia entre los suelos plásticos y los no plásticos radicaba en la relación sílice — sesquióxido, siendo la relación crítica la de 2, de tal manera que una relación superior a este valor indicaba que el suelo debía ser plástico y erosivo, mientras que con una relación menor debía ocurrir lo contrario. Este fue uno de los factores que se tomaron en cuenta para delimitar las provincias de las cuales solo describiremos muy brevemente la 8a. y la 9a., es decir la Parámica y la Periglacial.

Provincia Parámica

Esta Provincia y piso quedan comprendidos aproximadamente entre 3.200 y 4.200 metros de altitud con notables variaciones en sus límites superior e inferior debido a factores ecológicos de exposición, vientos, condiciones edáficas, etc. Su ambiente está bien delimitado y como tal es diferente al de los Páramos árticos, al de la Tundra y al de las Punas. Los Páramos húmedos de Colombia alcanzan su mayor extensión en las Cordilleras Central, Oriental y en La Sierra Nevada de Santa Marta, pero también se presentan en la C. Occidental, cerca a Urrao y hacia el Sur, en los Farallones de Cali, donde se ha explorado poco.

El paisaje desolado y de gran amplitud del Páramo tiene origen en sus madurez fisiográfica aparente, a pesar de no ser muy antigua, por la acción glacial pleistocénica, de lo cual dan testimonio los suelos sepultados, los lagos secos con suelos planos, las turberas, los valles en "U", las morenas de variado tipo, los *drumlins*, *los kettles* y las rocas aborregadas, todo ello escaso o ausente. Su clima isomicrotérmico andino, con ligera estación seca y acentuado periódo lluvioso se refleja en los suelos húmicos, a veces rankeriformes y en los suelos cumulosos de depresiones gleyizadas.

Para dar una idea de los Subgrupos que ocurren en esta Provincia según el Soil Taxonomy, (70) damos los siguientes ejemplos de Entisoles, Inceptisoles e Histosoles.

Provincia PARAMICA

ENTISOLES

Subgrupos

1. Typic Cryofluent
2. Andeptic Cryofluent
3. Aquic Cryofluent
4. Typic Cryorthent
5. Andeptic Cryorthent
6. Aquic Cryorthent
7. Lithic Cryorthent

1. Typic Cryopsamment
2. Aquic Cryopsamment
3. Lithic Cryopsamment
4. Spodic Cryopsamment

INCEPTISOLES

1. Typic Cryaquept
2. Aeric Cryaquept
3. Aeric Humic Cryaquept
4. Andic Cryaquept
5. Histic Cryaquept
6. Histic Lithic Cryaquept
7. Humic Cryaquept

1. Typic Cryochrepts
2. Andic Cryochrepts
3. Aquic Cryochrept
4. Dystric Cryochrept
5. Lithic Cryochrept

1. Typic Cryumbrept
2. Andic Cryumbrept
3. Aquic Cryumbrept
4. Entic Cryumbrept
5. Lithic Cryumbrept

HISTOSOLES

1. Typic Cryofibrist
2. Fluvaquentic Cryofibrist
3. Lithic Cryofibrist
4. Sphagnic Cryofibrist
5. Terric Cryofibrist

1. Typic Medifibrist
2. Fluvaquentic Medifibrist
3. Hemic Medifibrist
4. Hemic Tenic Medifibrist
5. Hydric Medifibrist
6. Limnic Medifibrist
7. Lithic Medifibrist
8. Sapric Medifibrist
9. Sapric Tenic Medifibrist
10. Sphagnic Medifibrist
11. Sphagnic Tenic Medifibrist
12. Tenic Medifibrist

1. Cryic Sphagnofibrist

1. Typic Cryofolist

1. Typic Cryohemist
2. Fluvaquentic Cryohemist
3. Lithic Cryohemist

1. Typic Cryosaprist
2. Fluvaquentic Cryosaprist
3. Lithic Cryosaprist
4, Tenic Cryosaprist

Provincia Periglacial

Ubicada al lado de las Nieves Perpetuas, este paisaje es el más alto de las Cordilleras colombianas. Desde los 4.700 metros de altitud en que terminaba una lengua de hielo, la angosta zona que nos ocupa se extiende unos 500 metros hasta encontrar el Páramo a los 4.200 m aproximadamente. Su clima permanentemente frío y ventoso goza de períodos secos y luminosos hacia diciembre, enero y febrero. Cuatrecasas nos relata acerca de las nevadas cotidianas observadas por él en el Nevado del Ruiz en ambientes similares, las cuales desaparecen en las primeras horas de la mañana cuando también se descongela la superficie del suelo que es frecuentemente arenosa, cascajosa o pedregosa.

El variado relieve de esta Provincia va desde lo plano en la base de algunos circos, hasta las paredes verticales que lo circundan. También se pueden ver corredores jalonados con enormes bloques rocosos de procedencia errática sobre el arenal compuesto de lapilli, arenas y bombas como se observa en el Ruiz. La formación de talus y el canchal parecen fáciles en este medio y las faldas prolongadas de arenas crudas carecen de estabilidad por el proceso diario del movimiento de suelo superficial, que ocasiona la congelación y el deshielo para dar origen a los llamados "suelos estriados". Sin embargo, llama la atención que al escarbar en la arena, ésta se encuentra húmeda, aún en épocas de buen tiempo, por lo cual pensamos que la escaséz de plantas superiores puede estar determinada por las siguientes causas: baja temperatura ambiental y edáfica que puede conducir a una sequedad fisiológica; escasa retención de agua por parte de la arena; ausencia o escaséz de fracciones minerales u orgánicas de tipo coloidal; la acción del viento y la inestabilidad del suelo ocasionada en parte por las agujas de hielo que se forman en la superficie y hacen mover los granos de arena (pipkrake).

En el ámbito de la litofitia o superficie de la pura roca, destacan los líquenes que inician unas litoseries frenadas en sus estadios priseriales por las bajas temperaturas y la escasa meteorización, pero que a pesar de todo alcanza a borrar algo de los rasgos dejados por la glaciación y el movimiento de los hielos cargados de guijarros. Esta acción de la vegetación, de seguro aumenta la cantidad de arena producida por la meteorización física dominante, lo cual permite un fácil escurrimiento del agua edáfica que aumenta las cristalinas fuentes de deshielo que ya desde la salida del glaciar, albergan algas verdes de cabellera en el Nevado del Ruiz.

En el Nevado del Cocuy y aún dentro del super-Páramo observamos pequeñas lagunas cristalinas con turba de color chocolate, bastante densa y de poco espesor. Por otro lado, se nota que la baja temperatura favorece la conservación de la materia orgánica, pues los cadáveres de algunos animales como los de cabras y perros encontrados a estas alturas vecinas a los 4.500 metros se conservan parcialmente momificados. Ultimamente, el ciervo o venado reinoso *Odocoileus virginianus var. goudotii* ha sido desafortunadamente reemplazado en parte en este sector por rebaños de cabras asilvestradas que arrancan con la pezuña las pocas gramíneas, frailejones y lupinos que se instalan en los nichos del suelo rankeriforme del roquedal. En el nevado del Ruiz y en el volcán de Puracé se han encontrado astas de estos hermosos ciervos enterradas en la ceniza volcánica que atestiguan su desaparición, y posiblemente también la del cóndor por carencia de alimento.

Las extensiones arenosas del super-Páramo de Cuatrecasas y del yermo Clímax de M. Del Llano, encajan en las tierras de la Clase VIII del USDA de donde emanan las primeras aguas que van a irrigar parte del bajo país colombiano. Esta auténtica riqueza, junto con los valores escénicos y turísticos, constituyen el potencial más halagüeño de este paisaje admirable.

En consecuencia, la conservación del super-Páramo, los Páramos y los Nevados de los países Norteandinos debe conservarse a toda costa por siglos. En estas alturas nacen las principales fuentes de agua que riegan los diferentes pisos incluyendo la zona cafetera y los valles secos interandinos. De las aguas cristalinas se abastecen los pueblos, los ganados y las fincas que necesitan de agua potable desprovista de sedimentos. De ellas también se abastecen las plantas hidroenergéticas. Por ejemplo: si tenemos en cuenta las glaciaciones antiguas que alcanzaron a bajar bastante en la Sierra, muchos de los ríos de esta gran pirámide que es la Sierra Nevada de Santa Marta, con sus 5.7 kilómetros de altura debieron tener su primera fuente en, o cerca de las nieves perpetuas; éstos ríos nombrados en el orden de las agujas del reloj y partiendo de Santa Marta hacia el noreste serían: Piedras, Guachaca, Buritica y Don Diego, Palomino, Ancho, Dibuya, Tapias, Guatapurí, Ariguaní, Fundación, Tucurinca y Aracataca, Sevilla, Frío, Córdoba y Gaira.

Clases de turba

El estudio de las turberas y de los materiales que las integran no ha sido tan minucioso como el de los suelos minerales. Se les ha llamado suelos *Bog y Half — Bog* y también suelos Cumulosos. De todas maneras el objeto de estudio se puede tomar desde el punto de vista de la morfología de los materiales turbosos y del origen de la turba. S. Graham Brade Birks (6) los ordena de la siguiente manera:

Morfológicamente la turba puede ser:

1. *Turba fibrosa.* Este tipo es de consistencia firme, moderadamente resistente y coherente pero no plástico, en donde los tejidos originales de la estructura vegetal pueden reconocerse fácilmente. Esta turba no se encoge mucho cuando cortada con el cuchillo se pone a secar.

2. *Turba pseudo-fibrosa.* Aunque esta turba tiene apariencia fibrosa, es blanda, no coherente y plástica. Cuando es amasada actúa como una pasta en lugar de hacerlo como una esponja y, cuando se le corta y pone a secar, se encoge en gran manera.

3. *Turba amorfa.* En este tipo, la estructura vegetal ha desaparecido y cuando se encuentra entrapada se vuelve plástica. Si se le seca en el campo se desmigaja hasta polvo en granos o en partículas angulares.

Ahora, si tomamos en consideración el origen de la turba, entonces la podemos clasificar de otra manera. G.K. Fraser clasifica genéticamente las

Cordillera Central. Páramo Las Hermosas y Los Dominguez. Ecología del Suelo: de acuerdo a los diferentes materiales parentales los suelos aquí presentan diferente constitución variando desde ***Placandept*** como éste bajo vegetación de Páramo cuando muestra ceniza volcánica, encontrándose también ***Humitropept*** con más de 20% de C y ***Dystropept***. Foto del autor, 1.952.

Cordillera Oriental, Páramo de Sumapáz, frente occidental antes de la Laguna de Chisacá a 3.650 metros en pendiente bajo vegetación de Páramo y sobre arrastre heterogéneo de origen glacial. Ingeniero G. Papa del Igac. Foto M. Del Llano, 1.961. Una turbera.

turberas así:

A. Turberas Climáticas o Zonales.

a. *Blanket Moss.* Esta se podría traducir por ***manta musgosa***, la cual se forma en condiciones de abundante precipitación que debe estar bien distribuida a través del año y en ambiente bastante nublado, debiendo ser los veranos frescos y los inviernos suaves si se encuentra en la zona templada. En estas condiciones la superficie del suelo permanece continuamente saturada de agua.

b. *Hill (sub-Alpine) Peat.* A este tipo se le puede llamar Turbera de colina (sub—Alpina), la cual se forma en áreas elevadas de pendientes suaves y planaltos. La saturación y la sequedad se alternan debido a la ocurrencia de lluvias estacionales, con exposición periódica a los vientos desecantes.

B. Turberas locales, Intrazonales o de cuenca. Estas son turberas que en climas húmedos o subhúmedos se acumulan en localidades pantanosas.

a. Estadio del *Low-moor.*

i. Tipo *Fen.* Turbera eutrófica calcárea, rica en nutrientes.

ii. Tipo *Bog.* Esta es una turbera oligotrófica, por consiguiente ácida y deficiente en nutrientes.

b. Estadio del *Moss* emergido. Esta es la turbera que se forma a partir del *Low-moor* por crecimento continuo y acumulación de la materia orgánica en forma que la turbera se levanta por encima de la influencia del agua freática.

La clasificación norteamericana antigua del U.S.D.A. (1938) dá las siguientes definiciones para los suelos de Turbera y el material turba que a su vez la clasifica en sedimentaria, fibrosa y leñosa.

Suelos *Bog.* Grupo Intrazonal de suelos, con suelo superficial turboso o del tipo "*Muck*", el cual es humífero, seguido de turba y formado en diferentes tipos de pantanos herbosos *(marsh)* o arbolados *(swamp)*, preferentemente en climas húmedos o subhúmedos.

Suelos *Half-Bog.* Grupo Intrazonal de suelos con superficies turbosas o humíferas seguidas de subsuelo mineral grisáceo desarrollado en pantanos forestales y de preferencia en climas húmedos y subhúmedos.

Turba *(Peat).* Material de suelo sin consolidar que consiste mayormente de materia orgánica sin descomponer o ligeramente descompuesta, la cual se ha acumulado en condiciones de excesiva humedad. El material llamado *Muck* es de constitución orgánica más o menos bien descompuesto, oscuro y relativamente rico en contenido mineral; debe haberse acumulado en condiciones de avenamiento imperfecto.

Contrastres entre los Ecosistemas de Turberas
Bog y los Pantanos Herbáceos y Arbolados
por P. Dansereau (20)

Suelos Turbosos	Pantanos
Fisiografía	
El bloqueo del avenamiento ocasiona la acumulación de materiales orgánicos con pocos minerales que entran al ecosistema por coladura y desde la atmósfera.	El modelo del drenaje no permite acumulación considerable de materiales orgánicos; el substrato a poca profundidad y la coladura permite la mezcla completa de los sedimentos orgánicos y minerales.
El avenamiento se congestiona aún más por la acumulación de turba y varias turberas pequeñas pueden unirse y modificar este patrón en considerable extensión.	El avenamiento mejora en forma gradual pero lenta por el crecimiento de la vegetación del pantano y la correspondiente sedimentación.
Gran cantidad de coloides en suspensión.	Pequeña cantidad de coloides en suspensión.
Deficiencia de potasio y nitrógeno en el suelo, a pesar de contener algo de bacterias fijadoras de nitrógeno.	El potasio y el nitrógeno no se encuentran en nivel deficiente.
Vegetación	
En algún momento de la sucesión existe colchón flotante dominado por plantas ericoides.	Cuando hay colchón de plantas, estas son graminoides.
Dominio fisionómico de contornos curvilíneos: arbustos muy ramificados; hierbas y musgos en ramillete acolchonado, etc.; superficie abombada de depósitos turbosos levantados.	Dominio fisionómico de contornos rectilíneos: hierbas graminoides, superficie del suelo plana.
Globalmente, un *Bog* turboso es un amplio colchón.	Globalmente, un pantano es una pradera muy húmeda.
Dominio del tipo ericáceo en varios de los estadios pioneros.	Dominio del tipo graminoide en los estadios pioneros.

Dominio de tipos de hoja circular en los estadios subclimácicos.	Dominio de tipos de hoja ancha en los estadios subclimácicos.
Cubierta vegetal continua, irregular y formando colchones, eventualmente con aspecto de parque.	Cubierta vegetal discontinua, en penachos con individuos que pueden estar aislados y eventualmente en matorral.
En los estadios tempranos dominan caméfitos.	En los estadios tempranos dominan helófitos, geófitos y hemicriptófitos.
Musgos (mayormente *Sphagnum*) formando la última capa.	Musgos (al menos *Sphagnum*) generalmente ausente.
Generalmente, presencia de plantas carnívoras.	Generalmente, ausencia de plantas carnívoras.
El espejo de agua libre es invadido por una estera flotante de vegetación y las pozas se rellenan tanto desde arriba como desde el fondo, siendo este fenómeno a veces cíclico.	El espejo de agua libre va siendo invadido mayormente por vegetación no flotante y el relleno se hace desde el fondo hacia arriba y en forma no cíclica.

Condiciones Físicas

El nivel del agua freática alcanza la superficie en primavera y queda por debajo de esta durante el resto del año. A menudo el nivel freático queda justamente debajo de la superficie en primavera y considerablemente más bajo en la mitad del verano.	Se trata mayormente de regiones con estaciones; el nivel de agua freática queda bien por encima de la superficie en la primavera y justamente a nivel de esta o algo por debajo de ella durante el resto del año.
La superficie del agua a menudo es discontinua cuando se encuentra por encima del nivel del suelo.	La superficie del agua es continua cuando se encuentra por encima del nivel del suelo.
Cuerpos de agua adyacentes generalmente tienen un color parduzco (distróficos).	Cuerpos de agua adyacentes son generalmente turbios, de color gris oliva verdoso o verde oscuro (eutróficos).
El substrato es cohesivo, elástico y puede sostener un peso considerable.	El substrato es blando, puede absorber objetos pesados y no resiste presión.

El substrato consiste casi en un 100% de material orgánico, siempre en forma de turba, con bajo contenido mineral.	Substrato con porcentaje variable de materiales orgánicos que comunmente no son turba sino material humificado, rico en contenido mineral.
En el cuerpo de agua libre se puede formar un fondo falso debido a la acumulación de coloides.	No se forma falso fondo.

Condiciones Químicas

Predomina la reacción fuertemente ácida. Bajo porcentaje de saturación.	Reacción ácida o alcalina. Alto porcentaje de saturación de oxígeno.

Fauna

Vida animal escasa, tanto en lo que toca al número de especies como a los individuos. Ausencia de caracoles y frecuentemente abundancia de arañas y hormigas.	Abundante vida animal, tanto en número de especies como en individuos. Caracoles terrestres comunmente abundantes pero escaséz de arañas y hormigas.

H. Sjörs (1961) describió los terrenos turbosos boreales. Estas turberas septentrionales presentan una distribución peculiar que se caracteriza por la alternancia de zonas secas y pantanosas. Es una aureola casi circunpolar donde los terrenos turbosos típicos no son exclusivos de dicha extensión geográfica, pero en ella abundan mucho más que en el resto del globo. Se confunde con el bosque boreal o Taiga que se extiende desde Trondheim al mar de Okhotsk y desde Alaska a Terranova. En cierto sentido este medio estacional es equivalente al llamado "paramillo" de Pitier, sobre todo, en lo que se relaciona a zonificación.

No es aventurado decir que la gran mayoría de los terrenos turbosos del mundo se encuentran en la zona boreal, aunque las diferencias fisiográficas existentes en estas extensiones determinan muy distinto porcentaje de áreas turbosas en cada unidad fisiográfica. Por ejemplo, al sur de la Bahía de Hudson existe una llanura tan extensa como la Gran Bretaña cubierta mayormente por suelos turbosos entrapados que alternan con lagos, pantanos y lechos fluviales. Por otro lado, Alaska y el Labrador albergan extensiones muy considerables de turberas. Pero la mayor de todas las conocidas, pertenece a Rusia en La Siberia occidental, entre los ríos Ob e Irtysh.

Para Sjörs el tipo de suelos turbosos depende mayormente del relieve y del clima, aunque hoy se sabe que existen dentro y fuera de la zona boreal diferentes clases de turberas bajo climas idénticos.

En cuanto a la nutrición de la vegetación en los suelos turbosos se explica que el aporte mineral llega a la turbera desde la atmósfera o desde el subsuelo. El aporte atmosférico consiste ante todo en precipitaciones y polvo que puede incluir ceniza volcánica. Estos elementos benefician igualmente a todos los depósitos turbosos. En cambio el aporte del subsuelo varía mucho, y en algunos de estos suelos orgánicos no tienen mayor importancia. Los suelos turbosos que dependen exclusivamente de aportes atmosféricos han sido llamados por el mencionado autor "ombrotróficos"; es decir, alimentados por la lluvia. En cambio, los que reciben además aporte mineral terrestre son denominados "minerotróficos". En estos, el vehículo de los minerales es el agua. Los países boreales poseen muchos terrenos turbosos que solo permiten una ligera o dudosa minerotrofía, como ocurre generalmente en los escudos canadiense y fenoscándico sobre rocas arcáicas o precámbricas. A pesar de todo, no faltan comarcas de rica minerotrofía, donde los suelos llevan un componente calizo que dá lugar a un enriquecimiento en calcio primordialmente para formar turbas calcáreas y alcalinas o al menos casi neutras. En otros lugares casi todas las turberas minerotróficas son más o menos ácidas, tanto como las ombrotróficas. Esto debe estar determinado por la geología subyacente.

El crecimiento vegetal impartido por la fotosíntesis y la producción orgánica son lentos en estas regiones norteñas de reducido período vegetativo; en cambio, la velocidad de descomposición de la turba aquí parece ser mayor. La explicación de este fenómeno puede encontrarse en la más alta solubilidad del oxígeno contenido en aguas con muy bajas temperaturas, aunque el factor principal puede ser el gran desarrollo que alcanzan las algas en estos parajes inundados. Estas pueden entrar en fuerte competencia con los musgos formadores de turba y como aquellas, producen mucho oxígeno fotosintético. La nueva materia orgánica formada se descompone prontamente evitando así la acumulación de nueva turba. Los restos de otras plantas y la turba residual pueden sufrir un tipo muy activo de oxidación superficial húmeda que se superpone a la descomposición normal. Se ha comprobado que en ciertas partes del interior que llevan el nombre de *flarks* no se ha formado turba alguna durante 2.000 ó 3.000 años.

En cuanto a las comunidades vegetales, el mencionado autor dice, que la mayoría de las plantas de esas turberas prosperan solamente en medios estacionales minerotróficos, pues se cree que pocas son las especies capaces de vegetar en condiciones ombrotróficas de extremada pobreza. En cambio, las turberas ligeramente minerotróficas muy ácidas soportan ya una flora mucho más rica que la de estaciones ombrotróficas constituida a base de *Carex*, *Eriophorum*, *Sphagnum*, *Menyanthes;* algunos sauces *(Salix)* y otras. Los llamados *Fens* ricos que vienen a ser turbas alcalinas o casi neutras, albergan una flora mucho más variada.

El mosaico de vegetación que recubre áreas ombrotróficas y minerotróficas origina un paisaje de diferentes tonos de colores que llama la atención.

Los esquemas de distribución de los terrenos turbosos boreales forman dos grupos: uno sin congelación permanente y otro con ella que contiene el *permafrost*.

La sucesión vegetal en los terrenos turbosos es más complicada que la clásica sucesión de las estaciones húmedas, descritas corrientemente en textos de fitosociología. Es más frecuente la sucesión inversa: aquella en que se parte del suelo mineral y con un aumento creciente de humedad, se llega a la transformación local en fosas secundarias o *flarks*.

Todo *flark* se extiende horizontalmente y su longitud puede alcanzar centenares de metros. En las laderas estos no pasan de unos pocos metros de anchura, pero en los terrenos turbosos bajos y perfectamente llanos sobrepasan los 100 metros. Su vegetación revela notable uniformidad en toda la zona boreal debido a que sus componentes son primordialmente circumboreales como diversos *Carex*, además de *Eriophorum angustifolium*, *E. gracile*, *Menyanthes trifoliata*, *Scheuchzeria palustris*, *Equisetum fluviatile*, *Juncus stygius* y algunas otras especies. Las "palsas" por el contrario, son colinas que pasan los tres metros de altura en la Bahía de Hudson. Algunas palsas son erosionadas por vientos y lluvias lo que produce la fusión del centro congelado, donde posteriormente se produce un charca.

El desarrollo de los terrenos turbosos del septentrión no puede compaginarse con la teoría uniforme de la climax, pues, lejos de conducir a la uniformidad, los empantanamientos y cambios posteriores dan lugar a una mayor diversificación de habitats y, consecuentemente, de sus vegetaciones. Porque, la misma formación de los esquemas de distribución de la vegetación y de los rasgos morfológicos que se han mencionado, parecen contradecir cualquier concepto del *climax*, e incluso el punto de vista más cauteloso del *policlimax*.

Van Der Hammen (1986) en su estudio *La Sabana de Bogotá y su Lago en el Pleniglacial Medio* suministra información básica para una buena parte del Pleistoceno, cuando la Sabana fué un lago que presentó frecuentes cambios de nivel, especialmente en las épocas interglaciales: ". . . durante el último interglacial y en los interestadiales y estadiales de la parte temprana del último glacial existía un lago relativamente grande. . ." en cuyos bordes particularmente en el extremo de los valles que desembocan en la sabana, como el de Tenjo, aparecía flora de lugares pantanosos como el aliso, *Alnus* acompañado de encenillo, *Weinmannia* sp. y raque, *Vallea stipularis* en cuyo entorno se formaron suelos turbosos, mientras que en la laguna se desarrollaban suelos arcillosos del tipo *Gyttja.* Parece que después de una fase muy fría, hace ya unos 70 mil años (Pleniglacial inferior) empieza el Pleniglacial medio, aproximadamente hace 65 mil años A.P.; y, durante el Pleniglacial medio, entre 65 mil y 28 mil A. P. parece que la laguna presentaba niveles bastante altos, llegando a tocar prácticamente los cerros, sin dejar espacios pantanosos. Pero, a final del Pleniglacial medio, las aguas se retiraron entre 32 mil y 27 mil años A.P., aproximadamente. Así las cosas, entre 28 mil y 13 mil, siempre dentro del Pleniglacial superior hay alternancia climática y entre 24 mil y 21 mil A.P. se presenta un período relativamente húmedo durante el cual se forma la laguna; y después, entre 21 mil y 14 mil A.P., un período con clima muy seco, época en la cual también se seca la laguna de Fúquene; este período tan seco corresponde a una época muy fría en que los glaciares del hemisferio Norte llegaron a su máxima extensión y el mar ocupó posiciones muy bajas. Entonces, en la Cordillera Oriental, las altiplanicies se cubrieron de vegetación de Páramo y el límite altitudinal de los bosques bajó, según este autor, hasta unos 2.000 metros sobre el nivel del mar.

Según los diagramas de polen de la Sabana de Bogotá (Van Der Hammen, González, Dueñas, Hooghiemstra) y de la zona de Ubaté –Fúquene con altura semejante, la vegetación del Pleniglacial medio de la zona (por encima de 2.500 m aproximadamente) es característica y peculiar, porque, en los primeros milenios después de 21 mil A.P. domina el Páramo abierto de gramıneas y en épocas anteriores a 28 mil A.P. aprox. la zona se encuentra cerca al límite altitudinal del bosque; y en la época comprendida entre 28 mil y 21 mil A.P. se presenta como una faja de transición entre los dos tipos de vegetación citados, persistiendo las condiciones indicadas para el período anterior a 28 mil A.P., desde por lo menos 45 mil A. P. El conjunto de datos presentados permitió concluir a los autores que, en la Sabana de Bogotá, cerca a los centros de glaciación y particularmente en los valles que bajan de los Páramos, aparecen gravas fluvioglaciales que en su mayoría tienen edades superiores a 32.000 - 33.000 años A.P. y, también, 45.000 y aún más de 50.000 años A.P., siendo así que el último conjunto de gravas se encuentra entre 24 mil y 27 mil años A.P.

En lo que se refiere a morenas en la parte alta del valle de Subachoque y en su extremo norte, se han podido reconocer niveles de morenas alrededor de 3.200 m y 2.800 - 2.900 m de altitud, las que nos fueron mostradas por el Doctor Van Der Hammen durante las excursiones del Congreso sobre el Cuaternario reunido en Bogotá, y que fueron datadas por los suelos que se encuentran encima de los materiales morénicos. Sobre éstos suelos que yacen en una falda a 2.840 m se puede ver una secuencia de dos suelos negros separados por lo que probablemente es una ceniza volcánica alterada por material crioclástico entre el material morénico y el suelo propiamente dicho y, como no se encontró un suelo de carácter interglacial sobre los restos morénicos, se consideró que estas morenas, encontradas a una altura de 2.800 — 2.900 m pertenecen a la última glaciación y tienen una edad mayor de 36 mil años A.P. aproximadamente.

En la Sierra Nevada de El Cocuy, donde los autores citados han estudiado bastante la historia del último glacial, existen dos fases de gran extención glaciar, con edades de 23 mil años A.P. para la primera, y tal vez más de 36 mil años A.P. para la segunda, con extensiones de 3.400 — 3.000 m y 2.800

– 2.400 m de altitud respectivamente. El estadio entre 21 mil y 14 mil años A.P. aproximadamente, cuyas morenas se hallan a alturas entre 3.300 y 4.000 m vienen a representar en esta montaña una fase durante el retiro de los glaciares (Van Der Hammen et all, 1980, 1981).

D.G. Herd (1974) en sus estudios sobre geología glacial y volcánica del complejo Ruíz - Tolima de la Cordillera Central colombiana, nos dice que Schubert (1970) ha observado morenas en niveles de 2.600 a 3.000 m y de 3.000 a 3.600 en los Andes del nororiente de Venezuela y concluye que los dos niveles morénicos fueron depositados en glaciaciones tardías del Würm (Wisconsin) con datación de 9.000 A.P. obtenida en sedimentos orgánicos sobrepuestos al *drift*,asociado al nivel superior de las morenas. El mis-Schubert, 1972 asegura que los glaciares en los Andes de Venezuela han retrocedido constantemente desde el Pleistoceno; sin embargo, al comparar mapas y fotografías entre 1910 y 1972 se pudo deducir que los glaciares al comienzo del siglo XX fueron mayores casi en un 80% que en la actualidad. Por otro lado, no han sido descritas morenas asociadas con un reavance glaciar reciente en los Andes de Venezuela según Schubert 1970, pero si se ha informado que más allá de los glaciares modernos yace un *till* fresco sin meteorización. Tal evidencia sugiere que el retroceso glaciar en los Andes de Venezuela no ha ido a paso constante y que el record de las fotografías de 1910 registran el final de un período de reciente expansión glacial contemporáneo con el post–1.500 D.C., avance neoglacial en la Cordillera Central de Colombia. El mismo Herd, al mencionar a Heusser, 1961, establece que los avances de los glaciares en los Andes de Patagonia culminaron alrededor de 1766, 1809, 1832, 1847, 1878, 1883 D.C. y termina diciendo que, como los avances negolaciales en otras áreas de los trópicos no han sido datados, es difícil saber si el post-1.500 D.C. de la Cordillera Central representa la extensión máxima durante los glaciares en los trópicos durante la Neoglaciación.

Por otro lado, al mencionar a Osmaston, 1967, a Livingston, 1962, a Downie, 1964 y Baker, 1969, Herd dice que en la cadena montañosa del Ruwenzori del Africa tropical, la última glaciación está representada por los acarreos o *drift* del lago Mahoma y de Omurubaho con fecha de radiocarbono de 14.700 ± 290 A.P. determinada en barro orgánico sobrepuesto al *till* del lago mencionado, lo cual provee esa fecha límite para el inicio de la desglaciación en esa montaña. Aún sin datación, los acarreos del cuarto episodio glacial principal del monte Kilimanjaro y de los estadios 1 y 2 del monte Kenya, parecen ser todos ellos de la última glaciación.

Para la Nueva Guinea, Loffler 1972, estableció que en el flanco nororiental del monte Giluwe, los depósitos glaciofluviales del estadio final de la glaciación, están sobrepuestos a una capa de turba que tiene una edad de 23.600 – 1.100 A.P. Y Galloway 1973, dá una fecha mínima para la desglaciación en las montañas Carstensz de 14.000 A.P.

Segunda Parte

Clasificación Ecológica Pura y Unificada de la Vegetación y de los Ecosistemas Terrestres y Subterráneos del Globo.

CLASIFICACION ECOLOGICA PURA Y UNIFICADA DE LA VEGETACION Y DE LOS ECOSISTEMAS TERRESTRES Y SUBTERRANEOS DEL GLOBO

El Ecosistema.

Este nombre fué propuesto por Tansley como palabra casi definitiva para significar la interacción entre los seres vivos y los factores físicos que caracterizan el lugar donde esos organismos habitan. Otros nombres habían sido propuestos no mucho antes de que nosotros tratáramos estos problemas con el Dr. F.R. Fosberg en la Costa de Marfil en 1.960.

Recientemente R. Negret en su libro publicado en portugués (1.982) que lleva por título *Ecosistema. Unidad Básica para o Planejamento da Ocupacao Territorial* define de la mejor manera el ecosistema y recuerda que Odum definió también muy claramente el contenido de Ecología, como "el estudio de la estructura y función de los ecosistemas o, si pudiéramos decirlo más simplemente: el estudio de la estructura y función de la naturaleza". El dividió convencionalmente la estructura en tres categorías que facilitan su interpretación: a. la composición de las comunidades biológicas incluyendo especies, números, biomasa, la historia natural y la distribución en el espacio de las poblaciones; b. la cantidad y distribución de los factores abióticos (los no vivos) como pueden ser los nutrientes y los suelos, el agua, etc.; c. el nivel de las condiciones de existencia, la temperatura, la luminosidad y otros factores. Y, por función podemos entender a. la tasa de energía biológica que fluye a través del ecosistema, o sea las tasas de producción y respiración de las poblaciones y comunidades; b. la tasa de material o nutrientes que circulan, esto es, los ciclos biogeoquímicos; c. la regularización biológica o ecológica, incluyendo aquella de los organismos por el medio ambiente (fotoperiodismo por ejemplo) y lo mismo para la regularización del medio ambiente por los organismos, como la fijación del nitrógeno por los microorganismos. Así, el ecosistema no permanece estático sino que se encuentra en modificación constante, en permanente dinámica que impulsa la evolución. En él circulan la materia y la energía, se transforman y se acumulan a través de los seres vivos y sus actividades, como son la fotosíntesis, la descomposición, el consumo de hierbas, la depredación, el parasitismo y otras actividades de simbiósis; como las cadenas trófico-energéticas, pueden servir de ejemplos vivos. Entre tanto, los elementos no vivos, o factores abióticos, la circulación de la materia y la energía es complementada por procesos químicos y físicos como evaporación, precipitación y erosión a través de factores meteorológicos, hidrológicos y geológicos. Dentro de esa dinámica, el ecosistema se caracteriza también por una multitud de mecanismos regularizadores que limitan el número de organismos allí presentes e influyen en su comportamiento y adaptaciones fisiológicas y anatómicas; controlan también la cantidad y la tasa de materia orgánica y energía que circulan, los procesos de reproducción y crecimiento, los patrones de emigración e inmigración y determinan la mortalidad física y biológica, tanto de las comunidades vivas como de los factores físicos. Estos son, entre otros, algunos de los mecanismos más importantes de regularización que permiten que el ecosistema continúe vivo y mantenga su identidad. En estas consideraciones R. Negret menciona a F.C. Evans de la Universidad de San Diego en sus disquisiciones sobre el ecosistema como unidad básica en ecología y prosigue diciendo que todos los tipos de ecosistemas son sistemas abiertos, no existiendo los cerrados. La energía y la materia orgánica circulan constantemente, entrando y saliendo a través de los procesos de la vida y los factores físicos. Estas transformaciones e intercambios mantienen en comunicación permanente diferentes ecosistemas y dificultan así la determinación de límities exactos entre ellos. Por esa misma razón, la delimitación de ecosistemas como unidades funcionales de la naturaleza es puramente convencional y va de acuerdo con el área que interesa investigar.

La estructura de los ecosistemas terrestres y acuáticos tiene para estos autores muchas características en común: 1. son productores de plantas verdes capaces de fijar la energía solar (autotróficos); 2. animales macroconsumidores de partículas de materia orgánica (fagótrofos); 3. microorganismos descomponedores de materia orgánica que liberan nutrientes. Los dos ecosistemas mencionados se suplen de los mismos materiales orgánicos, tales como nitrógeno, fósforo y minerales; son regulados y limitados por las mismas condiciones de luz y temperatura y, finalmente, la estratificación de las comunidades biológicas en el espacio es básicamente la misma en los dos ecosistemas; ambos poseen dos estratos, uno autotrófico encima y otro heterotrófico debajo, encontrándose en el estrato superior el mecanismo concentrado de fotosíntesis en donde la luz es disponible, mientras que el mecanismo de regeneración de nutrientes está concentrado bien abajo. Los autores referidos hacen énfasis en que los sistemas acuáticos y terrestres difieren estructuralmente en varios aspectos importantes, siendo la composición de las especies, completamente diferentes. La estructura trófica también difiere en el sentido de que las plantas terrestres tienden a ser mayores en tamaño y menores en número, en tanto que en los sistemas acuáticos, el fitoplankton por ejemplo, es pequeño en tamaño pero muy numeroso. Y en términos generales, la biomasa autotrófica es mucho mayor que la heterotrófica en tierra, siendo la relación en los ecosistemas acuáticos comunmente a la inversa y ello talvez porque el soporte de esta comunidad es más físico que biológico, como es el caso de los ecosistemas terrestres.

Se ha hecho énfasis en la importancia de la estructura y la función de los ecosistemas para tratar de mostrar que sin su conocimiento científico, resulta prácticamente imposible entender, controlar y planificar la utilización racional de los recursos naturales, y conociendo la estructura y función de los ecosistemas, se puede comprender más claramente cómo trabaja la naturaleza y cómo pueden afectar las prácticas de manejo en el funcionamiento del sistema.

Rafael Negret, al mencionar a Bormann y Likens, dice que éstos idealizaron un modelo conceptual para demostrar cómo los ecosistemas son abiertos y se comunican unos con otros, tomando como ejemplo un bosque caducifolio en donde los nutrientes se encuentran en constante dinámica a través de cuatro compartimentos básicos de los sistemas ecológicos terrestres: a. un compartimento orgánico compuesto por biocenosis y sus fragmentos orgánicos; b. un compartimento de nutrientes que están disponibles en el complejo del humus, de la arcilla del suelo o de las soluciones del mismo; c. un compartimento de suelos y rocas que contienen nutrientes en forma inaprovechable temporalmente por los seres vivos; d. un compartimento atmosférico compuesto por gases del ecosistema, ya encima o debajo del suelo, y teniendo en cuenta que cualquier cantidad de nutrientes que se encuentren en cualquier compartimento y en cualquier tiempo, puede ser estimada por procesos analíticos en muestras adecuadas. Este método de los ejemplos lo hemos seguido a lo largo de nuestro texto por ser materia extensa.

El flujo de nutrientes entre estos compartimentos se realiza por diferentes vías, la mayoría de las cuales son determinadas directa o indirectamente por la energía solar. Así, los nutrientes disponibles pueden ser asimilados por la vegetación o por los microorganismos para poder circular en complejas cadenas trófico-energéticas dentro del compartimento orgánico, y posteriormente, por medio de la muerte y descomposición de los organismos que se van a fijar nuevamente como nutrientes disponibles.

Los suelos y las rocas de eminente carácter mineral suelen ser descompuestos por el tiempo para liberar nuevos nutrientes disponibles que pueden retornar al compartimento de suelos y rocas a traves de formación de nuevos minerales, arcillas o compuestos insolubles.

Los nutrientes, particularmente aquellos que están en estado sólido inerte tienden a permanecer en el ciclo entre los compartimentos orgánicos de suelos y rocas conformando un ciclo dentro del sistema, mientras que los nutrientes en estado gaseoso son transferidos continuamente a otros compartimentos a través de reacciones químicas inorgánicas como la oxidación, la reducción o las reacciones relacionadas con procesos como la fotosíntesis, la respiración y la fijación y volatilización del nitrógeno.

De esta manera, aquel ecosistema terrestre del bosque mencionado no es una entidad independiente sino que se halla íntimamente relacionada con los ecosistemas que la circundan: bosques, campos, montes y lagos, como también y en última instancia, la biósfera en general, por el sistema de entradas y salidas *(inputs y outputs)* en donde los nutrientes en formas orgánicas e inorgánicas entran y salen impulsados por factores meteorológicos, geológicos, hidrológicos y biológicos a través de ecosistemas vecinos, siendo los meteorológicos, fenómenos como la radiación solar, el viento y la pluviosidad, y los geológicos, la erosión y los movimientos tectónicos. Los factores biológicos son los animales que se mueven dentro o fuera del sistema y así por ejemplo, las aves migratorias participan funcionalmente de cada ecosistema que visitan, siendo esta una prueba evidente del carácter abierto de los sistemas ecológicos como también lo es la lluvia, el viento y la luz.

Las actividades dependientes de factores humanos, como la fertilización del suelo y los cultivos, son consideradas una especialización de los factores biológicos. Nosotros separamos aún más este último concepto al mencionar dos tipos ecológicos diferentes: la *Parantropofitia* y la *Biogenofitia*. Desde el punto de vista del manejo y planeamiento es importante darse cuenta que la estructura y la función del ecosistema puede ser fuertemente influido por nutrientes que entran o salen de él, tanto en forma natural como artificial, por la actividad humana. Y son bastante conocidos los efectos del monocultivo, el sobre-pastoreo, las desyerbas y la introducción de especies exóticas lo mismo que la degradante polución industrial.

La Enciclopedia de la Ciencia del Medio, editada por Lapedes (1.974) habla del ecosistema como un sistema funcional que incluye los organismos de una comunidad junto con su medio. El término, que es una contracción de *sistema*, se debe al ecólogo ya mencionado quien lo propuso en 1.935. Este concepto ha adquirido importancia en el desarrollo de la ecología y las áreas relacionadas, porque todas las comunidades naturales o asociación de organismos que viven juntos y se interaccionan el uno con el otro están relacionados cercanamente con los medios ambientes que los rodean. En consecuencia, es apropiado concebir que se forme de la comunidad y del medio un solo y entero complejo que es, el *ecosistema*.

El término *ecosistema* puede aplicarse en cualquier magnitud o nivel del medio escogido para estudio. Así, comunidades de medios pequeños y característicos, tales como el tronco de un árbol que se pudre, el follaje de una planta en particular, o los organismos que habitan en el intestino de un animal, como por ejemplo un "nudo" de lombrices se mencionan como microcomunidades, y sus medios como microcosmos o microambientes que generalmente forman parte de ecosistemas mayores; este puede ser el caso de un bosque y su ambiente, o el de un lago y sus organismos para los cuales son apropiadas las designaciones de macrocomunidad y macroambiente o también, de macromedio estacional. Al extremo opuesto de las comunidades podemos tener todos los organismos del mundo que pueden mirarse como una comunidad mundial, la cual, con su medio forma un ecosistema mundial único. La parte viviente de este ecosistema particular se denomina a menudo biósfera. La transferencia y concentración de materiales en este ecosistema global, tanto por los organismos como por los procesos físicos son materia de la biogeoquímica; y ya que el hombre mismo hace parte del ecosistema mundial, el lugar del hombre y los efectos de la presencia de este sobre aquél, hacen parte del estudio de la ecología humana.

Cualquier organismo vive en un encadenamiento natural que incluye un medio y una comunidad de ciertos organismos. El encadenamiento natural de la vida de un organismo viene a ser entonces un ecosistema. Dos aspectos de la relación de un organismo al ecosistema en el cual vive se distinguen frecuentemente a pesar de que no se pueden separar en forma precisa. Su ubicación, descrita en términos de factores físicos y químicos y a menudo en cuanto a clase de comunidad, constituye su habitat funcional; mientras que su lugar en la comunidad, incluyendo las relaciones con otros organismos, constituye su *nicho.*

Algunos organismos en la comunidad son afectados en forma variada por diferentes factores y combinaciones de estos, y los organismos también son afectados de distinta manera por interrelaciones de gran importancia como son las relaciones alimentarias, el abrigo, la competencia por espacio y otros recursos del ambiente, tales como las influencias químicas, la posibilidad de sombra y demás. Estas interrelaciones entre especies en la comunidad, enlazan de tal manera la especie, que casi cualquiera de estas puede afectar directa o indirectamente a la otra; a todo ello es a lo que hacemos referencia cuando hablamos acerca de "la trama de la vida".

Siendo como se ha dicho el ecosistema una unidad fundamental de la naturaleza con delimitación puramente convencional, de acuerdo con los intereses del estudio que se va a llevar a cabo, puede considerarse como ecosistema, al ser investigado científicamente desde el punto de vista de su estructura y función ecológica, cualquier provincia, región y hasta *biotopo* que llame la atención desde el punto de vista geoecológico, geobotánico o de vocación y aprovechamiento de recursos.

Y para comprender claramente las relaciones existentes en el hábitat requiérese estimar separadamente los factores que son responsables. Considerando que sea cierto que la comunidad viva, como un todo, sea el mejor indicador del total de las condiciones ecológicas prevalecientes, todo ello debe correlacionarse con cierto enlace o alineamiento de los factores físicos. Las fomaciones vegetales en que se ha hecho énfasis deben describirse en términos de vegetación y solamente en esos términos, pero no en términos de clima, drenaje, suelo, etc.; por la misma razón, el habitáculo debe acercarse o aproximarse a términos del ambiente mismo y no de la estructura, composición o dinámica de la vegetación, ya que se busca una correlación entre los dos.

Según Dansereau (20) este dilema fué resuelto agudamente por Huguet Del Villar en 1.929, y todo lo cual lo he tratado con aquel autor, a quien debemos el gran estímulo que hemos recibido en estas materias de su parte y también de los Profesores José Cuatrecasas, Henri Gaussen y H. Puig. En su aproximación a los medios estacionales, Del Villar rechazó todos los criterios florísitcos, sociológicos, geográficos, físicos, fisionómicos y sucesionales en su carácter de tales. La palanca mayor de su sistema es la idea de *armonia* versus *discrepancia.* Porque en un hábitat armónico no hay ni exceso ni deficiencia de algún elemento y por consiguiente ninguno ejerce una influencia de control. Por otro lado, la escasez de agua, las temperaturas altas o bajas, los suelos muelles o duros, los substratos ácidos o alcalinos, si están presentes individualmente en donde otros factores son armónicos, crean una discrepancia que se convierte en limitante y controla el hábitat.

Un cuadro que ofrece P. Dansereau en su Biogeografía (20), muestra en forma de llave el desarrollo de esta interpretación y el despegue en dos categorías mayores en la naturaleza del substrato: la geofísica y la orgánica. Esta proyección ecológica también parecería empíricamente sana, pues estamos de acuerdo que sería difícil no encontrar algún caso concreto en este esquema, aunque recientemente haya sido necesario de mi parte introducir por lo menos seis tipos ecológicos nuevos *(Cryophytia, Phreatophytia, Saxiphytia, Spelaeophytia, Psychroeolophytia y Tachyrheophytia)*, y aunque, según algunos autores, sí se presentan situaciones complejas. Pero lo que en realidad se quiere hacer resaltar en todo esto, es una *respuesta fisiológica prominente a una tensión o estrés*, quedando sobreentendido que tales tensiones son limitadas en su clase. Dicho esto, parece que no hay mejor manera que el propuesto para distinguir entre uno y otro *ecosistema* y en las divergencias comparables relacionadas con el régimen climático, es lógico considerar estas alternativas principalmente como *tendencias.*

En cuanto a la extensión espacial y valor característico para el paisaje como un todo, se ve en la práctica que algunos ecosistemas como la *Ectobiophytia* son demasiado pequeños como para formar algo más que un *biotopo* dentro de una comunidad. Otros como la *Cryophytia* a veces son temporales y no pueden albergar más que una población efímera. De manera semejante, algunas como *Psammophytia* son en realidad estadios temporales en el desarrollo de la vegetación, mientras que otros como la *Tropophytia* son a menudo características de extensas comunidades climax aunque nunca de manera exclusiva en todas partes. Además, algunos no pueden ocurrir sino en condiciones climáticas particulares como por ejemplo la *Hygrophytia* intertropical y la *Oxyphytia* en las áreas frías y húmedas de las zonas templadas, aunque, según las últimas observaciones del autor y de algunos de sus compañeros, esto no es completamente cierto. Sin embargo hay que recordar que el hábitat es definido aquí, no por lo que viva en él y no por el orden de magnitud de la biogeocenósis, de su apariencia, de su estabilidad y su lugar en la sucesión o su localización geográfica. Y volviendo al cuadro mencionado, se puede decir que este sirve para enfatizar el hecho de que una u otra de estas categorías mayores adquiere su más alto grado de expresión y expansión bajo ciertas condiciones climáticas. De hecho ese ecosistema particular encuentra tal ocasión para expandirse que caracteriza grandes áreas geográficas como las mostró Del Villar en su mapa de Europa, en donde destaca el dominio regional de la mesoxerophytia, la tropophytia y la oxyphytia.

Por todo lo que se ha definido y visto anteriormente, concluimos que el ecosistema *no* está ligado a la comunidad ni aún a la formación. El es definible en términos de *factores de sitio* en forma semejante a como lo habíamos estudiado en sílvica bajo el criterio de Toumey y Korstian de las Universidades de Florida, Yale y Duke. Por ello deducimos que un solo ecosistema puede contener una o más comunidades.

Y recordando de nuevo a Huguet Del Villar (1.929) quien basó su nomenclatura en Clements y Warming, hemos propuesto la ampliación de una clasificación general de los tipos ecológicos de las sinecias y de los sistemas conjugados que satisfaga las necesidades del método inductivo recomendado por nuestros predecesores, reuniendo las siguientes ventajas: expresarse solamente en términos puramente ecológicos sin mezclar conceptos fisiognómicos, sociológicos, geográficos ni relativos a la sucesión vegetal.Retener y continuar todas las expresiones geobotánicas verdaderamente ecológicas de las propuestas por Warming y Del Villar. Fundarse y aprovechar la concurrencia del mayor número de factores, pues ya hemos visto que algunos de estos que concurren en cada medio estacional, unos cooperan al mismo efecto en la población vegetal mientras que otros son antagónicos a este respecto; ya que hay tipos de estación en donde los factores principales armonizan entre sí, mientras que en otros, uno o muy pocos de los factores aparecen discrepantes para determinar una modalidad especial. En este caso, el factor más discrepante, o el simplemente discrepante dará lugar a la distinción del *tipo* ecológico.

Desde un principio la clasificación total fué mostrada en un cuadro sinóptico con terminología en latín por razón de universalidad, en donde los términos de primero y segundo orden correspondían a las divisiones generales del medio ya expuestas, teniendo que aclarar que en el sentido puramente estacional la helofitia no puede separarse de la holohydrofitia como se ha hecho en el caso de la seriación fisiognómica en la delimitación del proteretum y, teniendo en cuenta también que la distinción de la helofitia alude al carácter anfibio de las plantas, pudiendo encontrarse también en el mismo medio helofítico, una vegetación holohidrófita. Porque por sí mismo, el medio no es helofítico y holohydrofítico, sino que consiste en un solo cuerpo de agua poco profundo. La escasa profundidad no es exclusiva de la vegetación anfibia porque simples charcos llevan en muchos casos vegetación holohidrofítica solamente. La relación que pueda existir entre la vegetación anfibia y el medio es lo que trata de averiguarse precisamente y por ello no puede tomarse como punto de partida.

La vegetación

La Clasificación Ecológica de la Vegetación y de los Ecosistemas que presentamos y proponemos enseguida, reunida en una sola, o unificada en un cuadro sinóptico, es una ampliación de la Clasificación Puramente Ecológica de la Vegetación de H. Del Villar publicada en 1.929 (81), la cual ha evolucionado desde entonces con las observaciones geobotánicas de varios científicos como José Cuatrecasas en Colombia (1.934) (19); Henri Gaussen en su publicación Geografía de las Plantas (1.954) (38); Pierre Dansereau con su Biogeography (1.957) (20), recibida personalmente de sus manos por mi en Tolouse en 1.964; Manuel Del Llano con su artículo La Limophytia freática, presentada en la VII Conferencia Interamericana sobre el Cacao, reunida en Palmira, Colombia en 1.958 (23); el mismo autor amplió la Clasificación mencionada en su estudio Los Suelos y su Vegetación en los Diferentes Medios Geofísicos de un País Modelo en el Mundo: Colombia Ecuatorial, en 1.964, (24) en colaboración con Helena R. de Del Llano y en esta ampliación se incluyó el concepto del *medio subirrigado* que no existía, con la denominación de *Phreatophytia*, la que vino a quedar enclavada en el centro del cuadro sinóptico, entre la Hydrophytia que es el medio total o parcialmente acuático y la Pezophytia que es el medio emergido donde se encuentran la Edaphophytia que es de gran extensión e importancia en la superficie terrestre pues contiene los enclaves emergidos de Lithophytia y Chasmophytia en los afloramientos rocosos.

El nuevo concepto de la Phreatophytia incluye algunos de los mismos tipos ecológicos terrestres de la Pezophytia cuyos nombres derivan de algún factor discrepante que los denomina, como decir Psammophytia de suelos arenosos, Chasmophytia de suelos de relleno en fisuras rocosas, Halophytia para suelos salados, Oxyphytia para suelos orgánicos ácidos, etc., en donde todos estos tipos ecológicos cuentan con el auxilio de aguas subterráneas por lo cual llevan el calificativo de freáticos; por ejemplo, Psammophytia freática para los arenales subirrigados, anotando que últimamente hemos propuesto nuevos tipos ecológicos, siendo del autor, los que a continuación se dan, con excepción del último que es de A. Dugand (33); son ellos: la *Cryptophytia*, la *Phreatophytia*, la *Psychroeolophytia*, la *Saxiphytia*, la *Spelaeophytia*, y la *Tachyrheophytia*. En cuanto a la Spelaeophytia, esta tiene una ubicación particular tanto en el cuadro sinóptico como en la geomorfología ya que hace referencia a las cavernas y a los vericuetos subterráneos, todo lo cual merece en el momento particular atención por la importancia que ha tomado la Espeleología en las últimas décadas.

La Phreatophytia que es un medio subirrigado incluye la Limophytia freática de los aluviones y medios estacionales que se mantienen permanentemente frescos en los climas secos, por lo cual también podemos incluir en ésta los oasis. El ambiente favorable y armónico durante todo el año se encuentra localizado en una posición fisiográfica intermedia y privilegiada entre el medio total o parcialmente acuático de la Hydrophytia y el emergido de la Pezophytia que queda enclavado en el centro del cuadro sinóptico. Otras ampliaciones hechas a la primera Clasificación fueron, dentro del medio emergido, la Hyperhygrophytia que está asociada a la lluvia permanente durante el año entero como es el caso de la selva pluvial del Chocó; la Subxeroeolophytia y la Psychro-eolo-phytia, donde el factor eólico es tan importante en Sabanas y Páramos; igualmente, la Calciphytia, la Toxiphytia y la Pelophytia que están relacionadas con la cantidad de calcio en el suelo, de elementos tóxicos, y de riqueza en arcillas respectivamente. La última transformación llevada a cabo en la Clasificación consistió en conjugar los tipos ecológicos con los ecosistemas, incluyendo su fauna y el suelo como elementos fundamentales parte de lo cual había sido omitido al identificar casi por completo la Geobotánica con la Ecología hasta los años de la postguerra.

Dansereau (20) partiendo de la naturaleza del substrato empieza por dividirlo en geofísico y orgánico, con un primer orden de respuesta reflejado en la Ecophytia, la Saprophytia y la Biophytia; con un segundo orden en que el medio es total o parcialmente acuático para la Hydrophytia y emergido para la Pezophytia, siendo exterior a la actividad biológica en la Ectobiophytia como ocurre en el agua que se acumula en las hojas de las bromelias; o afectando la actividad biológica en la Endobiophytia, como sucede en los intestinos de los animales.

En cuanto a la naturaleza del control, este puede ser de carácter químico y relacionado con la alcalinidad o la acidez del medio; de carácter térmico, por exceso o deficiencia de la temperatura; de carácter biótico v.g. en las acumulaciones mefíticas, y también de carácter mecánico, como en la Tachyrheophytia que identifica el medio de las aguas con velocidad excesiva. Pero el control también puede ser por escasez del agua, Xerophytia, la cual puede ser moderada *Mesoxerophytia*, o extrema *Hyperxerophytia*, que representa el desierto verdadero. Y la temperatura también caracteriza el control, el cual puede ser por exceso, *Subxerophytia* para la sabana; o por defecto, la *Psychrophytia* en el Páramo y la Tundra. De igual manera, la reacción (pH) puede alejarse del punto neutro para dar la *Halophytia* por alcalinidad y la *Oxyphytia* por acidez acentuada. Pero el control puede también estar dirigido por las condiciones físicas desfavorables del substrato, el cual, si es excesivamente suelto nos dá la *Psammophytia*, si es esquelético la *Chersophytia*, y si es de bloques, *la Saxiphytia*. Para lo duro en exceso se tiene la Petrophytia rocosa y en las superficies enteras, la *Lithophytia*. Respecto a este último tipo ecológico recordamos un aspecto muy importante en las alturas frías que quizá no ha sido lo suficientemente estudiado y que se relaciona con el calentamiento que sufren las rocas y con el abrigo que ofrecen a la fauna en su contacto con el suelo; allí es donde hemos encontrado o simplemente visto, desde salamandras hasta entomofauna de variado tipo, pareciendonos que la Lithophytia se vuelve más importante a medida que se asciende hasta el límite de contacto con las nieves, el cual entre nosotros se presenta a unos 4.700 metros de altura aproximadamente. En cuanto a la descomposición y la magnitud del control, las acumulaciones putrescentes se mencionan, como ya dijimos *Pezosaprophytia*, las cuales pueden ser acuáticas por encontrarse dentro del agua, *Hydrosaprophytia*, o áreas por estar en la superficie; lo mismo dentro de la Spelaeophytia, de las cavernas. La transformación general del medio tiene también cierta magnitud en el control y entre nosotros la alteración por parte de los animales silvestres no es notoria como en el Africa sabanera, denominándose *Biogenophytia*. Pero la *Paranthrophytia* sí tiene gran importancia por la alteración humana que se produce en la naturaleza por los cultivos, en las vías, en las ciudades, etc.; por eso creemos que en ciertos aspectos, la *Cryptophytia* que hemos propuesto, debe quedar abarcada simplemente en la acción antrópica.

Algo interesante en la invetigación de los últimos lustros tiene que ver con la *Ectobiophytia*, para la cual se pueden poner como ejemplos los medios que representan los troncos caídos de los árboles que entran en descomposición; así mismo, las vainas de las bromaliáceas y el estudio de los líquenes en las cortezas, con el objeto de determinar la contaminación, como lo han hecho nuestros alumnos en las arborizaciones de la ciudad de Bogotá, sin olvidar la Endobiophytia, de la cual ya se ha hablado, todo lo cual, también puede ocurrir en la Spelaeophytia de las cavernas.

En el último orden de respuesta se encuentra lo significativo de los nombres doctos que hemos mencionado, los cuales presentaremos también en forma castellanizada en el texto como lo propone el Profesor H. Gaussen en dos partes; en la pirmera: A. Bajo *clima determinante*, al considerar que la fomación vegetal en mente debe su naturaleza esencialmente a la acción del clima, para pasar los otros factores a un segundo plano. En la segunda: B. El *Substrato determinante* en donde este tiene una acción más enérgica que la del clima. Actualmente los botánicos se refieren al primer grupo con la palabra *zonal* y a los del segundo como *azonal*, claro está teniendo en consideración las formas terrestres y el suelo. Sin embargo los pedólogos utilizan la denominación de zonal para suelos que se presentan en topografía "normal"; azonal para los suelos que no tienen características bien definidas en su perfil por escasez de desarrollo; e intrazonal para los suelos que ocupan enclaves sobre rocas poco comunes y de composición química acentuada como son las serpentinas, las calizas, etc., o en sitios mal drenados y en terrazas planas antiguas.

Los ejemplos de H. Gaussen son:

A. *Clima determinante: Hygrophytia*; clima constantemente húmedo como la selva pluvial del intertrópico; *Subhygrophytia*, con clima húmedo, caliente o frio y aparición de estaciones que la dividen en dos tipos ecológicos basados en la temperatura y la humedad; *Subxerophytia*, de clima muy caliente que provoca adaptaciones xerófilas; *Mesoxerophytia* de clima seco cuyo ejemplo de Gaussen es el Mediterráneo; *Hyperxerophytia*, con clima extremadamente seco para designar el desierto; *Hygrothropophytia* de estaciones húmedas y secas; *Thermothropophytia* con sus estaciones cálidas y frías; *Psychrophytia* de climas muy fríos como los del Páramo y la Tundra; *Cryophytia* para el clima glacial sin deshielo.

B. *Substrato determinante: Halohydrophytia* de suelos marítimos y salados; *Limnophytia* con sus lagos corrientes de agua dulce, etc; *Oxhydrophytia y Oxyphytia* de turberas ácidas y suelos ácidos; *Psammophytia* de arenales no desérticos; *Petrophytia* de ecosistemas rocosos, los cuales incluyen *Chasmophytia y Lithophytia*, indicando la última, la superficie de rocas enteras donde empieza la sucesión vegetal con líquenes y musgos. Gaussen deja de lado los aspectos que tocan a la Geografía general: la *Biogenophytia*, la *Paranthropophytia*, la *Saprophytia* y la *Biophytia*.

Para describir los diversos tipos de vegetación alpina, H. Gaussen utilizó también el orden que traemos, de la siguiente manera (39):

1. Clima determinante

Se puede decir que, aparte las comunidades de rocas o acuáticas, las comunidades del piso alpino son esencialmente debidas al clima y que el substrato no interviene más que para divisiones de orden secundario. Hacia abajo están las condiciones locales debidas a la nieve, que crean los corredores de aludes, los cuales conducen las plantas alpinas a alturas más bajas. Hacia arriba, el límite del piso nival viene también determinado en sus detalles por agentes climáticos. Dicho esto, la naturaleza ácida o alcalina del substrato permitirá establecer divisiones entre las comunidades.

La vegetación presenta su tipo más normal bajo el nombre de *céspedes alpinos*. Las menos evolucionadas en cuanto al suelo son las que ofrecen un substrato calizo todavía bastante alejado del suelo climático.

a) *El césped con Sesleria* es el tipo que ya se ha tratado a propósito del piso sublapino. Corresponde a las partes más soleadas, las que menos tiempo están cubiertas por la nieve; es el lugar en que menos se acusa el límite entre el piso subalpino y el alpino. Sobre las partes de suelo poco profundas, el elegante *Dryas* extiende sus espaldares, y los anteojos recuerdan los paisajes análogos del piso del roble. Pero cuando el suelo se hace profundo se produce un poco de acidificación y se encuentra:

b) *El césped de Festuca violacea*, rico en leguminosas: *Trifolium Thalii y T. badium*, *Onobrychis montana*, *Oxytropis*, *Lotus*, etc. Todos estos paisajes son extremadamente floridos.

c) En los Alpes del Tirol y de la Carintia existe un tapiz reluciente y tupido de *Carex firma*, cuyo origen terciario es aceptado por los especialistas. Abundan los endemismos.

d) Sobre espacios reducidos, pero de clima muy particular, hallamos *Cobresia Bellardii (=Elyna spicata)*, que coloniza las cumbres y crestas batidas por el viento y a menudo desprovistas de nieve durante el invierno; *Dryas* y diversos *Oxytropis* son frecuentes en esta comunidad.

e) Sobre terreno silíceo o antiguamente calizo, descalcificado y climático, se hallan los céspedes típicos y los más extendidos en los pisos alpinos, *el césped del nardo*. El nardo es una gramínea rígida, que forma matas elásticas que el carnero arranca, pero que jamás consigue mascar; las escupe, y el pasto se encuentra sembrado de estas pequeñas matas arrancadas que se han vuelto blancas al secarlas el sol. El nardo es el reactivo que da la señal de un pasto sobrecargado, ya que a partir de este momento, las plantas buenas son ramoneadas en exceso y no pueden competir con el nardo.

f) Las pendientes abruptas y cálidas contienen el césped de *Festuca spadicea*, que prolonga la facies subalpina.

g) *Las gradas de Festuca varia* en los Alpes o *Festuca Eskia* en los Pirienos.

h) *Las altas navas de nieve* presentan una vegetación que se advierte de lejos en lo más fuerte del verano.

Bajo la protección de la nieve, la vegetación puede vivir e incluso florecer: es el caso de la linda *Soldanella*. Se encuentran pequeñas fanerógamas como el sauce herbáceo. Si la nieve permanece más de diez meses, tan solo hallaremos briofitas y algas, en particular un musgo: *Polytrichum seangulare.* Por el contrario, cuando la duración de la nieve disminuye, se pasa progresivamente al tipo de césped con *Carex curvula*, antes citado. Cuando el suelo es calizo, *Salix herbácea* es reemplazado por *S. retusa o S. reticulata.*

Para "taladrar" la nieve es preciso desarrollarse en un ambiente cercano a los 0°. Es lo que ocurre con las *Soldanella* y con *Erythronium.* En la vecindad de las nieves en fusión se encuentra también *Ranunculus pyreneus*, pero aparece un poco más tarde y no taladra la nieve, pues exige temperaturas superiores a 0° para su desarrollo (Went).

i) *Césped de Carex curvula.* Corresponde al clima más frío de las partes elevadas del piso alpino y resulta triste por la rareza de las flores y el césped amarillento del *Carex*, alcanzando los 3.000 metros en las partes favorables. El período de vegetación es muy corto y la debil actividad bacteriana no permite la destrucción de las hojas muertas del *Carex*, que dan así humus abundante y muy ácido. Es un clima típico que se forma también en la roca madre caliza.

Entre nosotros, en los Páramos colombianos sucede algo semejante con lo acabado de decir, con las hojitas que caen de algunas ericáceas como *Pernettya* spp.

2. Substrato determinante

A. - *En la superficie de las rocas* hay que distinguir dos eventualidades:

a) Sobre la *superficie de las rocas calizas* se pueden instalar líquenes, que contribuyen a la lenta disgregación de la roca. Los líquenes blancos o anaranjados son los característicos.

b) Sobre la *superifice de las rocas silíceas*, los líquenes son abundantes, reconociendose las manchas negras de las *Umbilicaria* y las placas amarillas de *Rhizocarpon.*

B. - En las *grietas de las rocas* pueden existir condiciones muy diversas. Si son húmedas, la tierra es lavada e independiente de la roca madre. Si son secas, acusan las variaciones de temperatura, y las plantas deben estar rígidamente adaptadas a la sequedad.

c) En las *grietas secas de las rocas calizas* se disponen plantas en almohadilla, como las androselas, o en espaldar . . .

d) Las *grietas de las rocas silíceas* son menos secas, y las plantas no presentan adaptaciones tan exageradas. Saxífragas, primaveras de grandes flores rosadas o violeta, androselas, son un regalo para la vista, pero están con frecuencia sobre pequeñas cornisas. Apenas puede decirse que sean características de las grietas de las rocas.

C. - *Canchales.* La superficie de los canchales, de donde emergen algunas plantas, esconde la afluencia de las plantas radiculares bajo las piedras. Según la naturaleza de las rocas se pueden distinguir diversos tipos (recordemos el problema de los "litofitos"):

e) *Canchales calizos toscos.* Floridos de matalobos y la bonita linaria de los Alpes, de *Thlaspi rotundifolium* (en los Alpes).

f) *Canchales calizos finos.* Representan la transición hacia el césped de *Avena montana.* Se debe citar *Gypsophila repens, Saxifraga oppositifolia, Hutchinsia alpina.*

g) *Canchales silíceos.* Las morrenas abandonadas por los glaciares se cubren pronto de una comunidad constituída por *Oxyria digina, Geum reptans, Luzula spadicea.* En los Pirineos, *Rumex scutatus* jamás falta en los canchales de este tipo; *Iberis spathulata* alcanza gran altura en los canchales esquistosos.

D. *Fuentes y manantiales.* Los mastuerzos o falsos berros están siempre presentes en las fuentes - como entre nosotros en el Páramo de Chingaza -. *Cardamine latifolia* presenta sin duda las mismas propiedades que *C. pratensis*, que despierta los moribundos, y *C. amara*, que resucita a los muertos, según un antiguo refrán de Lorena.

h). En las *aguas ricas en oxígeno* florecen las saxífragas: *S. stellaris*, de los Alpes; *S. aquatica*, de los Pirineos, lo mismo que las magníficas flores de *Caltha palustris* . . .

i) *En las aguas alcalinas* formando matas, *Saxifraga aizoides* dora con sus flores el borde del agua, donde imperan los musgos.

E. - *Pantanos.* Las turberas de *Sphagnun*, de las que se ha hablado a propósito del piso subalpino, no aparecen en el alpino - a diferencia de las colombianas que alcanzan casi el límite de las nieves perpetuas en el Cocuy y cuya iniciación se produjo hace unos 5.000 años. - Dos tipos de pantanos se distinguen según el grado de acidez del agua: pantanos ácidos o alcalinos.

j) Si las aguas son *ácidas*, el pantano poco profundo, con frecuencia pisoteado por el ganado que viene en busca de frescor penetrando más o menos en el agua, presenta aureolas sucesivas de vegetación, que corresponden a la mayor o menor profundidad del agua. Por ejemplo, en Francia hallamos en el borde el césped de nardo, después aparece una aureola de *Carex* formada en general por *Carex fusca;* luego, en la parte un poco más profunda, la *Eriophoraie* se adorna con las borlas blancas de *Eriophorum* (lino silvestre) y se dispone en aureola alrededor de las partes profundas.

k) En los *pantanos alcalinos*, la disposición es la misma, pero las especies son diferentes. *Carex fusca* es sustituida por otras especies, por ejemplo, *C. Davalliana.*

F. - *Lagos.* Las capas de aguas profundas están a menudo bordeadas por comunidades de pantanos si la pendiente es suave, lo que ocurre en los antiguos fondos glaciares, pero en general no tienen flora.

l) Cuando el lago no es profundo y el agua puede calentarse un poco, hallamos plantas flotantes sumergidas como *Potamogeton y Sparganium*, pequeñas *Callitriche* con sus urnas insectívoras, y tapices de ranúnculus blancos.

En los Pirineos existe una comunidad curiosa por su distribución geográfica, ya que solo se halla otra semejante en los países nórdicos y no ha colonizado, por tanto los Alpes. Se trata de una curiosa licopodíacea; *Isoetes lacustris*, asociada a una crucífea: *Subularia aquatica.* Es probable que los Prineos se hallen en el trayecto de las aves migratorias venidas de los países nórdicos, que han podido aportar estas plantas. Pero tal comunidad, que parece coincidir con la presencia de truchas, no alcanza mucho más allá del piso subalpino. Los lagos superiores, tan hermosos en los Pirineos no presentan flora aparente. (No hablamos, quede bien entendido de las algas microscópicas).

En los Andes de Colombia y particularmente en el Páramo de Sumapáz, sector de Chisacá, una laguna satélite, esta bordeada de capas de turba que con el descenso de aguas aparentemente han quedado expuestas al aire. Este material está formado principalmente de restos de un chuscal de *Swallenochloa*, arbolitos coposos verdioscuros de *Diplostephium revolutum*, *Plantago rígida*, *Hypericum* sp. y el esfagnal de musgos verdeamarillentos de *Sphagnum* que sale a flotar detrás de una zonación en bandas concéntricas de planticas, principalmente el diminuto helecho *Azolla fidiculoides* que refulge al sol y hace cambiar el color de la laguna del verde al rojizo y luego al marrón, según la época. Este es un medio frágil que hasta hace poco se veía prístino, rico en anfibios y aves migratorias que al parecer están siendo diezmadas en todo un Parque Nacional, si nos atenemos al reguero de capsulas de armas que se encuentran en el suelo y que son usadas para dispararle hasta a los venados de cornamenta que es nuestro principal objetivo de conservación en el momento. Contrasta este cuadro pintoresco de la laguna con el paisaje que se admira en la base del Páramo donde todavía se distinguen las morenas con el verdeoscuro de las parcelas de papa que alternan con los pajonales gramíneos, encajando extensos parches simétricos poblados de *Rumex acetocella* en los campos de reposo donde la alegría y el movimiento la pregonan el canto de la perdíz (*Colinus cristatus)* y el viento.

G. - *Suelos nitrogenados.* La vegetación nitrófila, a la que ya nos hemos referido en el piso subalpino donde pasta el ganado es más rara en el Alpino. A 2.730 metros, en los bajos Alpes, Braun-Blanquet señala un reposadero de ovejas con *Chenopodium*, ortigas y treboles de prado.

Gaussen y Barruel (39) acerca de estas últimas disquisiciones sobre el substrato determinante han mencionado la Lithophytia y la Chasmophytia en la superficie de rocas y fisuras; la Saxiphytia en los diferentes tipos de canchales que en Francia llaman *eboulis;* también la Helophytia, Oxhydrophytia y la Halohydrophytia en los pantanos y las turberas ácidas, además de los pantanos alcalinos; la Limnophytia en los lagos y la Biogenophytia tan bien ejemplarizada para estos suelos nitrogenados.

Este ejemplo de los autores aludidos refleja lo que nosotros como Profesor de Ecología en Campo II hemos realizado permanentemente con nuestros estudiantes durante los últimos 15 años en la Universidad Nacional, lo cual fué reforzado con nuestra estadía en la Universidad Paul Sabatier de Toulouse bajo la dirección de los Profesores H. Gaussen, J. Trochain, H. Puig y mi colega de armas, mi Coronel F. Bagnouls.

A continuación, damos información importante sobre comunidades alteradas en el límite de los Páramos cuyas observaciones han sido hechas por nuestros antiguos alumnos siguiendo las líneas que hemos esbozado.

Paramización y ecotonos

De acuerdo a Vargas y Zuluaga (80), en el Páramo de Monserrate, allí donde se han alterado las comunidades, la vegetación natural degradada o disclimax cubre una extensión considerable como en la mayoría de los ecotonos de los Páramos colombianos que va desde conjuntos paraclimácicos con bosques de *Eucalyptus globulus* hasta comunidades arvences y ruderales con invasiones temporales o definitivas, pudiendo suceder que, el chusque por ejemplo, *Chusquea scandens* invada estos claros al lado de elementos provenientes de mayor altura como lo mencionó J. Cuatrecasas al hablar de los "corredores de viento", todo lo cual ilustra también la Paranthropophytia.

En el sotobosque de la paraclimax de estos bosques de *Eucalyptus* aparecen arbolitos grisáceos como *Drymis granandensis, Diplostephium ochracium, Eupatorium gynoxoides, Macleania rupestris, Miconia ligustrina, Senecio ledifolius, Wallea stipularis y Weinmannia tomentosa* y, según los autores mencionados, de pronto aparece *Espeletia grandiflora* asociada con *Eccremis coarctata*. Las colonizaciones temporales aludidas se instalan después de haber sido destruida completamente la vegetación natural, apareciendo a esta baja altura, y en áreas peladas, *Digitalis purpurea, Hydrocotyle bomplandii, Lachemilla pectinata, Pennisetum clandestinum, Poa annua, Rubus bogotensis.* La vegetación arvence se caracteriza por un estrato herbáceo esporádico donde preside *Hypericum strictum* y en el estrato subarbustivo se alcanzan a ver *Baccharis prunifolia, Hydrocotyle bomplandii, Lachemilla aphanoides, Mariscus flavus, Paepalanthus sp., Paspalum bonplandianum, Polytrichum sp. Rumex acetosella, Senecio ledifolius.* En este medio de paramillo y en lotes recién abandonados, dominan al principio, según Vargas y Zuluaga, *Digitalis purpurea* que va seguida de *Hypericum strictum, Geranium sibbaldioides y Orthrosanthus chimboracensis,* mientras que en partes más altas (Páramo) las especies principales son *Acaena cylindrostachya, Agrostis trichoides, Hydrocotyle* sp., *Lupinus amandus, Paspalum bonplandianum y Rumex acetosella;* a orilla de los caminos donde se intala la vegetación ruderal son comunes las manchas de *Orthrosanthus chimboracensis con Acaena elongata,* todo salpicado con individuos de *Baccharis prunifolia, Bidens rubifolia, Bucquetia glutinosa, Clethra fimbriata, Diplostephium ochracium, Eupatorium angustifolium, Hypochoeris radicata, Miconia ligustrina, Rapanea dependens, Rubus bogotensis, Senecio pulchelus, Syphocampylus columnae y Vallea stipularis.*

En pesquisas basadas en observaciones de campo debemos recordar la explicación a fenómenos ecofisiológicos observados en *Senecio niveoareus* de L.S. González y Z. Posada en que concluyeron que *S. niveoaureus* a gran altura en el Páramo del Cocuy vive como planta mesófila y en el Páramo de Chisacá, más bajo, se comporta como una hidrófita flotante; así mismo, *Agrostis breviculmis,* además del mecanismo de transpiración posee el de gutación para mantener constante la cantidad de agua en sus células.

Por otro lado L.H. Giraldo en sus observaciones sobre la entomofauna asociada al suelo y a la vegetación de los Páramos estudió en asociación de sus compañeros de Ecología II (1.981), el hábitat de *Bombus rubicundus* en el ecotono bosque-Páramo y también estudiaron el escarabajo estercolero a 3.350 metros de altitutd cuya acción de remoción del suelo nos recuerda la de algunos topos de Europa y Norteamérica por su aspecto y magnitud.

La ordenación ecosistemática en tipos ecológicos con base en el estudio del medio estacional nos parece lógica y conveniente desde diferentes puntos de vista en las investigaciones de campo. En primer lugar debe tenerse en cuenta que toda planta crece en el suelo o en algún substrato que tiene características físicas y químicas particulares que es menester conocer para relacionar íntimamente a la plántula con el entorno que constituye buena parte de su hábitat de una manera integral. En segundo lugar, este ambiente o entorno es susceptible de comparación ambiental acá o en cualquier parte del mundo en donde los factores abióticos como el clima y el suelo sean análogos y comparables, pues solamente así se puede ampliar cualquier adaptación de seres a esos medios sin intentar búsquedas al azar. En su artículo *Expresión de los Medios con Fórmulas Ecológicas para el Coloquio sobre las Regiones Ecológicas del Globo*, H. Gaussen, hablando de los climas homólogos y de los respectivos gráficos dice que si dos de estos son muy parecidos en todas sus partes y los climas son homólogos, los seres vivos de un primer ambiente climático pueden ser llevados al segundo entorno medio-ambiental donde prosperarán sin perjuicio. Por ejemplo, entre nosotros, si en la práctica se encuentran estas correspondencias entre sectores de las llanuras orientales y algunas sabanas de la India, la importación de un animal silvestre vg. el ciervo *Axis* a los llanos, tendría muchas probabilidades de éxito.

Y, respecto a las exploraciones botánicas y zoológicas que aquí se hacen de continuo, nada más lógico que hacerlas en forma sistemática buscando los diferentes ecosistemas para evitar la repetición de inventarios y la visita a los mismos lugares durante décadas como ha ocurrido en algunas instituciones desde principios del siglo pasado sin que se pueda decir hasta ahora que se han explorado los ecosistemas existentes aunque sea en forma fugaz. Estos sitios, aunque cambian con el tiempo lo hacen lentamente, pero debemos anotar que el medio estacional puede conservarse por siglos o milenios como en el caso de los habitáculos que existen en una morena, un lago glacial o una turbera, siendo esta última de las más frágiles por la oxidación y reducción que sufren al contacto con el aire en el proceso de modificación del relieve terrestre. En este sentido y sobre todo en el tema que concierne a la degradación de las comunidades vegetales y a los ecosistemas de las regiones tropicales tuvimos la oportunidad de puntualizar aspectos fundamentales con el Profesor Aubreville sobre el Africa y el Brasil.

La Clasificación Ecológica Pura de los Ecosistemas y de la Vegetación de la Tierra que exponemos es, como se dijo, una ampliación de la Clasificación Puramente Ecológica de la Vegetación de Huguet Del Villar (1.929) basada en la nomenclatura de Clements y Warming para establecer una ordenación general de tipos ecológicos de las *sinecias* o comunidades vegetales inicialmente. El autor empezó a ampliar y modificar esta Clasificación entre 1.957 y 1.990 con los aportes ya anotados de varios científicos. Los avances que se

CLASIFICACION ECOLOGICA PURA DE LOS ECOSISTEMAS DE LA SPELAEOPHYTIA* O MEDIO ESTACIONAL DE LAS CAVERNAS

OECOPHYTIA DE CAVERNA

- Medio total o parcialmente acuático HYDROPHYTIA de caverna
  - Discrepan dominante de un factor
    - Químico
      - Por basicidad — Halohydrophytia de caverna
      - Por acidéz — Oxhydrophytia de caverna
    - Térmico
      - Por exceso — Hydrothermophytia de caverna
      - Por defecto — Cryophytia de caverna
    - Biótico
      - Por acumulaciones mefíticas — Hydrosaprophytia de caverna
- Substrato subirrigado PHREATOPHYTIA de caverna
  - Discrepancia dominante de un factor
    - Condición física desfavorable
      - Substrato excesivamente
        - Arcilloso — Pelophytia freática de caverna
        - Arenoso — Psammophytia freática de caverna
        - Pedregoso — Petrophytia freática de caverna
    - Reacción alejada del punto neutro
      - Por basicidad — Halophytia freática de caverna; Calciphytia freática de caverna
      - Por acidéz — Oxyphytia freática de caverna
- Medio emergido PEZOPHYTIA de caverna
  - Discrepancia dominante de un factor
    - Luminosidad extremada
      - Por exceso
      - Por defecto
    - Condición física desfavorable
      - Substrato excesivamente
        - Arcilloso — Pelophytia de caverna
        - Arenoso — Psamophytia de caverna
        - Pedregoso — Petrophytia de caverna
    - Reacción (pH alejada del punto neutro
      - Por basicidad — Halophytia de caverna; Calciphytia de caverna
      - Por acidéz — Oxyphytia de caverna
    - Por acumulaciones putrescibles — Pezosaprophytia de caverna (Guanos)
    - Por transformación general del medio — Biogenophytia de caverna; Paranthrophytia de caverna

SAPROPHYTIA
- Acuática .... * Hydrosaprophytia. Véanse asteriscos
- Emergida .... ** Pezosaprophytia

BIOPHYTIA
- Exterior a la actividad biológica .... Ectobiophytia
- Afectando a la actividad biológica .... Endobiophytia

* Del Gr. - spelaion y del L. spelaeum, una caverna.

\- phytia: sufijo que indica una adaptación fisiológica predominante, a la cual nos atenemos aquí.

han hecho en las últimas tres décadas en investigación sobre Páramos andinos y africanos, particularmente en Colombia, Venezuela, Ecuador, Kenia, Europa y el Oriente, por muchos de los autores mencionados en la Bibliografía que se incluye, ofrece magnífica oportunidad para enriquecer con ejemplos ilustrativos los diversos ecosistemas con su vegetación y fauna de esta Clasificación Puramente Ecológica de los *Ecosistemas* y las *Vegetaciones* que a continuación presentamos para la Tierra.

Tercera Parte

Los Ecosistemas y la Vegetación de los Páramos en la Clasificación Puramente Ecológica de la Tierra y de sus Cavernas.

LOS ECOSISTEMAS Y LA VEGETACION DE LOS PARAMOS EN LA CLASIFICACION PURAMENTE ECOLOGICA DE LA TIERRA Y DE SUS CAVERNAS

Cuando definíamos atrás el medio estacional distinguiendolo del medio geográfico, explicábamos que estos son dos conceptos, porque el primero expresa relación con los factores puramente ecológicos valga decir, los físicos y físico-químicos del agua, del aire y del suelo, así como los factores bióticos que en ellos intervienen. El medio geográfico en cambio expresa la relación con la ubicación sobre la tierra.

Nuestro medio estacional, o residencial, como diría A. Dugand, viene a contituir entonces el conjunto de factores naturales como los acuáticos, los aéreos y los edáficos que obran como elementos integrantes de un sitio o unidad de lugar en la superficie terrestre, prescindiendo de su relación con el resto del planeta en ese sentido particular,para abstraerlo del medio geográfico. A este "sitio" o medio estacional no hay que confundirlo con el concepto geobotánico de hábitat porque este significa el hecho de habitación y no el lugar habitado y porque el medio estacional es uno de los caracteres cualitativos o relativos a la sinecia; y así como podemos invididualizar a esta por su morfología o por su composición florística,también es factible caracterizarla por su medio ecologíco. Por esto, cuando hablamos de vegetación acuática o de vegetación terrestre, estamos simplemente caracterizando una agrupación vegetal por su relación con el medio estacional o "residencial". Prescindiendo pués del aire como base de clasificación u ordenación ecológica en relación con lo vegetal, esta clasificación queda reducida a dos medios generales: el acuático y el terrestre, en donde el último tiene un sentido estricto de tierra emergida. Y, como se dijo al principio, por factores del medio, se entienden los elementos y agentes físicos, físico-químicos y bióticos que por sí solos combinados determinan las condiciones de la habitación vegetal. Y por lo que toca al medio terrestre, los factores del medio edáfico son, la profundidad del suelo, su permeabilidad, su composición mineralógica y química, la altura del nivel freático, su estructura, etc. Y a propósito de las sinecias consideradas como asociación o formación, para denominarlas según uno u otro concepto, se ha venido añadiendo la desinencia latina de colectividad en "etum" respectivamente al radical del biotipo. Del Villar adopta procedimiento análogo para denominar las colectividades vegetales en relación con el medio estacional, pero en este caso añade la terminación phytia (del griego "phyton": planta) a la radical griega expresiva del concepto estacional o residencial. Nosotros preferimos darle a la terminación *phytia* una significación diferente cual es, la de un sufijo que indica una adaptación fisiológica predominante, vg. psammophytia connota una respuesta a un substrato suelto como es el del arenal. Por lo dicho, a la vegetación del medio acuático la llamarán *Hydrophytia* y a la del medio terrestre *Pezophytia*, procediendo el último término del griego "pezós" que significa terrestre, precisamente por no estar sumergido. Entre las dos denominaciones anteriores se encuentra en el cuadro sinóptico la *Phreatophytia* que es el medio intermedio ya emergido que recibe la influencia de las aguas freáticas. En cuanto a la adaptación al medio se puede decir que en ciertos casos algunos caracteres morfológicos corresponden positivamente al ambiente en que vive la planta, adquiriendo así un valor ecológico; pero en otros casos sin embargo, vemos plantas que viven en medios diferentes y muestran caracteres análogos. Al respecto, se puede decir que el estudio de la ecología de unidades sistemáticas superiores ofrece un interés distinto, porque existen familias eminentemente polioicas como las Gencianáceas que cuentan con especies adaptadas a las más diversas estaciones recorriendo un espectro de medios desde la hydrophytia hasta la chersophytia, pasando por la xerophytia y la psychrophytia donde encontramos *Gentiana nivalis* en este medio.

Sin embargo, como ideas directrices y a condición de comprobar el hecho debidamente en cada caso, Del Villar aconseja aceptar las síntesis generales, sobre formas de adaptación como las que tentativamente se dan aquí para ilustrar algunas adaptaciones en varios medios xeroides.

En la Psychrophytia por ejemplo, aunque la adaptación en conjunto es xeroide, el resultado solo en parte coincide con la de la *xerophytia*; en parte es opuesta. Entre los rasgos más salientes figuran en efecto, los que siguen: ausencia de árboles y arbustos elevados; pués la atmósfera con sus vientos desecantes ofrece un medio hostil. Nanismo en el organismo vegetativo: se explica por la misma causa y la escaséz de nutrición. (Por el contrastre las flores y frutos parecen grandes). Frecuencia del porte rastrero o aplicado, del almohadillado y del arrosetado. Escaséz de formas espinosas y de aguijones. Desarrollo rápido y floración muy temprana: son muchas las especies que florecen en la nieve en las alturas de todo el mundo. En la *xerophytia* el desarrollo es rápido para las plantas anuales, para quienes la estación favorable es muy corta; muy lenta, al contrario para las leñosas que vegetan todo el año. En la *psychrophytia* de verano corto, las condiciones son para todas las especies comparables a las de las anuales en la *xerophytia*. Escaséz de especies anuales (lo contrario que en la *xerophytia*) se explica porque muchas semillas no alcanzan a madurar en buenas condiciones. Propagación vegetativa abundante: las especies que pueden propagarse sin necesidad de semilla, se encuentran, por la razón anterior, en mejores condiciones de lucha. Estructura xerofítica y pequeñéz en las hojas. Colores vivos en las flores por la abundancia de iluminación (intensidad en las cumbres, duración en la estación luminosa que es la vegetativa, en las altas latitudes).

En la Oxiphytia se observa: pequeño tamaño en las hojas. Protección de la superficie transpiratoria por fuerte cutinización, por indumento céreo, etc. Pelosidad. Abundancia de musgos. En el elemento esencial de la alta turbera (*Sphagnum*) gran desarrollo del tejido acuífero, que le da una histología particular, y le permite almacenar grandes cantidades de agua, encharcando o inundando un terreno. En algunas leñosas de pantano ácido (*Taxodium distichum*), pneumatóforos (como en la formación análoga de la *halophytia*).

Abandonando los nombres eruditos podemos enunciar en descripciones corrientes los tipos ecológicos y los ecosistemas de la Catalogación y Clasificación Pura de la Vegetación y los Ecosistemas de los Páramos de la manera siguiente:

En la Hydrophytia o medio parcial o totalmente acuático.

Vegetación y fauna de los hielos y las nieves, *Cryophytia.*

Vegetación y fauna de un medio total o parcialmente acuático, con discrepancia en el factor químico por exceso de acidéz, *Oxhydrophytia.*

Vegetación y fauna del medio total o parcialmente acuático con armonía de factores, *Limnophytia.*

Vegetación y fauna de arroyos y rios, *Potamophytia.*

Vegetación y fauna anfibia de áreas pantanosas y bordes de lagos, *Helophytia.*

Vegetación y fauna que habita en aguas torrentosas, *Tachyrheophytia.*

Vegetación de aguas termales, *Hydrothermophytia.*

En la Pezophytia o medio emergido.

Vegetación y fauna del medio estacional del super-Páramo, *Psychroeolophytia.* (J. Cuatrecasas).

Vegetación zonal y fauna del Páramo propiamente dicho, en topografía normal, *Psychrophytia.*

Vegetación y fauna de la superficie y base de las rocas enteras, *Lithophytia.*

Vegetación y fauna que vive en las fisuras de las rocas, *Chasmophytia.*

Vegetación y fauna de suelos con muy poca profundidad efectiva que descansan en substratos rocosos, *Chersophytia.*

Vegetación y fauna de canchales, *(eboulis), Saxiphytia.*

Vegetación y fauna de suelos arenosos de enclaves no desérticos, *Psammophytia.*

Vegetación y fauna de suelos o substratos subirrigados, *Phreatophytia.*

Vegetación y fauna propia de suelos orgánicos muy ácidos levantados, *Oxypezophytia* u *Oxyphytia.*

Vegetación y fauna que prospera en lugares amparados de factores ecológicos con efectos excesivos o adversos, *Cryptophytia.*

Vegetación y fauna que vive en medios estacionales creados por seres vivos, exceptuando al hombre, *Biogenophytia.*

Vegetación y fauna propia de medios modificados por el hombre, *Paranthropophytia.*

Vegetación y microfauna que crece sobre materiales orgánicos muertos, *Saprophytia.*

Microorganismos que habitan en un medio vivo, *Biophytia.*

Organismos (plantas y animales) que habitan en las cavernas, *Spelaeophytia*. Este tipo ecológico que proponemos, lo damos como ejemplo para ilustrar la Clasificación universal de los ecosistemas, lo mismo que los restantes.

Cordillera Oriental, Páramo de Cruz Verde. María Helena observando un ejemplo de Petrophytia en rincón de un roquedal con uvo de monte, otros arbustos, frailejón, musgos y líquenes. Foto M. Del Llano, 1.984.

Cordillera Central y al pié del Nevado del Tolima, en super-Páramo a 4.500 metros, con ***Lupinus alopecuroides*** y ***Senecio canescens*** mostrando curiosas estructuras xeromórficas caracterizadas por la abundante lanosidad blanca. Según J. Cuatrecasas foto C-797, 15-VI-32.

Sierra Nevada de Santa Marta en el super-Páramo a 4.450 metros, con ***Draba cryptophila***, abajo y junto a un glaciar. Según J. Cuatrecasas foto C-2500.

Cordillera Oriental, al pié del Nevado del Cocuy, en Pozo Azul, super-Páramo a 4.400 metros. Cabaña en el Páramo, construida exclusivamente con frailejón (*Espeletia lopezii* y paja *Calamagrostis effusa*). De izquierda a derecha José Cuatrecasas, Hernando García Barriga, Martinez Zuluaga, Carlos Páez Pérez y dos guias. Según J. Cuatrecasas foto C-1221A, 12-IX-38.

LA CRYOPHYTIA

El medio estacional de Tipo CRYOPHYTIA*. En castellano, *Criofitia de Páramo.*

Vegetación del hielo y la nieve

Control ecológico discrepante del hábitat por razón de las bajas temperaturas que congelan el agua.

Definición: Abarca la vegetación del medio total o parcialmente acuático con discrepancia dominante del factor térmico por defecto. Comprende la flora de la nieve y el hielo, que imparte a los glaciares, las tonalidades rosadas, verdosas o pardas que estos a veces ostentan. Se compone de plantas microscópicas de los tipo biológicos del plankton. Entre las algas clorofíceas que en el grupo figuran, la *Chlamydomonas nivalis* es una de las que dan las tonalidades rosadas a la nieve. Estas mismas algas se presentan en la mayoría de los campos nevados de altura y también a altas latitudes; son ellas especies unicelulares que forman colonias y ostentan diferentes pigmentos fotosintéticos, a los que además de impartirles color, los protegen de las radiaciones, siendo un ejemplo singular de supervivencia de organismos que viven en condiciones físicas extremas de habitat. Dugand (33) al mencionar a Schroeter habla de *Cryoplankton* como formas microscópicas semejantes al plankton que incluye esquizófitos, bacilarióf̃itos, algas conyugadas o clorofíceas, cuyas miríadas imparten tonalidades a veces vistosas a las nieves. Algo que no pudimos comprobar en uno de los glaciares del Cocuy, fue la presencia de abundantes corpúsculos oscuros semejantes a moscas que cubrían como pecas negras la superficie de la nieve, fenómeno que atribuimos a emanaciones volcánicas provenientes de la Cordillera Central o a partículas carbonizadas, cuya fuente serían las quemas ocasionadas en los Llanos Orientales, 1981.

---

* Del gr. kryos, frio, phyton, planta.

LA OXHYDROPHYTIA

El medio estacional Azonal de Tipo OXHYDROPHYTIA. *Oxhidrofitia de Páramo.*

Vegetación de un medio total o parcialmente acuático, con discrepancia en el factor químico por exceso de acidéz.

Control ecológico discrepante del hábitat por razón del exceso de acidéz, siendo el ejemplo más típico, el de la alta turbera, es decir, la de especies del género *Sphagnum* que por lo común van acompañadas de musgos, hierbas, arbustos y hasta arbolitos.

Definición: este tipo ecológico corresponde a un medio total o parcialmente acuático, con discrepancia en el factor químico, por exceso de acidéz. El ejemplo más típico es el de la alta turbera, o sea, la de especies del género *Sphagnum*, a la que puede acompañar una vegetación más o menos compleja de otros musgos, herbetum y lignetum, pudiendo éste llegar hasta el arboretum.

Los prados turbosos de Cuatrecasas (19) mencionados en otro aparte, entrarían bien bajo este título. Lo mismo los esfangnales a que hicimos mención en los Páramos del Acueducto de Bogotá, al sureste de esta ciudad.

Cleef, Rangel y Salamanca (14), estudiaron una Turbera de *Carex bomplandii y Sphagnum* spp. (2.900 - 3.300 m.) en el Páramo propiamente dicho y en el sub-Páramo, la cual se ha observado solamente en las partes planas a lo largo de un camino de herradura sobre morena en el municipio de Santa Rosa de Cabal, departamento de Risaralda. Ellos dan las siguientes especies características: *Sphagnum magellanicum, Blechnum loxense y Myrteola oxicoccoides, Xyris* sp. *y Lycopodium* sp.*; Juncus cf. ecuadoriensis.*

Cuatrecasas (19), en su libro precursor *Observaciones Geobotánicas en Colombia*, trae uno de sus capítulos relacionados con los suelos turbosos que incluye en su Hygrosphagnium. El mencionado autor nos dice que los suelos turbosos adquieren gran desarrollo en la región fría de ambas cordilleras en estaciones o residencias anegadas, formando asociaciones discontinuas en relación con un mosaico ecológico, como en la cordillera Oriental, donde las turberas aparecen como pequeños prados rodeados por el bosque de Páramo o en conección con el espeletion. También en la cordillera Central, caracterizando fases de las asociaciones psicrofíticas del mismo espeletion, y agrega, que donde ha visto turberas más desarrolladas es en el Páramo de Guasca entre 3.000 y 3.300 m., integrando prados anegados y pantanos que llegan a alcanzar 2 metros de profundidad, con la superficie completamente tapizada de *Sphagnum*.

Estos esfagnales también los hemos observado bien desarrollados en los Páramos al sureste de Bogotá, del Acueducto de la ciudad. Aquí, en áreas relativamente extensas recorridas a lomo de mula, el paso se hace difícil por el esfagnal que llega hasta los estribos.

Una de las asociaciones observadas por Cuatrecasas fue una consocietas de *Puya bomplandiana* o afín, que formaba un típico acantirrosuletum sobre una consocietas simorfial densa y continua de unos 200 m^2 de *Sphagnum medium*, es decir, de una turbera. El autor la describe diciendo que este suelo era una tierra pastosa de pH inferior a 5,9 muy húmedo y profundo, semianegado, pero que en ese caso se podía andar sobre él, agregando que esas turberas son siempre estacionales o, azonales, como decimos ahora, y se encuentran formando mosaico con el prado subserial y con el espeletion y el pajonal psicrofítico, pudiendo formar también asociaciones mixtas.

Cleef, Rangel y Salamanca (14), en su reconocimiento de la vegetación de la parte alta del transecto Parque Los Nevados, describen varias turberas, gran parte de ellas en la hidroserie lacustre. Unas de estas entran bien en la Oxipezofitia y otras encajarían en la Oxhydrofitia, sobretodo las últimas, las llamadas turberas altas de *Sphagnum* que son típicas para ese medio ecológico. También debe haber tipos de transición pero su ordenación sería posible solamente con una descripción más detallada de los perfiles.

La turbera de *Calamagrostis effusa - Espeletia hartwegiana* ssp. *centro andina* cf. var. *vegasana* y briófitas (3.700 - 3.800 m.) del Páramo propiamente dicho.

Según los autores, estas turberas se localizan hacia el límite páramo - selva en el lado occidental del macizo, estando los briófitos presentes con varias especies y abundante cobertura; entre ellas se encuentran: *Chorisodontium* sp., *Plagiochila* sp., *Riccardia* spp., *Sphagnum magellanicum*. Y entre las especies características están *Isoetes andina*, *Ophioglossum crotalophoroides*, *Uncinia meridencis*, *Pedicularis incurva*, *Campylopus cucullatifolius*, *Leptodontium wallisii*, *Adelanthus lindenbergianus y Leptocyphus cleefii.*

Turbera de *Werneria crassa* ssp. *crassa e Hypericum lancioides* que se encuentra en este Páramo propiamente dicho entre 3.800 y 4.150 m. de altitud.

La *Werneria crassa* forma verdaderas turberas de cojines de plantas vasculares asentadas en pequeñas cubetas. Según los mencionados autores, estas turberas de origen edáfico son poco profundas y se presentan generalmente hacia los márgenes de las turberas de *Plantago rigida*, donde colindan en el

Páramo seco con comunidades características, siendo elevada la cobertura de *Carex* sp. y de los arbustos del guarda roció *(Hypericum lancioides).*

La degradación de esta turbera con cojines de compuestas se pone de manifiesto por la ocurrencia de *Muhlenbergia* sp., *Disterigma empetrifolium*, *Campylopus* sp., *Breutelia* sp. y líquines como *Cladonia rangiferina*, *C. polia*, *Cladonia subg. Cenomyce*, *Peltigera* sp. que vienen a poner de manifiesto una vez más la degradación.

Estos autores anotan que esta es la primera vez que se informa acerca de turbera de cojines de compuestas *(Werneria crassa* ssp. *crassa)* en el país.

El *Diplostephietum revoluti* de Cleef 1981 (12), a 3.900 m., es un matorral que tiene entre 2 y 4 metros de altura, con árboles de copas esféricas de color verde oscuro que se encuentra localmente en turberas del Páramo, y que hasta la fecha sólo lo han observado en la vertiente occidental del Nevado del Cisne, pues aparentemente esta asociación es rara en la Cordillera Central, aunque está ampliamente distribuída en la Oriental, donde se encuentra asociado casi siempre con el bambú *Swallenochloa tesselata.*

Cleef, Rangel y Salamanca (14) describen una turbera de *Plantago rigida* ((3.500) 3.800 - 4.350 m .) que de acuerdo con ellos es muy común en los Andes intertropicales desde Venezuela hasta Bolivia, particularmente en los Páramos. En el Parque Nacional Los Nevados, estas turberas cubren extensiones considerables principalmente en la faja del pajonal paramuno ocupando fondos planos e inclinados de valles glaciares y también colmatando lagunas encerradas. En muchas de estas turberas son muy conspicuas las macollas de *Festuca* spp. y constituyen lo que aparentemente es una asociación no descrita aún. Otras especies características: *Niphogeton lingula y Lupinus sp.*, apareciendo más tarde *Gentiana sedifolia*, *Hypericum lancioides y Scutellinia* sp.

Otra turbera de plantas vasculares es *Floscaldasia hypsophila - Distichietum muscoides* Cleef 1.981 (12) ((3.700) 4.000 - 4.520 m.) dominada por *Distichia muscoides* está, al igual que las de *Plantago rígida*, ampliamente distribuída en los Andes colombianos, extendiéndose hasta la Argentina y Chile.

Se presenta en las depresiones de los valles con aguas estancadas y en la orilla de pequeñas lagunas en el Páramo propiamente dicho alto y el Superpáramo, apareciendo los primeros cojines en el Valle del Cóndor a 4.000 m. y reapareciendo como manchas en las turberas de *Plantago rigida* presentes en estaciones planas. Se hace notar también que en la medida en que se aumenta la altitud, se reduce la cantidad de especies acompañantes en el *Floscaldasio - Distichietum.* Especies características *Oritrophium limnophilum* spp. *mutisianum; Agrostis breviculmis, Bryum argenteum, Azorella diapensiodes, Floscaldasia hypsophila, Vesicarex collumanthus, Calamagrostis coartata, Lachemilla mandoniana y cf. Fossombroni* sp.

La fase de degradación de los cojines de *Distichia* está marcada en el Páramo propiamente dicho por la presencia y cobertura cada vez más elevada de arbustillos de *Hypericum lancioides*, *Festuca* sp. *Pernettya prostrata* var. *purpurea*, líquenes como *Cladonia* subgénero *Cenomyce*, *Peltigera* y algas.

Y volviendo a J. Cuatrecasas, Del Llano (24) menciona un ejemplo de Oxhydrophytia de aquél, que es la mejor de este tipo ecológico, común en los Páramos de Colombia, conocido como esfagnal. Son turberas altas de *Sphagnum*, oligótrofas y alimentadas por las aguas de lluvia, en donde participan otros musgos y criptógamas con plantas superiores como *Puya* sp., algunos frailejones, gramíneas y ciperáceas de prados muy húmedos y turbosos. También da como ejemplo de este tipo ecológico, las alfombras flotantes de *Distichia tolimensis* a 4.200 m. en el Nevado del Cocuy, separadas por agrupaciones de *Calamagrostis* sp., *Werneria crassa v. minor, Plagiocheilus soliviaeformis subsp. multiflorus y Pernettya prostrata;* también los prados pantanosos del Puracé a 4.100 m. con alfombras compactas de *Distinchia tolimensis*, *Cotula minuta*, *Plagiocheilus soliviaeformis*, *Werneria* sp., *Gunera magellanica* y Cyperaceae.

A.M. Cleef (12) en su estudio detallado de La Vegetación de los Páramos de la Cordillera Oriental de Colombia, nos trae un número de ejemplos de tremedales de musgos *(Sphagnum bogs)* que nosotros también llamaríamos *Bogs* de *Sphagnum* porque desde antiguo se ha utilizado esta palabra *Bog* para designar inclusive un grupo de suelos turbosos profundo, a diferencia del *Half Bog* que es de tipo superficial. De todas maneras aquí queremos resaltar la importancia de las turberas altas ácidas de *Sphagnum* que Cleef las enuncia como comunes en la parte baja del cinturón de Páramo y en la parte alta del bosque andino. En su área de estudio, están localizadas entre 2.800 y 3.800 m, tanto en el lado húmedo como en el seco de la cordillera y agrega que a mayores alturas estos tremedales van siendo reemplazados por colchones de *Bog (cushion bogs)* constituidos por plantas vasculares, vg., el *Hyperico - Plantaginetum rigidae, el Oritrophio-Oreoboletum y el Floscaldasio-Distichietum* que pertenecen al *Gentiano-Oritrophion (Oritrophio-Wernerietalia)*. Los *bogs* de *Sphagnum* florísticamente son bien distintos y diferentes de los colchones formados por plantas vasculares y pertenecen a otra clase que el mencionado autor lo presentará posteriormente en sus escritos. El dice que los *bogs de Sphagnum* son principalmente de dos edades. Dataciones por radio carbono de algunos de estos indicaron alrededor de 2.800 - 3.000 años A.P. y cerca de 5.000 años A.P. para varias muestras cuyos datos están corroborados con un número de diagramas de polen para los Páramos de Palacio, Cienaga del Visitador, Páramo de Guantiva, Sierra Nevada del Cocuy, Laguna Gobernador y Páramo de Sumapáz, cuyas investigaciones han sido adelantadas en parte por T. van der Hammen, González y G.B.A. van Reenen, poniéndose en claro que en Páramos bajos de bambú, el *bog de Sphagnum* también se distribuye en las pendientes dando lugar a los *bogs* de pendiente. La transición gradual a vegetación zonal de pendiente, básicamente no es muy diferente de los *bogs de Sphagnum*, cuyas comunidades en el área de estudio serán publicadas próximamente. Con la excepción de la vegetación climax arbustiva, pueden distinguirse cuatro tipos principales de *bogs de Sphagnum* en los Páramos de la Cordillera Oriental colombiana, teniendo en cuenta que *Sphagnum* spp. tiene en promedio el 50% de cubierta en las siguientes comunidades, a excepción de la primera:

1. *Bog de Sphagnum con Espeletia y Blechnum loxense.*
2. *Bog de Sphagnum con Swallenochloa.*
3. *Bog de Sphagnum con Puya.*
4. *Bog de Xyris-Sphagnum.*

Comunidades climax son el *Aragoetum abietinae* y, parte del *Diplostephietum revoluti.* Estas serán tratadas junto con otras comunidades arbustivas azonales de Páramo.

LA LIMNOPHYTIA

El medio estacional Azonal de Tipo LIMNOPHYTIA. *Limnofitia de Páramo.*

Vegetación del medio total o parcialmente acuático con armonía de factores

Control armónico del hábitat por razón de una constante sumersión en el agua.

Definición: Este tipo ecológico corresponde a un medio total o parcialmente acuático con armonía de factores. Esta última circunstancia excluye la vegetación marina; en el mar hay una dosis elevada de sales solubles, incompatibles con la armonía. En la *limnophytia* entra la más rica serie de biotipos, desde el plankton hasta el arboretum.

Excursión a una laguna.

En compañía de mis estudiantes visitamos en varias ocasiones algunas de las lagunas del Páramo de Chisacá (Cund.) y otros, y a continuación se presentan unas cuantas de las observaciones realizadas.

Como es sabido, la mayor parte de las lagunas del Páramo en la provincia norteandina tienen origen glacial. Por su posición latitudinal y altitudinal se dan una serie de caracerísticas particulares. Así por ejemplo, la radiación incidente y la duración del día son prácticamente iguales durante todo el año, con solo una hora de diferencia, existiendo oscilaciones diarias de temperatura que tienden a ser uniformes a lo largo del año. Debido a la altura y a la reducción del contenido de ozono en la atmósfera, la proporción de rayos ultravioletas incidentes es mayor que en cualquier otra parte del mundo. Estas variaciones diarias de temperatura provocan una circulación casi constante con ayuda del viento, por lo cual la concentración de oxígeno en estas aguas es bastante uniforme. Por otra parte, la alta proporción de radiación ultravioleta conduce a que algunos organismos del zooplankton sean fuertemente pigmentados.

Estas lagunas de Páramos tienden a ser pobres en electrolitos; se muestran oligotróficas y al parecer rara vez presentan transparencia mayor de 10 metros, por lo cual algunos autores las consideran polimicticas frías.

Las lagunitas estudiadas se hallan localizadas en el Páramo de Chisacá y San

Francisco, Cundinamarca, a alturas próximas a los 3.650 m. Todas ellas son de menos de 1 km^2, de escasa profundidad y aguas más bien claras, de acuerdo a las mediciones hechas con disco de Secchi que dió un 100% de transparencia a profundidades máximas de 1,5 m. Las temperaturas superficiales registradas fueron de 12,5 y 13°C en todos los casos. El pH de las 4 lagunas fué de 5,5. Salvo la laguna 2, los fondos se observaron densamente cubiertos de vegetación, siendo éstos en su mayor parte fangosos y con rocas esparcidas. En términos generales, las lagunas 1, 3 y 4 son muy similares entre sí, excepto en su forma y tamaño.

Análisis de aguas de las lagunas de los Páramos de Chisacá y San Francisco

		Muestra 1	Muestra 2	Muestra 3
Turbidez-mg/Lt. ·SiO_2		1.8	3.7	43
Color verdadero		45	200	60
Temperatura °C		18 Lab.	18 Lab.	18 Lab.
pH		5.5	5.0	8.9
	Total	6	4	70
Alacalinidad mg/Lt. ·$CaCO_3$				
	Hidróxidos	0	0	0
	Carbonatos	0	0	8
	Bicarbonatos	6	4	62
	Total	4	14	0
Acidez mg/Lt. ·Ca CO_3				
	Mineral	0	0	0
	Sales Hidrolizadas	0	12	0
CO_2 Libre-mg/Lt. ·CO_2		17	0.8	
	Total	4	4	262
Dureza mg/Lt ·$CaCO_3$	No carbonácea	0	0	192
	Carbonácea	4	4	70
Calcio-mg/Lt. ·$CaCO_3$		4	3	254
Magnesio-mg/Lt. ·$CaCO_3$		0	1	8
Amonio-mg/Lt. ·N		0.15	0.22	4.5
Nitritos-mg/Lt. ·N		0.012	0.004	0.0175
Nitratos-mg/Lt. ·N		0.0	0.35	0.3
Hierro-mg/Lt. ·Fe^{+++}		—	0.3	—
Manganeso-mg/Lt. ·Mn VII		—	0.0	0.0
Sodio-mg/Lt. ·Na^+		0.2	2	286
Potasio-mg/Lt. K^+		—	0.5	53
Conductancia específica — Micromhos/cm. 25 C		—	18	1.800
Cloruros-mg/Lt. ·Cl		—	0.5	594
Sulfatos-mg/Lt. SO_4		—	5	60
Ortofosfatos-mg/Lt. ·PO_4		—	0	0
R.A.S.		28	—	—

Laboratorios de Ingeniería Ambiental de la Universidad Nacional de Colombia. — Anal.8579 — Anal.8580

Laguna 1. Aquí se tomaron 2 muestras con mallas de 50 micras en los extremos norte y sur. Básicamente se encontraron los mismos organismos, pero en la muestra del costado norte hubo mayor densidad de ellos, lo cual puede deberse al hecho de que el viento soplaba en esa dirección. El material fué fijado con lugol al 1%.

Fitoplankton: *CHLOROPHYTA:* *Bambusina* sp., *Mougeotia* sp., *Spirogyra* sp., *Ulothrix* sp., *Zygnema* sp. CYANOPHYTA : *Anabaena* sp.

Zooplankton: *CRUSTACEA:* *Cyclops* sp., *Daphnia* sp., *Diaptomus* sp.

PROTOZOA: *Arthrodesmus* sp., *Arcella* sp., *Bursaridium* sp., *Cosmarium* sp., *Hypotrichidium* sp., *Parmulina* sp., *Richterella* sp., *Scenedesmus* sp. ROTIFERA: *Anurea* sp.

Laguna 2 está rodeada parcialmente de turberas y suelos turbosos de bambú *Swallenochloa*, plantas menores y vegetación flotante donde se destaca *Azolla* sp.; su fondo no se observa, desde la superficie pues sus aguas son un poco más coloreadas que las de las lagunas restantes y al parecer tiene mayor profundidad. Entre esta laguna y la primera, existe una comunicación interna artificial. La cubierta vegetal de las lomas circundantes es de pajonal y frailejonal. A continuación se dá una lista de los organismos encontrados en las aguas de cada una de las lagunas.

En esta laguna se utilizó la misma técnica de muestreo, pero solamente se recogió una muestra.

Fitoplankton: *CHLOROPHYTA* *Mougeotia* sp., *Treubaria* sp., *Spirogyra* sp., *Zygnema* sp.

Zooplankton: *CRUSTACEA:* *Cyclops* sp., *Daphnia* sp., *Diaptomus* sp.

Laguna 3. Como en el caso anterior, se utilizó la misma técnica de la laguna 1 y se recogió la muestra.

Fitoplankton: *CHLOROPHYTA*: *Bambusina* sp., *Mougeotia* sp., *Spirogyra* sp.

Zooplankton: Se encontró lo mismo que en las lagunas anteriores, pero en menor cantidad.

Laguna 4. Fué utilizada la misma técnica del caso anterior.

Fitoplankton: *CHLOROPHYTA* : *Anabaena* sp., *Bambusina* sp., *Mougeotia* sp.

La liberación de ácidos orgánicos desde las turberas con la consecuente descomposición de la materia orgánica debe explicar el bajo pH *in situ* que no es el del laboratorio.

El análisis de plankton no debe ser muy completo debido a las dificultades prácticas para realizar el muestreo, por lo cual no se hizo un cálculo de abundancia relativa. La identificación de los diferentes organismos se llevó solamente hasta género debido a la dificultad para preparar adecuadamente el material, pero los resultados obtenidos concuerdan con la apreciación de Löffler (1968), quien dice que el plankton de los lagos de las altas montañas tropicales presenta una composición de especies cosmopolitas y es similar a la de los lagos de regiones extratropicales en este sentido. En cuanto a su abundancia, puede decirse en términos generales, que la producción de biomasa es muy baja y que la del perifitón debe ser comparativamente mucho mayor.

Las temperaturas medidas deben ser muy próximas a las máximas, pués las lecturas fueron hechas hacia las 14 horas.

Las diferencias entre la laguna 2 y las restantes, puede deberse al tipo de suelo con turberas que rodea a la primera.

María Teresa Murillo nos informa acerca de Pteridófitos en medios acuáticos a gran altura; entre ellos *Azolla filiculoides* Lam a una altura de hasta 4.200 m; *Isoetes bischlerae* H.P. Fuchs, a 3.800 m, e *Isoetes karstenii* A. Braun, hasta 4.400 m.

De mi alumna Blanca Elsy Torres de Martínez he recibido su interesante estudio ecológico del género *Sphagnum* en el Páramo de Chingaza, (Cund.) del cual nos permitimos transcribir algunos apartes.

Existen en el ecosistema del Páramo de Chingaza asociadas a la vegetación nativa y de manera dominante, 8 especies de *Sphagnum* L., que forman asociaciones entre dos o más especies (sphagnetum), y que desempeñan una serie de funciones de gran importancia en el mantenimiento de la humedad en la zona donde están presentes, ya que son capaces de absorber hasta 40 veces su peso seco en agua dentro de sus tejidos (Briceño, 1978).

Del total de agua almacenada, el mayor porcentaje es de circulación, pues observaciones realizadas por Huertas y Camargo evidencian que en regiones donde existen grandes asociaciones de *Sphagnum*, se presenta una gran suficiencia de agua, garantizando un continuo abastecimiento de este elemento, y para el caso concreto de Chingaza, inciden en el aporte hídrico para la ciudad de Bogotá.

Ecológicamente, el *Sphagnum* es importante como precursor en la formación de la fitocenosis paramuna conocida como "turbera", debido a la acción modificadora que tiene sobre el suelo, en la medida que se introduce en todas direcciones, conformando un pantano temblador, el cual se va anegando con material vegetal muerto proveniente de los gametóforos, que por acumulación constituyen la turba.

En el presente estudio se quiere contribuir al conocimiento de las condiciones favorables para el establecimiento del *Sphagnum* como elemento primario en el equilibrio del ecosistema paramuno que permita recomendar normas para su conservación, protección y proliferación, pues el poco conocimiento que se tiene en Colombia de este importante briófito, está poniendo en peligro la preservación y proliferación de este vegetal como consecuencia de las grandes obras de ingeniería que se realizan en áreas consideradas como reservas naturales y fuentes hídricas, particularmente en los Páramos.

En resumen, la autora informa que en el Páramo de Chingaza o Parque Natural Chingaza, localizado al Oriente de Bogotá, se encuentra la Laguna de Chingaza, situada a 73°45' Norte y 4°32' Este y a 3.340 m en donde se realizó el estudio ecológico del género *Sphagnum*, el cual contempla las relaciones de este género en tres habitats diferentes: pantanoso, húmedo y semihúmedo. Se determinó la vegetación asociada y se relacionó con el microclima y el suelo, analizando la pérdida y retención de agua en diferentes especies de *Sphagnum* del área, con el fin de determinar cuales son las más convenientes en el ecosistema paramuno.

En el ecosistema del Páramo de Chingaza se encontraron ocho especies de *Sphagnum* asociadas a la vegetación nativa, las cuales se presentan con mayor abundancia en habitats con alta humedad y mayor diversidad de especies cuando están protegidas del viento y la luz.

Se observó que en cada hábitat las diferentes especies retienen así mismo diferentes cantidades de agua, debido a los mecanismos de protección que presenta cada especie para evitar su deshidratación.

Las especies *Sphagnum sparsum y S. capillifolium* habitan en suelos con bajos contenidos de Ca y en ambientes sombreados. *Sphagnum cuspidatum y S. recurvum* prefieren sitios no sombreados, con bajos contenidos de Ca y pH relativamente ácidos. Otras especies se pueden encontrar en un hábitat y ocasionalmente en otro, como *Sphagnum subsecundum, S. sancto-josephense, S. compactum y S. magellanicum.*

Sphagnum sparsum, S. sancnto-josephense y S. capillifolium retienen mayor cantidad de agua, pero las espcies más convenientes para la conservación de humedad en los ecosistemas paramunos y también por su importancia económica a nivel industrial son: *Sphagnum magellanicum, S. sparsu, S. recurvum, S. cuspidatum y S. capillifolium.*

En el Páramo de Pisba, Laguna "La Colorada" y a altura de 3.400 m fué caracterizado un sedimento del fondo por el grupo Campo II de Biología continental dirigido en 1.976 por los Profesores Fabio Florez y Gustavo Lozano del Departamento de Biología de la Universidad Nacional. El sedimento de la laguna estaba compuesto en su mayoría por materia orgánica y pocas partículas minerales de cuarzo y esquirlas de arenisca. Para el estudio se efectuaron dragados en diferentes sitios, profundidades y horas, con el fín de determinar si había algún cambio de los organismos bentónicos que estaban relacionados con los factores dichos. Las muestras fueron formolizadas para análisis posterior de laboratorio y cada una fué separada para tamaño de partícula al ser pasadas por tamices de 5, 2 y 1 mm, además de 630, 200 y 63 mm; en seguida se separaron los organismos macroscópicos y luego se hicieron análisis microscópicos para determinar plankton en las diferentes muestras; en todas ellas la materia orgánica comprendia del 95 al 100%y en ella variaba solamente el tamaño de sus partículas, correspondiendo las más grandes a fragmentos de hojas de Ciperaceae, Isoetaceae y raíces. La cantidad de ceniza fue determinada para todas las muestras que fueron sometidas a una temperatura de 90°C durante tres días en una mufla.

Resultado del análisis microscópico

En todas las muestras se observaron las siguientes algas que conformaban el planton:

CYANOPHYCEAE

ORDEN: HORMOGONEAE

FAMILIA: OSCILLATORIACEAE

SUB-FAMILIA: LYNGBYEAE

Oscillatoria sp.
Nodularia sp.

CLASE: BACILLARIACEAE (Diatomeas)

FAMILIA: COSCINODISCECEAE

Cyclotella compta

FAMILIA: NAVICULACEAE

Pinnularia viridis
Navicula rhynchocephala
Mastogloia emithii
Vanheurckia sp.
Stauroneis anceps

FAMILIA: SURIRELLACEAE

Surirella sp.

FAMILIA: DIATOMACEAE

Diatoma elongatum

CLASE : CHLOROPHYCAE

ORDEN CONJUGALES

FAMILIA DESMIDIACEAE

Desmidium sp.
Closterium moniliferum
Netrium lamellosum
Cosmarium sp.

SUB-FAMILIA: MESOCARPEAE

Mougeotia sp.

SUB-FAMILIA: ZYGNEMEAE

Spirogyra sp.

ORDEN : PROTOCOCCALES

FAMILIA: VOLVOCACEAE

Ulothrix sp.
Eremosphaera viridis

En las muestras de Rabion el sutrato variaba en relación con el anterior o sea el léntico, debido a que en este predominaban las partículas minerales (piedras de diferentes tamaños) y el plankton en este sitio es más escaso; se encuentran algas macroscópicas sumergidas y adheridas fuertemente al substrato (piedras) formando extensos cojines muscilaginosos como adaptación a las corrientes fuertes; este es el caso de *Ulothrix* donde se encontró gran número de organismos asociados como gasterópodos, postura de estos, larvas de insectos y algunos bivalvos entre otros. También se encontraron allí musgos, como *Triquetum* sp., *Isoetes* sp.

Resultado de análisis macroscópico :

MOLUSCOS: Clase GASTEOPODA

Orden : PULMONATA

Familia: PLANORBIDAE

Clase LAMELLIBRANCHIA

Orden: EULAMELLIBRANCHIA

Familia: UNIONINAE

CRUSTACEOS *Gammarus lianaeus*

También se encontraron algunos Hirudíneos y abundantes larvas de insectos lo mismo que posturas de gasterópodos.

Entre la vegetación solo se encontraron restos de hojas de *Isoetes* y raíces.

FORMAS DE VIDA* ENTRE LOS BRIOFITOS DE LOS PARAMOS (lista parcial de especies)

1. Cojines: colonias compactas, ± en forma de cúpulas o domos; tallos extendiéndose de un punto central.

   A. Cojines grandes (diam.$\geqslant$5 cm.) *Leucobryum antillarum*.

   B. Cojines pequeños (diam.$\geqslant$ 5 cm.) Crimmia spp, *Andreaea rupestris*

2. ** *Tepes:* Tallos rectos ± paralelos pero no estendiéndose necesariamente del mismo punto central ni tomando la forma de una cúpula o domo.

---

* Adaptada de Gimingham y Birse (1957)

\+ Especie ocasional en los páramos y paramoides... más frecuente en los bosques de neblina.

** Tepe: Trozo cuadrado de tierra cubierto de césped.

A. Tepe alto: ramas rectas (> 2 cm. de altura) *Dicranum frigidum*, *Polytrichum juniperum*, *Bartramia angustifolia*, *Herbertus* spp., *Jamesoniella colorata*.

B. Tepe alto: ramas divergentes o verticiladas (> 2 cm. de altura) *Sphagnum* spp., *Lepidozia* spp., *Breutelia tomentosa*, *Scorpidium scorpioides*, *Lepicolea pruinosa*.

C. Tepe bajo (como 2A pero < 2 cm. de altura) *Bryum argenteum*, *Anoectangium aestivum*, *Zygodon* spp., *Barbula* spp., *Tristichium mirabile*, *Gymnomitrium andinum*, *Anastrophyllum leucostomun*.

D. Tepe ralo-abierto; tallos rectos, distantes (altura variable) *Pogonatum oligodus*, *Conostomum pentastichum*, *Fissidens* spp.

3. *Formas dendroides*; sistema que produce un dosel elevado folioso (altura variable) *Porotrichodendron superbum* (forma), *Prorotrichum longirostre* (forma).

4. *Tapetes o esteras*: sistemas de tallos prostrados e intertejidos, ± compactos.

A. Tapete tosco, ± flojo con ramas ± rectas, cortas; plantas usualmente fáciles de separar del substrato (tamaño variable) *Rhacocarpus purpurascens*, *Hypnum amabile*, *Thuidium peruvianum*, *Frullania* spp.

B. Tapete liso, con ramas ± en el mismo plano que los tallos, plantas usualmente pegadas al substrato (tamaño variable) *Campylium hispidulum*, *Ctenidium malacodes*, *Entodon jamesoni*, *Lophocolea* spp., *Trichocolea paraphyllina*, *Frullania* spp.

C. Formas delgadas, poco ramificadas, frecuente en especies que ocurren entre gramíneas o que son acuáticas (tamaño variable) *Calliergon trifarium*, *Brachythecium* spp. *Drepanocladus exannulatus*, *Catagonium politum*.

D. Formas taloides (tamaño variable) *Marchantia chenopoda*, *Metzgeria* spp., *Riccardia* spp.

5. *Formas laxas*; usualmente ascendentes, con muchas ramas, rizoides restringidas a la base del tallo (típicamente robustas, > 5 cm. de largo) *Pleurozium schreberi*, *Porotrichodendron superbum*.

Sierra Nevada de Santa Marta. Valle con la laguna Duamariba al fondo, 3.900 metros. Foto Erwin Kraus, 1.951.

Cordillera Oriental, Páramo y Laguna de Chisacá con morrena al fondo y corte de turbera de *Swallenochloa* al lado. Foto del autor.

LA POTAMOPHYTIA

El medio estacional Azonal de Tipo POTAMOPHYTIA. *Potamofitia de Páramo.*

Vegetación de riachuelos y ríos.

Control ecológico armónico del hábitat por razón de la velocidad moderada del agua.

Definición: Este tipo ecológico corresponde a un medio total o parcialmente acuático con armonía de factores. Esta última circunstancia excluye la vegetación que vive en aguas torrentosas para la cual Dugand ha propuesto la denominación de Tachyrheophytia (33).

En el Reconocimiento de la Vegetación de la Parte Alta del Transecto Parque Los Nevados de Cleef, Rangel y Salamanca (14) tenemos ejemplos en quebradas y corrientes de agua que pueden ilustrar cabalmente la potamofitia con la descripción de los autores mencionados del *Dendrocryphaeo - Plantyhypnidietum riparoides* Cleef y Gradstein 1981 (2.100 - 3.700 m), que según los autores, es una comunidad de musgos acuáticos muy común sobre los bloques y piedras de las quebradas en Páramos bajos y selvas andinas en la Cordillera Central y Oriental. Al parecer esta es una asociación muy pobre en especies acompañantes en el neotrópico.

Se encontraron además *Cryptochila grandiflora y Cratoneuron filicinum* en una quebrada a 4.700 m al oriente de la laguna del Otún. Igualmente se encuentra en las quebradas de Páramo entre 3.500 y 4.000m el *Philonotido - Isotachidetum serrulatae* acompañado en ocasiones por *Isotachis lacustris*, según comunicación personal de Aguirre. Más arriba, en el super-Páramo del Nevado del Ruiz y en su flanco suroccidental, a 4.500 m se coleccionaron curiosas briófitas en un cauce abandonado: *Andreaea nitida y Racomitrium dichelymoides.*

Una comunidad de corriente de aguas profundas, se caracteriza por la presencia de *Werneria pygmaea*, una compuesta geófita, y en el Nevado de Santa Isabel los autores estudiaron en el super-Páramo y el Páramo propiamente dicho alto, *Werneria humilis* ssp. *fontii y Ourisia muscosa* que son características de esta comunidad.

Y, localmente, a 4.450 m encontraron una turbera superparamuna en donde dominan una compuesta y *Ourisia muscosa* acompañada de *Werneria pygmaea*, en tanto que a 4.480 m estudiaron una comunidad dominada por *Agrostis foliata* con *Lucilia pusilla*, *Werneria humilis* ssp. *fontii* y también algas, en un desagüe de corriente lenta por la hondonada de una morena del super-Páramo en el flanco Occidental del Nevado de Santa Isabel.

Finalmente los autores informan que el *Oritrophio-Wernerietum pygmaeae* se encuentra probablemente a todo lo largo de los Andes intertropicales entre Bolivia y Venezuela.

LA HELOPHYTIA

El medio estacional Azonal de Tipo HELOPHYTIA. En castellano, *Helofitia de Páramo.*

Vegetación anfibia de pantanos y bordes de lagos.

Control ecológico discrepante del hábitat por razón de las fluctuaciones en el nivel de las aguas.

Definición: Para comprender mejor la Helophytia parece conveniente dar la definición general de Hydrophytia que la incluye y que es una expresión latina aplicada por H. Del Villar para expresar la vegetación propia de un medio acuático, en todo o en parte *(hydrophtia lato sensu).* Se divide, por este concepto, en Holohydrophytia, para la vegetación cuyo medio es exclusivamente el agua o el suelo sumergido, no entrando en contacto con el aire, sino, todo lo más, en la superficie líquida; y *helophytia,* vegetación anfibia, característica de lagos o pantanos, compuesta de plantas que arraigan en el fodo sumergido, atraviesan con su tallo la masa acuática y desarrollan sus hojas, flores y frutos en el medio aéreo, como ocurre por ejemplo con el gen. *Typha* que incluye la llamada cola de gato (36).

Nos puede servir de ejemplo, la parte de vegetación acuática y de pantano de los *Estudios Ecológicos en la Cordillera Oriental II*, *Las Comunidades Vegetales de los Alrededores de la Laguna de Chingaza (Cundinamarca).* de Franco, Rangel y Lozano (37), en donde se observó una hidroserie en la desembocacura de río Frío. Los sintaxa, objeto del estudio fueron los siguientes:

Tillaeion paludosae, Cleef, 1981. Incluye todas las asociaciones presididas por *Tilliaea* que son típicas de las orillas de charcos y lagos en la zona templada, a nivel del mar, y en las partes altas de las montañas tropicales.

Comuniad de *Ranunculus flagelliformis.* Esta se establece en sitios encharcados que durante la época lluviosa están totalmente cubiertas por las aguas de la laguna. Se encuentra en el límite, entre las comunidades acuáticas y terrestres y forma una estrecha franja de vegetación rasante que no alcanza los 10 cm. de altura, mostrando una pobre composición florística, con cuatro especies en 17 inventarios con las siguientes esp. características: *Ranunculus flagelliformis y Eleocharis stenocarpa.*

Comunidad de *Carex jamesonii var. chordalis*. Un parche de esta comunidad de cerca de media hectárea fue todo lo que se encontró en el área de trabajo, pero los autores consideran que está bien definida en su composición florística y fisonomía.

Carex jamesonii var. chordalis es característica en el estrato herbáceo con coberturas mayores del 60% y, en el rasante, *Sphagnum magellanicum*, encontrándose la comunidad sobre un suelo turboso aparentemente eutrofi-cado, con un pH de 4.0 y el nivel freático a ras del suelo, o en la zona menos húmeda, a una profundidad de 15 cms.

Cleef (12) bajo un subtítulo de cenagales y pantanos de cañas, trae ejemplos importantes que entrarían tentativamente en este tipo ecológico, como la de su assoc. *Lupino alopecuroides-Mimuletum glabratae* ass. nov. y dice que este se encuentra en derrames encharcados de pendiente (7-12°) que nos parecen muy interesantes por ser un ambiente eutrófico, donde el agua que percola continuamente es enriquecida con minerales de los alrededores del Páramo.

El pH del agua de derrame es 6.1 a 6.3 y el del agua humificada de la zona de raíces es pH 7.1. El espesor del substrato arcilloso a turboso varía de 30 a 100 cm. Una capa arenosa o arcillosa con cascajo angular aparece en la base de la turba. La presencia del *Lupinus* contribuye al alto contenido de nitrógeno en este hábitat donde fueron observados sapos, larvas de insectos y bivalvos de *Sphaerium lauricochae.* El pisoteo del ganado y la actividad forrajera del conejo de Páramo, *Sylvilagus brasiliensis* son comunes.

Bajo el título mencionado Cleef (12) trae también comunidades como *Marchantio - Epilobietalia* order nov.; *Galio-Trianae Gratiolion peruvianae* all. nov. En la sinecología de esta dice que se presenta en Páramo húmedo y ambientes entrapados, incluyendo pisos de valles glaciales, superficies de antiguos lagos, en hidroseries pantanosas y cenagales calcáreos, en depre-siones entrapadas y en *bogs* pendientes de valle, estando la mayoría de las estaciones en aguas superficiales. El *Galio - Gratiolion* es común en material arcillo turbosos o *gyttja* con pH 4.5 - 6.6 en la zona radicular.

También *Caricenion pichinchensis* subsll. nov. Esta ocurre en material arci-llo-turboso o (calcáreo) *gittja* (suelo superficial pH 4.5 - 6.6) con desarrollo óptimo en pisos cenagosos de valle glacial. *Senecionetum reissiani* ass. nov.; *Caricetum pichinchensis* ass. nov. Este se encuentra en el sub-Páramo y en el Páramo de pajonal en suelos turbosos y hábitats entrapados con abasto regular de agua, apareciendo grandes parches en fondos de valle glacial.

La comunidad de *Carex pichinchensis y Polytrichum commune* que es prácticamente la que tiene aspecto de juncal estudiada en el Páramo de Chisacá (3.600 - 3.700 m), fue observada a 3.520 m en Sumapáz.

Otras comunidades se pueden mencionar como la de *Carex acutata* que tiene un substrato turboso eutrófico (pH 6.3 en la zona radicular). *Carex jamesonii* que ocupa un *bog* convexso en pendiente (9º) en un valle de sub-Páramo a 3.560 m en el Páramo de Sumapáz que mira al Magdalena; *Cyperetum rivularis* ass. nov. está restringida a hábitats de sub-Páramo en suelo de valle glacial pobremente drenado, especialmente en antiguos lagos, donde los gruesos perfiles entrapados consisten de turba arcillosa o *gittja* con pH 5.3 - 6.4 en la zona radicular.

Calamagrostium ligulatae all. nov. Este se encuentra en varios ambientes como en terrenos pendientes con acumulación de agua, en pisos pantanosos de valle, en antiguos fondos de lago desecado, en pantanos y en cenegales calcáreos y dolinas. Los substratos arcillosos o turbosos eutróficos son frecuentmente espesos, con pH que varía en la zona de raíces desde 5.1 en condiciones de *bog*., a 7.5 en cenegales calcáreos de los hábitats más eutróficos.

Otras comunides de *Calamagrostis ligulata*. Esta es una comunidad turbosa de *bog* en la zonación de la hidroserie en lagos de Páramo, donde el *stand* puede estar en contacto directo con el agua abierta en lagos rodeados por *bog* de *Sphagnum* o separados del *Carex acutata* en la transición del agua abierta hacia la comunidad de *Swallenochloa - Sphagnum* constituyendo un *bog*, *o Diplostephietum revoluti* que, a lo último viene a constituir la "climax" en esta sucesión, de acuerdo con algunos autores. El pH en la capa superior fué de 5.3. Una comunidad flotante de musgo emergente que consiste de *Drepanocladus exannulatus* (cubierta 60%) y *Sphagnum cuspidatum* (cubierta 40%), se encuentra localmente a lo largo de los bordes de los lagos con *bog de Sphagnum*, pH 4.8.

LA TACHYRHEOPHYTIA

El medio estacional Azonal de Tipo TACHYRHEOPHYTIA. *Taquirreofitia de Páramo.*

Vegetación que habita en aguas torrentosas.

Control ecológico discrepante del hábitat por razón de la excesiva movilidad de las aguas.

Definición: Este es un nuevo término propuesto por A. Dugand (33) para el medio estacional de las plantas a las que se les ha llamado reófilas y riacófilas, de lo cual podría resultar *Rheophytia* (Reofitia) para el aspecto ecológico; pero Dugand sostiene que estos términos, aunque hacen relación a la corriente, no interpretan cabalmente el concepto que se discute, porque en ellos se omite el radical tan expresivo de impetuoso o raudo para la corriente, siendo este justamente el carácter determinante que es importante puntualizar en el concepto residencial de esta vegetación, si se le quiere distinguir de la eulimnofitia, en la que la velocidad de la corriente por ser tan moderada, no constituye un factor verdaderamente discrepante y sobre todo, determinante. Y como toda corriente de agua no es muy rápida ni violenta, se puede advertir que los términos mencionados vienen a ser virtualmente sinónimos de potamofitia, subtipo de la eulimnofitia.

La vegetación que vive en aguas torrentosas, o sea la que llamamos taquireófila se caracteriza en Colombia y en la América Tropical, según Dugand, únicamente por las podostemonáceas ej., *Marathrum foeniculaceum* en el Salto del Tequendama. El citado autor dice, "son hierbas que parecen musgos, hepáticas o líquenes, o aún algas de forma laminar, pero cuya organización superior hace que se las clasifique entre las fanerógamas dicotiledóneas, orden de las rosales. Difícilmente puede hallarse en el reino vegetal un ejemplo más notable de adaptación a un medio mecánicamente hostil que el de estas interesantes plantas que crecen en los raudales y cascadas tropicales adheridas firmemente a las rocas sumergidas, sobre las cuales forman a menudo tupidas alfombras".

Las podostemonáceas, según Dugand, florecen después del período de la lluvia cuando las aguas bajan de nivel y dejan en seco las rocas de donde estas plantas se sostienen, dando unas flores muy pequeñas y poco vistosas.

A.M. Cleef (12) llama a estas comunidades *Rheophytic communities* y dice que este tipo de agrupación de plantas sumergidas en aguas frías y corrientes del Páramo, depende mayormente de la altitud y del substrato. Así por ejemplo, el *Philonoto-Isotachidetum serrulatae* se encuentra en lechos cascajosos y pedregosos entre 3.700 y 4.350 m. En áreas más bajas esta comunidad de hepáticas es remplazada por la comunidad de musgos *Dendrocryphaeo-Platyhypnidietum* que baja hasta alrededor de 2.000 m.

En aguas corrientes de cerca de un metro de profundidad sobre suelos arenosos o francos del río Lagunillas, a 3.900 m en la Sierra Nevada del Cocuy, fue observada una comunidad que consistía solamente de *Isoetes novogranadensis* (sect. Terrestres) cubriendo menos del 10% . La misma comunidad fue observada en un medio estacional similar a 3.800 m en las cabeceras de la quebrada Minas al noroeste de Belén, Boyacá (12).

En un riachuelo que drenaba una morena de falda bien pendiente a 4.250 m en el Valle de Bocatoma, Sierra Nevada del Cocuy, fue colectada una muscínea rara semi-acuática *Andreaea nitida.* La misma especie fue colectada por Cleef a 3.700 metros en el Páramo de Sumapáz y en el super-Páramo del Volcán del Ruiz a 4.250 m donde se encontró en un lecho seco junto con *Racomitrium dichelymoides.* Es interesante saber que los riachuelos de Páramo frecuentemente van ocultos bajo materiales turbosos y también, que los sedimentos aluviales tienen por lo regular lechos turbosos o arcillosos. A alturas de 3.300 a 3.700 m se observó una clara comunidad de *Potamogeton drepanocladoides y Fontinalis bogotensis.* Esta condición oculta de los riachuelos la hemos observado claramente en un extenso valle amplio de Páramo encima de Inzá, Cauca, donde al parecer las quebradas subterráneas debían sus respiraderos (embudo) a perforaciones hechas por el fuego en materiales turbosos de fondo de valle.

LA HYDROTHERMOPHYTIA

El medio estacional Azonal de Tipo HIDROTHERMOPHYTIA. *Hidrotermofitia de Páramo.*

Vegetación de aguas termales.

Control ecológico discrepante del hábitat por razón de la alta temperatura de las aguas.

Definición: La *Hydrothermophytia* corresponde a un medio total o parcialmente acuático, con discrepancia dominante del factor térmico por exceso. Esta vegetación es la de las aguas termales. Sólo en sus límites inferiores llega a contener fanerógamas. En el resto, se compone exclusivamente de esquizofíceas, diatomeas, acaso algunas algas de otros grupos, y esquizomicetes, entre ellos sulfobacterios y ferrobacterios (36).

Sobre los Termales de San Juan localizados en el Parque Nacional de Puracé, damos al lector los siguientes nombres de plantas ofrecidos por el Botánico Roberto Jaramillo-Mejía del Instituto de Ciencias y Museo de Historia Natural de la Universidad Nacional, que residen en aguas termales: *Disterigma empetrifolium* (HBK) Drude. *Myrteola oxycoccoides.*

Así mismo, Inderena (45) informa sobre la existencia de un suelo turboso en las vecindades de los Termales de San Juan (Cauca), con musgos *Sphagnum* de color amarillo verdoso, arbustillos de *Pernettya prostrata*, *Puya* sp. y el helecho *Blechnum loxense* rizomatoso de porte caulirrosular.

LA PSYCHROEOLOPHYTIA

El medio estacional Zonal de Tipo PSYCHROEOLOPHYTIA. *Psicroeolofitia de Páramo.*

Vegetación y medio estacional del super-Páramo

Control ecológico discrepante del hábitat por razón de las temperaturas medias extremadamente bajas, la exposición a los vientos y los suelos regosólicos crudos.

Definición: Se aplica a la vegetación terrestre del medio en que la temperatura es muy baja y el viento es fuerte. Se podría dividir en dos tipos, uno altitudinal con alernativa diaria de luz y obscuridad durante todo el año. Este tipo ofrece mucha mayor variedad, como consecuencia de la que corresponde a los demás factores del medio. Y otro circumpolar con una verdadera estación luminosa y otra obscura como en la Tundra.

En 1964, a propósito de nuestro estudio sobre los Suelos y la Vegetación en los Principales Medios Geofísicos de un País Modelo en el Mundo: Colombia Ecuatorial (24), decíamos: en el piso andino, el arenal o yermo de alta montaña con vegetación muy abierta de suelos regionales, como medio estacional, lleva el nombre de Tierra Gélida, Páramo alto, super-Páramo y se encuentra comprendido entre el límite superior del Páramo y el de las Nieves Perpetuas. Al pensar en el nombre Yermo o Arenal Andino (22), teníamos en cuenta el carácter extremadamente arenoso, suelto y, en cierto sentido climático de este paisaje de alta montaña salpicado de gramíneas psicrofíticas, senecios lanudos y lupinos, tan distinto a los arenales del Bajo País que evolucionan rápidamente hasta los suelos normales en donde finalmente se asienta la agricultura. Fue por eso también, que en el Congreso Latinoamericano de Suelos reunido en Bogotá en 1955 sugerimos el nombre de "Xerosol o Yermo climax" para el suelo dominante de este piso que bien se podría considerar subnival, en donde es característica la escaséz de arbustos y el nanismo en el organismo vegetativo (22).

El Yermo andino considerado a la vez como formación climática vegetal y edáfica, podría recibir la denominación ecológica de Hyperpsychrophytia, en paralelismo con el de desierto verdadero de baja y mediana latitud, el cual es además extremadamente seco y lleva la denominación puramente ecológica de Hyperxerophytia. Pero mirado como formación edáfica y vegetal priserial, encajaría perfectamente en la Psammophytia de enclave. Una tercera posibilidad sería la de considerarlo simplemente un medio estacional muy frío y ventoso, sometido a renovación de sus arenas por causa del viento y el aporte de las cenizas volcánicas; en tal caso, podríamos usar el término propuesto por Cuatrecasas para el Páramo corriente, como es el de Psycro-eolo-phytia, que hemos adoptado para este piso, dejando para el siguiente solo el de Psychrophytia, al cual le podemos agregar, de Páramo, como se diría, de Tundra, para el de altas latitudes; de esta manera quedaría simplemente "Psychrophytia de Páramo".

Igualmente decíamos: los géneros más importantes que hemos anotado frente a las nieves perpetuas son: *Agrostis*, *Senecio y Lupinus*; ellos componen la vegetación extremadamente abierta que, dicho sea de paso, ofrece un suelo arenoso y suelto, pero bien húmedo (en el Ruiz) a pocas pulgadas de la superficie, en donde las ramitas de la vegetación y las excretas del ciervo (hoy extinguido en el Ruiz?) y los conejos, permanecen algún tiempo sin descomponer.

Al respecto de la vegetación tenemos: lo que J. Cuatrecasa nos ofrece para este nivel con las siguientes especies: *Senecio canescens*, *S. nivalis*, *S. cocuyanus*, *Lupinus alopecuroides*, otros *Senecio* de las secciones *Hipsobates*, *Reflexus*, *Latiflorus y Culcitiopsis;* también *Cerastium caespitosum*, *C. floccosum*, *Agrostis nigritella*, *Poa orthophylla*, *Draba pachythyrsa*, *Luzula racemosa*, *Rumex tolimensis*.

Sobre el clima decíamos que este medio lo tenía de tipo isomicrotérmico, con ciertas características de desierto por los fuertes y constantes vientos. Estación seca corta con escasa protección del suelo por falta de cubierta vegetal; en consecuencia, deflacción activa y erosión por el viento. Meteorización química extremadamente lenta, siendo esta una de las causas de la poca formación de arcilla y de suelo propiamente dicho. En cambio, la meteorización física ha sido activa, tanto en tiempos pasados de glaciarismo y volcanismo como en el presente, con fácil formación de talus. Porque, no debemos olvidar que con un valor de 5°C para la temperatura promedia y solo 1000 mm. para la precipitación, se obtiene un factor de Lang = a 100 que corresponde a un clima húmedo a lo antiguo.

Y referente a los ejemplos de vegetación y suelos de enclave que en ese tiempo nosotros llamábamos locales y hoy se mencionan como azonales dentro de este tipo ecológico de la Psychroeolophytia que es mayor, teníamos: Lithophytia. Llama la atención en este medio la abundancia de líquenes de color grisáceo y anaranjado que inician la litoserie detenida indefinidamente en sus estadios priseriales, con lo cual se van borrando los rasgos del pulimento dejados por las últimas glaciaciones. De interés particular, sería la investigación de las alfombras rankeriformes construidas por los residuos vegetales de líquenes, musgos y vegetación superior que aquí se pudieran encontrar vg. la Psammophytia freática. Las finas arenas bañadas en el agua de fundición de un glaciar del Nevado del Cocuy, mencionado por J. Cuatrecasas a 4.500 m de altura, se encuentran pobladas abiertamente por

Cordillera Oriental, Sierra Nevada del Cocuy, entrada a la alta quebrada del Nevado, con vista del mismo y arenales en la base. A la izquierda morena frontal con *Pentacalia* sp., *Baccharis, Espeletiopsis colombiana, Hypericum mexicanum, Baccharis tricuneata* v. *prostrata*, haces de pajonal. Al fondo *Espeletia lopezii* y en primer término *Pentacalia quicanensis* y *Espeletia colombiana*, según J. Cuatrecasas foto C-1224A.

Cordillera Oriental, Nevado del Cocuy en la vertiente oriental del San Pablín norte y del Picacho, a mano derecha de El Paso. Frailejones y *talus* yermo a 4.200 metros. Foto Erwin Kraus, 1946.

Cordillera Oriental, Nevado del Cocuy. Glaciar y Laguna de La Sierra con témpanos de hielo flotantes en el año de 1.942. Hoy en día el frente del glaciar se ha retirado unos 300 metros verticales según foto de Erwin Kraus. Febrero/42.

Agrostis nigritella Pilger, como especie única y sirven de ejemplo a la vegetación de ese tipo que aquí tiene subirrigación: Oxhydrophytia y Oxyphytia. De manera tentativa, damos como ejemplo este tipo ecológico con alfombras flotantes de *Distichia tolimensis*, de J. Cuatrecasas, a 4.200 m de altura en el Nevado del Cocuy, separadas por agrupaciones de *Calamagrostis* sp., *Werneria crassa* var. minor, *Plagiocheilus soliviaeformis* sub sp. *multiflorus y Pernettya prostrata;* también los prados pantanosos del Puracé a 4.100 m con alfombras compactas de *Distichia tolimensis, Cotula minuta, Plagiocheilus soliviaeformis, Werneria* sp., *Gunnera magellanica* y Cyperaceae. Potamophytia en aguas torrentosas de deshielo en el Nevado del Ruiz, con algas verdes en cabellera como elemento principal de la vegetación; también, el plankton de los lagos dejados por las glaciaciones pasadas en los sedimentos minerales y orgánicos. Para esas aguas raudas hoy hablamos de Taquirreofitia.

Paranthropophytia: hasta el presente ha sido poca la influencia humana en el cambio de la vegetación de los arenales (año 1957), la cual debe protegerse con legislación adecuada para sostener las reservas integrales y los santuarios faunísticos que aquí se fundarán para fomento del turismo, la expansión popular y, sobre todo, para la conservación de la naturaleza donde incluimos la flora, la fauna, el agua y el suelo.

Desafortunadamente hemos visto recientemente en el Nevado del Cocuy y en el super-Páramo (en 1981) gran concentración de caprinos reemplazando a los ciervos en los arenales y roquedales cerca a las nieves perpetuas.

Acerca de estos animales asilvestrados, es interesante anotar que cuando mueren, sus cuerpos se momifican en este medio, en parte quizá por la casi total ausencia de cóndores, de los cuales tal vez no queda sino una pareja en el Cocuy (1981). Igualmente interesante es la comunicación recibida del Rev. Padre A. Olivares, Ornitólogo, quien encontró pisingos congelados en las nieves del Cocuy.

Según Cleef, Rangel y Salamanca (14), la vegetación zonal de super-Páramo entre 4.200 y 4.700 m tiene entre las especies vasculares características en el Parque Los Nevados, las siguientes: *Cerastium floccosum* (Caryoph.), *Senecio canescens* spp. *macrocephalus* Cuatr. ined., *Senecio gelidus y Erigeron chionophilus* (Comp.) y agregan, aunque de estas especies algunas también se presentan en la faja del Páramo propiamente dicho, aquí pueden reconocerse dos tipos especiales agrupados como unidades pioneras, de la siguiente manera: Primera, comunidad de *Calandrinia acaulis* (Port.), *Draba pachythyrsa*, *Draba pennell-hazenii* (Crucif.), *Hypochoeris sessiliflora* (Comp.), *Luzula racemosa* (Junc.) y *Agrostis cf. araucana* (Gram.), generalmente con muy bajas coberturas.

Esta comunidad se encuentra en el paisaje morenico del super-Páramo alto y se caracteriza por desarrollarse sobre arenales móviles por la acción del hielo; además se encuentran raíces muy gruesas largas y ramificadas en las plantas vasculares con cobertura reducida de las Gramíneae.

LA PSYCHROPHYTIA

El medio estacional Zonal de Tipo PSYCHROPHYTIA. *Psicrofitia de Páramo* abierto, en topografía normal.

Vegetación Zonal o regional del Páramo propiamente dicho, en topografía normal.

Control ecológico discrepante del hábitat por razón de temperaturas medias extremadamente bajas.

Definición: Siguiendo siempre a Font Quer (36), la *Psychrophytia* en la Clasificación Ecológica de H. Del Villar se aplica a la vegetación pezofítica de medios en que la temperatura es extremadamente baja. Se subdivide en 2 tipos: uno circumpolar, con una estación luminosa y otra oscura, vg. la *Tundra;* y otro altitudinal, con alternativa diaria de luz y oscuridad durante todo el año. Este segundo tipo ofrece mucho mayor variedad, como consecuencia de la que corresponde a los demás factores del medio.

Acerca del Páramo húmedo, su vegetación y suelos zonales, decíamos (24) en 1964: este piso queda comprendido entre el paramillo y el super-Páramo, con notables variaciones en sus límites superior e inferior, debido a factores ecológicos de exposición, vientos y condiciones del suelo. Los Páramos húmedos de Colombia alcanzan su mayor extensión en las Cordilleras Central, Oriental y la Sierra Nevada de Santa Marta, pero también se presentan en el Occidente, cerca a Urrao y, hacia el Sur. Su paisaje desolado y de gran amplitud, tiene orígen en su madurez y en la acción glacial pleistocénica, de lo cual dan testimonio los suelos fósiles, los lagos secos, las turberas, los valles en "U", las morenas de variado tipo y las rocas aborregadas. Su clima isomicrotérmico andino con ligera estación seca y prolongado período lluvioso se refleja en los suelos húmicos, a veces rankeriformes, pseudogleyizados en ciertos sectores y con enclaves frecuentes de turberas y otros suelos azonales e intrazonales y substratos*

---

* En Pedología "intrazonal" equivale en parte al término "azonal" actualmente usado por los botánicos para la vegetación.

Cordillera Oriental, Sierra Nevada del Cocuy junto a Pozo Azul, a 4.200 metros: formación *Espeletia lopezii* en el Valle de Lagunillas. En el cerro de la derecha, árboles de *Gynoxis* así como de *Pentacalia vaccinioides, Baccharis* sp. En primer término, arbolitos de *Pentacalia vaccinioides* y rosetas acaules de *Espeletia colombiana* y césped de *Aciachne pulvinata*, según J. Cuatrecasas foto C-1223A. 1.938.

Cordillera Central, Páramo de Santa Lucía sobre Barragán, (V.) a 3.600 metros. Frailejonal con ***Espeletia hartwegiana, Calamagrostis*** sp. Al fondo manchas de bosque residual y límite, según J. Cuatrecasas foto C-2390.

El paisaje vegetal lo integra el prado y frailejonal que, en el Nevado y volcán del Ruiz está presidido por *Festuca sublimis* Pilger en el fasci-graminetum y *Espeletiaetum* de Cuatrecasas, en asociación de hojas muy pequeñas en los arbustos, otras gramíneas psicrofíticas y especies de *Puya* y ciparáceas. Esta vegetación puede invadir áreas anteriormente ocupadas por bosques altos como puede observarse fácilmente en las Cordilleras Central y Oriental, en donde las adaptaciones propias de la Psychrophytia de altitud son, entre otras, la ausencia de árboles en campo abierto expuestos al viento, el nanismo en el organismo vegetativo, la frecuencia del porte almohadillado, el aplicado, el arrosetado y el rastrero; la escaséz de aguijones y especies anuales, la estructura xerofítica, lanosidad y pequeñéz en las hojas, los colores vivos en las flores, los arbustos con aspecto de arbolito, en donde los frutos aparecen grandes por contraste, presentándose un biophytetum desarrollado en los bosquetes de Páramo que aparecen aislados al amparo de los acantilados.

Teniendo en cuenta la importancia que poseen los Páramos con sus diferentes zonas en la hidrología colombiana, parece una necesidad prioritaria la fundación de una estación experimental de altura en el límite del super-Páramo y el Páramo en alguno de los Parques Nacionales del país.

Según Cleef, Rangel y Salamanca (14), en el Páramo propiamente dicho son característicos los pajonales integrados por macollas de *Calamagrostis recta, C. intermedia, C. efussa y Festuca* spp., siendo propios de esta paja también: *Espeletia hartwegiana* spp. centro andina *Gnaphalium antennarioides, Carex tristicha, Pernettya prostrata, Lachemilla hispidula, Jamesonia bogotensis, J. robusta, Castilleja fissifolia y Satureja nubigena.* Los autores mencionan que Cuatrecasas describió en 1934 en el volcán del Tolima entre 3.800 y 4.320 m de altura su "Espeletietum hartwegianae-calamagrosti rectosum" que ellos consideran similares a las comunidades que se describen a continuación, de las cuales nosotros daremos solamente los encabezamientos:

Pajonal de *Calamagrostis recta y Espeletia hartwegiana* spp. centro-andina (4.000 - 4.400 m).

Pajonal de *Calamagrostis effusa y Espeletia hartwegiana* spp. centro-andina (4.050 - 4.150 m).

Pajonal de *Calamagrostis effusa y Festuca* af. dolichophylla (3.800 - 4.250 m.).

Pajonal de *Calamagrostis recta, Festuca* af. *sublimis y Diplostephyum rupestre* (4.150 - 4.300 m.).

Pajonal de *Calamagrostis recta, Espeletia hartwegiana* spp. centro-andina con *Diplostephium Schultzii* y *Senecio vernicosus* (4.000 - 4.150 m.).

Pajonal de *Calamagrostis recta, Senecio canescens y Agrostis af. araucana* (4.400 - 4.500 m).

En su artículo *La Vegetación del Páramo y sus Formas de Vida* (76), J. Cuatrecasas dice:

Páramo son las regiones más elevadas y descubiertas de las cordilleras tropandinas. En las que concurren especiales condiciones físicas, climáticas y meteóricas de tipo tropical determinantes de formas particulares de vegetación. Los Páramos se extienden desde 3.800 m alt. (localmente desde 3.200 m) hasta el nivel de la nieve perpetua, 4.700 m alt. y van desde 11º de Latitud N. en Costa Rica, hasta 8º de Latitud S. al norte de Huánuco, Perú. Son regiones permanentemente frías y húmedas con uniformidad de condiciones a lo largo del año (factor tropical); temperaturas medias de 10º a 0ºC con oscilación anual de solo 3º; mínimas medias de 5º a3º y absoluta de -2º; máximas medias de 9º, absolutas de 12º; oscilación térmica diurna que va de la máxima a la mínima para cada lugar. Horario uniforme de luminosidad durante todo el año. Angulo de incidencia de los rayos solares agudo con escasa oscilación anual. Pluviosidad abundante, entre 1.000 y 2.000 mm anuales, distribuidos con relativa uniformidad; sin periodos secos o estos cortos. Nubosidad constante o frecuente. Constante rocío, escarcha y en el límite altitudinal nevadas nocturnas. Humedad constante entre saturación y 50%, vientos frecuentes pero no constantes ni violentos. Suelos húmedos, generalmente profundos, negros, humíferos, ácidos, con pH 4.2-5.4, frecuentemente saturados de agua y aún anegados o pantanosos; solo en las mayores elevaciones (super-Páramo) donde caen nevadas diarias el suelo es superficial entre arena y gravas, con vegetación dispersa. Los Páramos propiamente dichos están cubiertos por densa vegetación; que es baja, de matorrales, pajonales y turberas, y destaca en las alturas abriéndose su horizonte sobre el nivel máximo de los bosques que cubren las laderas de Los Andes.

La vegetación de los Páramos comprende una gran variedad de asociaciones o comunidades específicas, las cuales a su vez contienen un número muy elevado de especies y una cierta variedad de biotipos. Un estudio porcentual de un número limitado de asociaciones y de su espectro biotipológico permite (de un modo preliminar) presentar las siguientes generalizaciones para la vegetación de Páramo:

1. Elevada expansión, sociabilidad y densidad de caulirrosuletum (*Espeletia* spp.).

2. Elevada proporción, casi 50 % , de criptofruticetum.

3. Proporción menor (12 %) del perenniherbetum en formas pulvinosas y cespitosas.

4. Perennigraminetum de tipo fasciculado con hoja involuta con máxima expansión y densidad, 9 % en número de especies.

5. Perennigraminetum de hoja plana, muy limitado en máxima altitud.

6. Fruticetum rico en especies (19 %), pero solo con densidad manifiesta en un tipo de asociación (hypericetosum) en los demás discontínuo sin dominantes.

7. Predominio en el fruticetum de leptofilia (50 %) y de nanofilia con escasa microfilia.

8. Fruticetum esclerófilo y simplicifolio con 57 % de hojas revolutas, 54 % de hojas tormentosas, 35 % imbricadas, 11 % aciculifolia.

9. Frecuencia de hojas o vainas imbricadas.

10. Proporción alta de especies arrosetadas (24 %).

11. Proporción elevada de formas cespitipulvinadas (27 %).

12. Plantas anuales nulas o rarísimas.

13. Gran desarrollo numérico y social del muscinetum y liquenetum en facies turbosas o semiturbosas.

14. Mayoría (71 %) de especies presentes características y exclusivas de los Páramos.

En concepto del autor, estas caracerísticas son valederas para casi toda la extensión del Páramo en sus diferentes formas del terreno y principalmente para las especies que componen las comunidades llamadas zonales de la topografía normal. A este respecto podemos apelar a la descripción considerada más típica de un Páramo atribuida al Doctor José Cuatrecasas del Instituto Smithsoniano.

Cuatrecasas en su artículo publicado en la Revista de la Academia Colombiana de Ciencias, 1950. *Frailejonal, típico cuadro de la vida vegetal en los Páramos Andinos*, considera el frailejón como un gigantesco representante del *Edelweiss* en los Andes pero señala que:

La única homología que sobre la tierra se encuentra con los frailejones, es la que ofrecen las especies de *Senecio* de la sección *Seneciodendron* de las altas montañas del Africa ecuatorial oriental (Ruwenzori, Kilimandjaro, Kenya). Unas veinte especies de esta sección ofrecen semejante ecología que las *Espeletia*. Los *Seneciodendron* difieren algo de las *Espeletia*, por ser acandelabrados y por presentar inflorescencia terminal; tampoco ofrecen un desarrollo tan exagerado del indumento. Existe pues, un interesante paralelismo en el origen de estas singulares formas biológicas causadas por análogas influencias ecológicas, en regiones comparables del antiguo y del muevo mundo. Un marcado endemismo local es también característico de ambos grupos, si bien la diferencia en el sistema de propagación de la semilla se traduce en el número de especies y en la distribución de ellas para cada género. Los *Senecio* tienen semillas provistas de vilanos y ello asegura una mayor difusión de cada especie dentro de un cierto límite. Las semillas de *Espeletia* carecen de vilano, por ello sus áreas son todavía más limitadas, siendo algunas de las especies sumamente localizadas.

Los frailejones van asociados a otras especies que son tan importantes como ellos mismos en la vegetación de los Páramos; especies pertenecientes a muy diversas familias y a diferentes formas biológicas, pero contribuyen también a la formación de un típico paisaje.

Las especies más extendidas en todas las regiones paramunas con carácter social más elevado, son varias gramíneas que se presentan en forma de haces erguidos y densos de hojas arrolladas y rígidas; las más frecuentes de ellas son *Calamagrostis recta*, *C. effusa* y algunas *Festuca;* con frecuencia cubren extensas superficies formando los típicos pajonales a los que ciertos autores denominan estepas andinas. Otras plantas son matas (frútices), de poca elevación (0,5 a 2 metros) o bien rastreras, con hojas coriaceas y pequeñas, a veces imbricadas semejando ciertas coníferas; en este grupo hay melastomatáceas (numerosas especies de *Miconia*, *Brachyotum*. . .); rosaceas como *Spiraea argentea* Hesperomeles (representantes de los *Crataegus)*, *Rubus* . . .; Gutíferas del género *Hypericum* de hojas menudas y delgadas, que adquieren gran importancia por su difusión;

Ericáceas, generalmente con flores vistosas (*Vaccinium, Pernettya, Gaylussacia, Plutarchia, Cavendishia,* algunas con frutos "uvas", *Pellgrinia, Gaultheria, Disterigna. . .*); Berberidáceas (pocas especies de *Berberis*); escasas Mirtáceas (*Myrteola* "guayabito"); Rubiáceas de hojas también imbricadas (*Arcytophyllum*); y así mismo singulares Escrofulariáceas (*Aragoa*), pero muy especialmente características son Compuestas de los géneros siguientes representados por abundantes especies: *Baccharis*, de hojas gruesas y oscuras, generalmente glandulosos (sanalotodo); *Diplostephium* diminutas matitas, arbustitos o pequeños arbolitos (romero de páramo) de inflorescencias como los *Aster* y copas densas de tono claro; *Senecio*, matas informes o arbolitos, de flores amarillas y variada estructura foliar, y *Gynoxys*, que son senecios de hojas opuestas, generalmente arbolitos de colores cenicientos o blanquecinos. En los páramos bajos o parte inferior de los Páramos, la vegetación arbustiva predomina, en densos matorrales formados principalmente por especies de los grupos acabados de mencionar. A ellas se agregan los árboles de los bosques que lindan con los Páramos, a un nivel medio de 3.200 a 3.600 metros de altura, bosques formados a base de *Weinmannia* (encenillos de hojas pequeñas verdes y brillantes) de *Hesperomeles lanuginosa* (noro) de hoja gruesamente coriácea y tomentosa; de *Escallonia* con hoja pequeña y oscura y típico ramaje aparasolado, y en ciertas regiones *Polylepis* (colorado) rosácea de corteza fuertemente rojiza y exfoliable. A estas especies significativas y definidoras de los bosques de altitud, se asocian otras, de las que son más importantes los propios *Gynoxys, Senecios, Diplostephium, Miconia, Brachyotum, Rapanea*, etc. de porte arbóreo. No es fácil fijar la línea límite del bosque, que es muy irregular y variable según los lugares y cordilleras cuando ha sido afectado por los incendios. Aunque se da como límite máximo la altura de 3.600 metros, puede ascender a mayores alturas en ciertos lugares protegidos por la temperatura y ejemplares aislados o pequeños grupos de *Polylepis, de Weinmannia, de Hesperomeles o Escallonia*, los hemos visto remontar a mucha mayor altura.

Por otra parte, los arbolitos antes citados de las formaciones de matorral de Páramo, que se hallan dispersos o en grupos alternando con los componentes de pajonal y frailejones, pueden subir a grandes alturas, en las cañadas de los cerros. Así podemos encontrar ejemplares de *Gynoxys y de Diplostephium*, a 4.300 m de alt. Las especies que suben a mayor altitud, fruticosas, prácticamente hasta el límite de la vegetación, son las *Loricaria*, raras compuestas cupresiformes de hojas densamente imbricadas y de ramas aplanadas.

Fenología

Sturm, H. y Abouchaar, A. en sus observaciones sobre la Ecología del Páramo Andino de Monserrate establecieron una periodicidad que ellos consideran no muy marcada para muchas especies del área. Así por ejemplo, *Espeletia grandiflora* Humb. y Bonpl. tuvo un periódo de alta floración en 1.968, de mayo a agosto, con una disminución en el mes de julio no muy acentuada. En el resto del año se encontraban unos pocos ejemplares florecidos. La *Espeletia corymbosa* Humb. y Bonpl. en la pendiente occidental del Páramo de Monserrate floreció desde marzo de 1.969 y, desde julio hasta septiembre de 1.968 se registró igualmente el máximo de floración de muchas especies en el Páramo de grámineas, como son *Calamagrostis effusa* (H.B.K.) Stend., *Castratella piloselloides* (Bonpl.) Nand., *Hypericum struthiolaefolium* Juss., *Paepelanthus alpinus* Koern., *Rhynchospora daweana* B. & K y *Xyris acutifolia* (Heimerl.) Malne. Los autores consideran menos acentuada la periodicidad de *Gentiana corymbosa* Fabris y *Arcytophyllum nitidum* (H.B.K.) Schl. concluyendo que en los Páramos venezolanos aparentemente la periodicidad de la floración en las plantas es más acentuada y va acompañada de riqueza en flores grandes.

El Biophytetum y notas fitogeográficas

Según Font Quer (36), este término simorfial inventado por H. Del Villar (81) expresa la suma de formas que viven en medios vivos y cuya convivencia ofrece diferentes grados, presentándose en los ínfimos, las plantas trepadoras o escandentes que no hacen más que apoyarse en otros vegetales sin perder su autonomía. Siguen sin transición brusca las plantas epífitas cuyo conjunto forma el *epiphytetum* que vive exclusivamente sobre la planta huésped sin extraer ningún alimento de las partes vivas. Y en un grado de convivencia aún más simbiótico está el *endophytetum* que nos agrupa el conjunto de las plantas que habitan en el interior de los tejidos de otros organismos como verdaderos parásitos, sin perjudicarlos; como ejemplo tenemos los *nostoc* que habitan en el interior de algunas hepáticas o de ciertas sifonógamas, como es el caso del género *Lemma.* Y, en un grado máximo, está la simbiósis estricta en que la planta parásita obtiene de su convivencia, elementos de nutrición.

Entre las plantas epífitas, cuyo conjunto forma el *epiphytetum* del Páramo y de los paramillos vecinos que lo penetran, Diana Witlin (86) nos muestra en sus fotografías de los roquedos, los líquenes, musgos y algas en el Páramo de Chingaza, apareciendo entre los primeros, *Cora pavonia, Cladonia* sp., *Hypotrachyna* sp., *Sterocaulon* sp., Orquídeas: *Pleurothallis cecunda;* Epidendros, como *Epidendrum cioneum, E. elongatum, Masdevallia* sp., *Odontoglossum* sp., *O. lindenii.* Sobre troncos y ramas, varios quiches *(Bromelia* spp.) y, entre las enredaderas destaca la pecosa *Bomarea frondea.*

En el paramillo de Santa Helena localizado en una vereda del municipio de La Calera, Cundinamarca, encontramos la hermosa orquídea enana *Oncidium* sobre una rama, al calor de la roca desnuda.

Estos ambientes húmedos y solitarios se repiten análogos y con algunas especies diferentes en Páramos como Chingaza, Chisacá, Guerrero, San Francisco, Silvia y Frontino, no lejos de Urrao, en cuyas faldas se percibe un altísimo grado de humedad antes de llegar al Páramo abierto, donde llama la atención un rodal de canelo casi puro *(Drymis granadensis).* En esos entornos, las condiciones de humedad atmosférica parecen muy favorables para la acumulación de detritus orgánicos, donde se forman palotales turbosos impenetrables por sus colchones musgosos, como se observa en los Páramos y paramillos de Silvia y Socha.

A.M. Cleef 1983 (13) en su artículo Fitogeografía y composición de la flora vascular de los Páramos de la cordillera oriental colombiana, hace un estudio comparativo con otras altas montañas del trópico y observa que la flora de esos medios estacionales muestra una forma de vida única denominada "caulirrosula" muy propia, sobre todo con numerosas representantes de las

Espeletiinae (Heliantheae, Compositae) en los Páramos tropandinos, en estudio fitogeográfico reciente sobre los Páramos mencionados y particularmente en lo que toca a los géneros de la flora vascular indígena del Páramo de la cordillera Oriental, Cleef ha diferenciado ya elementos fitogeográficos definidos de acuerdo con el área de distribución actual de cada género. La siguiente tabla indica los resultados de la subdivisión fitogeográfica de esta flora.

Elementos fitogeográficos (según al área de distribución actual)	Número de géneros	% aproximado
1. Elemento paramuno o endémico	19	7
2. Otros elementos neotropicales	89	34
3. Elemento austral antártico	25	10
4. Elemento holártico	28	11
5. Elemento ampliamente templado	51	19
6. Elemento ampliamente tropical	27	10
7. Elemento cosmopolita y subcosmopolita	20	8
8. Desconocido	2	1
Total	261	100

Para el Africa ecuatorial (región afro-alpina), Cleff menciona a Hedberg (1965), quien analizó fitogeográficamente la faja "afro-alpina" de los altos volcanes de Africa ecuatorial y, sus taxa de vasculares, encontrando que el 81% de los presentes es endémico. Como deducción concluye que el porcentaje elevado indica claramente la posición aislada actual de esa flora. Y, aunque los datos fitogeográficos presentados todavía no admiten comparación minuciosa con los del Páramo colombiano, Cleff examina la proporción de los taxa de origen local, de la flora meridional y septentrional y del elemento pantemplado, en la siguiente tabla que muestra la división fitogeográfica cualitativa y cantitativa de la flora vascular afro-alpina según Hedberg.

Elementos fitogeográficos	Número de taxa	%		Análisis de Cleef Grupos de elementos fitogeográficos
1. Elemento endémico afroalpino	52	19		Elemento endémico local
			32	
2. Elemento afromontano	35	13		
3. Elemento surafricano	17	6		
			14	
4. Elemento capense	10	4		
5. Elemento templado surhemisférico				Elemento sur-hemisférico
6. Elemento templado norte-hemisférico o elemento boreal	43	15		
			23	
7. Elemento mediterráneo	18	6		Elemento norte-hemisférico
8. Elemento himalayico	5	2		
9. Elemento pan-templado	87	31		Elemento pan-templado
Elemento pan-templado				
			31	
Total	278	100	100	

Cleef 1983 (13) menciona a J.M. B. Smith en su estudio fitogeográfico reciente sobre la flora fanerogámica tropalpina del monte Wilhelm de Papú-a-Nueva Guinea que permite la posibilidad de compararla con la flora del Páramo tropandino con la adición de 16 géneros y datos respecto a las especies de pteridófitos del mismo monte, todo lo cual suma 123 géneros vasculares nativos con 212 especies, por lo menos. Y anota que se debe tener en cuenta que la región tropalpina del mencionado monte de solo 100 km^2 es pequeño en comparación con la extensión afro-alpina y más aún si se le compara con los Páramos tropandinos colombianos considerados anteriormente.

La siguiente tabla muestra la división fitogeográfica, tanto cualitativa como cuantitativa de los géneros fanerogámicos de la flora tropalpina del monte Wilhelm, según datos tomados de Smith por A.M. Cleef.

Distribución geográfica	géneros	%
1. Endémico Nueva Guinea	4	4
2. Endémico Malasia	3	3
3. Malasia e islas oceánicas tropicales	3	3
4. Malasia y Australia/Nueva Zelandia	10	9
5. Malasia hacia Sudamérica	9	8
6. Malasia hacia el continente euroasiático (pocas veces Africa)	11	10
7. Malasia, Eurasia, Sudamérica y Australia	7	7
8. Principalmente Africa, Sudamérica y Australia.	7	7
9. Area amplia	54	50
Total	107	100

Este mismo autor en su resumen, compara la flora vascular de los Páramos de la Cordillera Oriental de Colombia con otras floras supraforestales de altas montañas ecuatoriales en Africa y en el Monte Wilhelm de Nueva Guinea con especialidad en lo que toda a la fitogeografía y a la composición, diciendo que se pueden distinguir similares elementos fitogeográficos pero con diferentes proporciones a nivel genérico. Y agrega: la flora africana de alta montaña exhibe fuerte afinidad holártica mientras que la de Nueva Guinea tiene a nivel de género, la más fuerte afinidad austral - antártica; siendo más o menos igual la representación del elemento local endémico. Pero la mayor similitud florística parece existir entre la franja superior de vegetación en Nueva Guinea y los Páramos Andinos.

De todas maneras, la flora vascular neotrópica del Páramo, parece ser la más rica en géneros y especies y esta riqueza florística se debe posiblemente a las siguientes condiciones favorables principales:

1. La presencia de una fuente de flora tropical cálida muy rica.

2. Su historia Plio-Pleistocénica que vió una gran diversificación evolutiva en un número de taxa, no olvidando la extensión considerable del Páramo y, así mismo una inmigración fácil de taxa de latitudes septentrionales y meridionales.

LA LITHOPHYTIA

El medio estacional Azonal de Tipo LITHOPHYTIA. *Litofitia de Páramo.*

Vegetación que vive sobre las rocas.

Control ecológico discrepante del hábitat por razón de la entereza de la superficie de la roca.

Definición: Antes que todo, debemos aclarar que, en sentido general, a la vegetación que vive en un medio rocoso se le aplica el término de *Petrophytia*. Esta se divide en *Lithophytia* que es la vegetación que vive sobre la piedra a expensas de ella y atacándola para cumplir la primera etapa de la litoseries y de la formación de un suelo evolucionado *in situ*. La *Lithophytia* se compone según H. Del Villar casi exclusivamente de un proteretum, o sea, de plantas muy elementales como algas, líquenes y musgos, o fanerógamas muy pequeñas que pueden arraigar en una fina película de tierra. Y la *Chasmophytia*, que puede contener y contiene vegetación de orden superior, incluso leñosa y hasta arboles.

Es bueno recordar aquí el término litosilicícola utilizado para indicar la ecología de plantas y sinecias que sólo habitan en suelos sin carbonatos, procedentes de rocas silíceas, y no suelos sialíticos por descalcificación, pero de roca madre caliza. Por otro lado, tenemos el término litocalcícola para expresar la condición de planta o sinecia que vive en suelo de roca madre o substrato de composición caliza.

La Doctora María Teresa Murillo del Instituto de Ciencias de la Universidad Nacional me informa sobre los siguientes *pteridófitos rupícolas* que prosperan a gran altura: *Elaphoglossum Engelii* (Karst.) Christ, a altura de 4.000 metros; *Grammitis flabelliformis* (Poir.) Morton a 4.000 m; *Grammitis moniliformis* (Lag. ex Sw.) Proctor, a altura de 4.000 m y, por debajo de la piedra, asomando, *Athycium dombeyi* Desv., a 3.500 m.

Al igual que los hongos, los líquenes tienen la tendencia a buscar una ubicación y distribución particular sobre la superficie pétrea como pioneros para hacer parte de la vegetación litófita. J.A. Rodríguez en comunicación personal, me informa que ha encontrado en la parte basal de la roca en el Páramo El Tablazo, la siguiente vegetación: *Hymenophyllum tomentosum y H. polyanthus;* y a una altura de 3 metros se encuentra en abundancia

Parmotrema crinitum, P. fractum, como también *Hypotrachina*. Entre tanto, en lugares abiertos y hacia barlovento se encuentran *Parmelia* sp. *y Rhizocarpon geographicum*. Concluye que los géneros más distribuidos en los Páramos son: *Arthonia, Bacomyces, Chiodecton, Cladonia, Coenogonium, Collema, Cora, Graphis, Lecanora, Lecidea, Leptogium, Opagrapha, Oropogon, Parmelia, Peltigera, Pertusaria, Physcia, Ramalina, Siphula, Sphaerophorus, Sterocaulon, Sticta, Thamnolia, Usnea.*

Los géneros anotados para los Páramos de Chisacá y El Tablazo que J.A. Rodríguez considera pioneros típicos son: *Cladonia* sp. (subgen. *Cenomyce*) que es un líquen columniforme con apotecios terminales y con apodecios huecos, que ocupa desde superficies rocosas hasta suelos húmedos o secos. Otro es *Parmelia caraccensis* que se encuentra sobre rocas y troncos, y *P. encausta* que crece más alto y a plena luz.

Cleef, Rangel y Salamca (14) observaron a 4.600 m en el flanco Occidental del Nevado de Santa Isabel, grandes tapetes de *Racomitrium crispulum* que cubre rocas expuestas a vientos húmedos.

En un bloque errático del Páramo de Sumapáz, Chisacá, observamos sobre ese boulder del tamaño de una pequeña casa, plantas superiores, tanto en la base como encima, donde se desarrollan ericaceas que adquirían el aspecto de un bonsai; esta es la hacienda Australia a una altura de 3.225 m, donde se encontró el canto errático de unos 8 metros de altura y 40 m^2 de área basal en el cual hicimos observaciones sobre la sucesión vegetal. La colonización de la roca se inicia con líquenes como el folioso *Umbilicaria* sp. de color café oscuro y manchas todavía más oscuras en la superficie dorsal, a falta de los líquenes crustáceos que comunmente son los verdaderos pioneros; este líquen desempeña el papel de colonizador inicial y sirve de ejemplo de una asociación primaria. Entre tanto, sobre un flanco del bloque se hallan asociados y ampliamente distribuidos los líquenes foliosos *Hypotrachina* sp. pequeño de color verde suave, y *Parmotrema* sp.de mayor tamaño y de coloración grisácea. Entre todas dan un substrato delgado que va acumulándose en colchoncito orgánico que permite un nuevo paso en la colonización. Muy abundante y ya sobre suelito ranqueriforme de un centímetro de espesor se instala el musgo *Campilopus* sp. de aspecto negrusco y con ápices verdes; aquí mismo se halla un parche edáfico donde domina un tapete del musgo *Racomitrium crispulum*, delgado, alto y de color verde, asociado con *Parmotrema* sp. por un costado, en tanto que hacia el centro se encuentran las hepáticas foliosas *Erullania* sp. *Jungermania* sp., creciendo esta última hacia la base de tallos de orquídea del lugar. En uno de estos tallos se encontró la asociación del líquen folioso *Everniastrum* sp, con el musgo *Racomitrium crispulum;* mientras que el tapete de este último repta hasta rodear la base del tallo de la ericácea *Macleania rupestris.*

Hacia el centro del bloque se encuentra un suelo rankeriforme de 15 cm. de espesor que da sustento al helecho *Elaphoglossum* sp. con los musgos *Polytrichum juniperum, Prionodon* sp. y *Campilopus* sp., delimitando este último la asociación, precisamente en las zonas en donde el suelo es menos grueso.

Por la lenta acumulación de materia orgánica pasará cierto tiempo antes de que la capa orgánica permita el establecimiento de otras plantas. Después de líquenes briófitos aparecen aquí pteridófitos como *Elaphoglossum* que es pequeño, de fronda entera y aprovecha la humedad de los musgos sobre los que se establece. Las gramíneas representan otro paso como especies de vida corta y abundante dispersión de semillas con alta eficiencia fotosintética y aquí brotan dos especies diferentes.

La presencia de una ciperácea que consideramos oportunista por razón de su rápido desarrollo durante la época lluviosa y por su marchitéz en verano, puede indicar un vestigio de tiempos anteriores más húmedos.

Por otro lado, en un extremo del bloque errático sobresalen plantas de mayor altura que las del suelo rankeriforme que muestran una ramificación abundante, hojas coriáceas, hábito achaparrado y frondoso y un sistema de raíces que se adhiere fuertemente a las rocas. Este grupo vegetal se compone principalmente de ericáceas, *Macleania rupestris*, *Vaccinium floribundum*, *Hesperomeles heterophyla*, en que el último presenta los tallos y hojas con líquenes y espículas agudas.

Hay dos tipos de orquídeas que son *Elleanthus ensatus y Stellis* sp. que medran bien sobre la roca debido a su estructura especial para la absorción de agua, como es el velámen localizado en la región externa de las raíces aéreas donde las hojas son duras y las flores pequeñas y resguardadas, que atraen, por sus colores vistosos, los insectos para la polinización. Este hábito probablemente se ha originado para contrarrestar el efecto del viento que podría arrasar las flores antes de que estuvieran completamente maduras. Otro mecanismo que disminuye el efecto dañino del viento es la constitución rígida y achaparada del conjunto de plantas que actúan como una barrera.

Otras especies que se muestran escasas indican que son la fase reciente de la sucesión y entre ellas se encontraron *Acaena cylindristacha*, *Hypericum nostratum*, *Hypericum strutidefolium.* Aquí las plantas no alcanzan mayor tamaño y predomina la expansión lateral de *Acaena*, mientras que el *Hypericum* resiste la sequedad, dando nuevos vástagos.

En observaciones realizadas en otra excursión (1.983) con un grupo de Ecología de la Universidad Nacional, al Páramo de Chisacá, se inspeccionaron bloques erráticos a 3.550 metros de alt. sobre la quebrada Waterloo en busca de la vegetación de la Litofitia, teniendo en cuenta que los líquenes por su hábito se pueden dividir en *líquenes crustáceos* para los que crecen directamente sobre la roca en superficies expuestas de ésta, o de sus grietas, teniendo en cuenta que su presencia se hace más frecuente en las partes más pendientes de la piedra donde se encuentran los primeros estadios de la sucesión; *líquenes foliosos*, en que el talo no está directamente en contacto con la roca sino que se halla adherido a ella por algunas estructuras especiales como rizinas, cilios, ombligos, etc. que crecen en superficies del canto donde la pendiente no es tan fuerte o también aparecen sobre el suelo; *líquenes fruticosos* con talo erecto con estructuras más complejas y especializadas creciendo en el suelo, sobre los cantos y en grietas, para no quedar completamente expuestos, siendo algunas de estas tan pulidas como el cuerno de una res.

En la lista taxonómica de los líquenes encontrados en los cantos erráticos solo damos nombre hasta nivel de género por razones obvias en este tipo de prácticas, en donde no se alcanza el nivel de especie.

Bloque errático No. 1. Líquenes foliosos: *Heterodemia* sp, *Hypotrachina* sp, *Parmelia* sp, *Parmeliopsis* sp, *Parmotrema* sp, *Umbilicaria* sp. Líquenes fruticosos: *Esterocaulum tomentoso*. Líquenes crustáceos: se encontraron varios de diferentes colores sin determinar, en superficies muy expuestas. Entre los musgos se encuentran algunos pertenecientes a los géneros *Bryum*, *Campylopus*, *Hedwuigium*.

Bloque errático No. 2. Líquenes foliosos: *Cora pavonia*, *Hypotrachina* sp, *Parmelia* sp, *Parmeliopsis* sp, *Parmotrema* sp. Líquenes fruticosos: *Esterocaulum racemoso*. Líquenes crustáceos: aparecen varios de diferentes colores, sin determinar en superficies muy expuestas; posiblemente, por ser más enhiesta la pared se encontraron en mayor cantidad que en el primer bloque errático. Entre los musgos están *Bryum* sp.y *Polytrichum* sp.

En lo que atañe a formas y estructuras de las comunidades la doctora Dana Griffin de la Universidad de La Florida a quien recordamos, dice que de los Páramos de Sur América hay muy poco publicado y que una orientación que ha gozado de popularidad entre fitosociólogos, es la de caracterizar las especies de una flora de aucerdo a sus formas de vida también llamadas formas de crecimiento. Es sabido que entre los briófitos y en las plantas vasculares, las comunidades poseen una estructura tanto fisionómica como espacial que está influida por las condiciones ambientales, siendo evidente que cuando dos sitios comparten condiciones de medios semejantes, van a ser colonizados por formas de vida también semejantes; y si los dos sitios se encuentran cerca uno del otro o si han recibido históricamente elementos de la flora de la misma fuente, puede ser que las especies en las dos localidades sean las mismas. Por otra parte, dos lugares separados geográficamente por distancias larguísimas o que heredan historias distintas, las especies envueltas irán a reflejar estas diferencias. Ejemplo de esta situación se encuentra con el género *Dendrosenecio* de los Páramos africanos que aparentemente tienen su equivalente en el género *Espeletia* que es una forma endémica de este bioma suramericano. Para los musgos la doctora Dana Griffin cita la *Rhacomitrium lanuginosum* recordando que se trata de una especie abundante en rocas ácidas y secas de diversas localidades de Europa. Su contraparte aparente en los Páramos suramericanos es la *Rhacomitrium crispulum* que aparece también sobre rocas ácidas y secas entre nosotros. Y agrega que la expresión "aparentes" no deja de ser un calificativo prudente en estas comparaciones, porque es seguro que hay diferencias entre dos nichos separados por tanta distancia. Además *Rhacomitrium lanuginosum* ha sido mencionado para los Páramos, pero no deja de ser bastante raro en el Norte de Suramérica.

Sturm, H. y Rangel, O. en su libro Ecología de los Páramos Andinos, publicado por el Intituto de Ciencias Naturales de la Universidad Nacional de Colombia, trata un aspecto de mucho interés para nosotros cual es su artículo sobre *La Fauna bajo la protección de las piedras* en donde los autores dicen que encontraron en todas las regiones piedras con diametro mayor de 10 cm. hundidas un poco en el suelo donde se coleccionaron la mayoría de los animales con una longitud mayor de 3 mm, en donde una comparación exacta no fue posible en los resultados por razón de variaciones en tamaño de los ejemplares, el número de piedras y el tiempo de colección. Para compensar parcialmente tales variaciones se recurrió a la idea de unir varias muestras en cada Páramo. A pesar de estas restricciones los resultados indican ciertos rasgos generales, por lo que con relación a la abundancia, número de especies y clase de presencia se puede decir que Carabidae y Araneae ocupan el primer lugar, siendo posible que parte de las especies de estas sean activas durante la noche fuera de su domicilio. Situación semejante puede ocurrir con otros grupos característicos como Dermoptera, Blattodea, Curculionidae, Diplopoda, Isopoda, Opiliones, y Pulmonata sin concha. Las larvas de Coleoptera, Lepidoptera, Diptera y los Chilopoda parecen en cambio mejor adaptados a una estancia permanente en este ambiente. Llama la atención la no presencia de Archaeognatha, grupo que en el bosque andino vive en, o cerca de las piedras. No se registraron ejemplares coleccionados de Amphibia ni de Reptilia, aunque nosotros, con el Doctor Pedro Ruíz sí registramos ejemplares de Amphibia en los Páramos de Cruz Verde y Frontino, Antioquia. Pero según los autores mencionados, entre los primeros, Anura era abundante en el Cocuy y en la Sierra Nevada de Santa Marta. La diferencia entre las regiones varias visitadas, como decir, la ausencia de Isopoda en Piedras Blancas y Duriameina, de Dermoptera en las mismas regiones y en áreas vecinas a Bogotá, deben comprobarse con el análisis de un número mayor de muestras.

LA CHERSOPHYTIA

El medio estacional Azonal de Tipo CHERSOPHYTIA. *Chersofitia de Páramo.*

Vegetación en suelos de muy poca profundidad efectiva que descansan sobre substratos rocosos.

Control ecológico discrepante del hábitat por razón de suelo superficial muy poco profundo, incapáz de retener suficiente cantidad de agua para el enraizamiento de las plantas por su poco volumen. .

Definición: Si nos atenemos a la definición de Dugand (33), la *chersofitia* corresponde a la parte de la Pezofitia que se caracteriza por la discrepancia de un factor físico del substrato; en este caso el factor adverso lo constituye la escasa profundidad del suelo, su delgadéz y poca substancia, una de cuyas consecuencias principales es la humedad muy pequeña que es capáz de retenerla y conservarla.

Obsérvese que esta sequedad del substrato no depende del clima, que bien puede ser seco o húmedo, por ser el suelo tan delgado, que su reducido volúmen no permite físicamente sino un contenido de agua muy limitado, pues el poco exceso de humedad que logra empaparlo en ocasiones, como cuando llueve o cuando se deposita mucho rocío en la madrugada, es evaporado rápidamente por el hecho mismo de ser exigua la cabida del sustrato. Es pués, consecuencia natural que la vegetación correspondiente tenga caracteres xeromorfos, que falten los árboles siquiera de mediano tamaño y predominen en el lignetum los arbolitos bajos de hojas generalmente coriáceas, y entre los demás biotipos, los crasicaules y los arrosetados. Por lo dicho la chersofitia se confunde a veces con la xerofitia general, de la cual difiere en que la sequedad que exhibe no depende del clima sino que es estrictamente local, pues la causa de ella es la delgadéz o exiguidad del suelo en el sitio afectado, que puede llegar a ser extenso. En consecuencia, este factor de aridéz cesa en los suelos de distinta naturaleza, que tienen geografía semejante y por consiguiente, la chersofitia se puede presentar aislada con carácter de enclave.

Un caso que podría servir de ejemplo para sustentar esta clasificación, es una extensión de Páramo sobre un tablón rocoso inclinado, con suelo más bien arenoso pero muy somero cuya topografía depende del esqueleto geológico, como el que aparece en la vereda de Santa Helena y el Páramo que está encima de la población de La Calera, en Cundinamarca. En efecto, la razón que el campesino dá para la presencia de vegetación de Páramo a esa poca altura, es la delgadéz del suelo.

En nuestras excursiones hemos observado varias estaciones que pueden servir de ejemplo de *Chersophytia.*

En el Páramo de Chisacá, a altura de 3.650 m se describió un suelo rankeriforme asentado en una cornisa de arenisca con cubierta vegetal de Páramo quersófito corriente. La geografía de este suelo se completó con una catena hasta una antigua turbera humificada.

En el Páramo de Palacio, Cundinamarca, se hizo una calicata en un suelo muy poco profundo formado sobre caliza, donde se asentaba directamente el perfil sin más horizontes que el A. Una vegetación corriente de Páramo en suelo que no llegaba a pH neutro y que en el clima de la localidad había sido algo lixiviado para alcanzar ligera acidéz.

Suelos litoesqueléticos con vegetación de Páramo quersófítico se pueden observar frecuentemente. En esta ocasión recordamos particularmente los ejemplos del Páramo de La Rusia y de Silvia, formados sobre rocas metamórficas de difícil descomposición y sometidos a la erosión geológica en relieve acentuado.

Topografía *karst* solamente hemos visto, incipiente, en el área caliza del Páramo de Palacio y en las lomas de Duitama Boyacá, que se divisan desde la carretera que conduce a Sogamoso, las cuales visitamos con el espeleólogo Acconchaioco (1.965). A este respecto, debemos pensar en la mejor manera de dar un nombre adecuado a un *Tipo ecológico* nuevo, el de las cavernas, que podría ser el de *Spelaeophytia.*

LA SAXIPHYTIA

El medio estacional Azonal de Tipo SAXIPHYTIA. *Saxifitia de Páramo.*

Vegetación de suelos cascajosos y bloques rocosos.

Control ecológico discrepante del hábitat por razón de la excesiva tosquedad del substrato.

Definición: La *Saxiphytia* que proponemos corresponde a la vegetación terrestre en que el suelo excesivamente tosco, cascajoso y/o de bloques, constituye la discrepancia dominante del conjunto de factores y el carácter diferencial del medio. La verdadera *Saxiphytia* debe reducirse a aquellos casos en que realmente sea el carácter cascajoso del suelo, el tal carácter diferencial. También sería *saxiphytia* la vegetación de los pedregales desérticos, cuando difieran solo por ese concepto de la de otros suelos de la misma área desértica.

Un ejemplo en ciertos sectores del Sahara es el *Reg*. Pero si esta estación recibe por debajo, el auxilio de aguas freáticas, entonces viene a convertirse en un ejemplo de *Saxiphytia* freática.

Otras condiciones fundamentales que deben respaldar el concepto del tipo ecológico *Saxiphytia* son:

1. El substrato de cantos y bloques debe ser suelto, bien drenado y puede presentar una exposición determinada.
2. El conjunto del canchal *(ebouli)* o de la morena debe encontrarse auxiliado por agua subterránea; en este caso, como se dijo, sería un ejemplo de *Saxiphytia* freática.
3. Se trata pués de un habitat o residencia de ambiente notablemente mineral y rocoso, de fácil calentamiento por razón del calor específico de la mayoría de las rocas, y con propiedades de abrigo en su interior si se le compara con el entorno de su exterior regional.
4. La calidad de abrigo envuelve tanto el entorno del pedregal en el conjunto de bloques, como del sustrato considerado globalmente.
5. Este tipo de medio estacional puede tener más o menos cualquier pendiente por encima de la horizontal.

Como ejemplos teóricos a investigar proponemos el caso de los bosquetes de

Polylepis, que de manera misteriosa ascienden por pedregales y canchales a grandes alturas en Venezuela y Colombia y, por roquedales, en el Perú.

Para el super-Páramo colombiano en ambiente zonal, puede encontrarse un ejemplo en una de las investigaciones de Cleef (12)en la Quebrada Bocatoma a 4.270 m, correspondiente al super-Páramo bajo de la Sierra Nevada del Cocuy, donde se trae a cuenta una comunidad de *Pernettya prostrata y Luzula racemosa* que queda integrada así:

1. *Luzula racemosa*
2. *Pernettya prostrata*, var. *prostrata*.
3. *Senecio cocuyanos*.
4. *Poa* sp.
5. *Agrostis breviculmis*.

Esta comunidad se encuentra sobre morena con bloques empotrados en matríz de pH 5.2. Esta misma reacción está registrada en un hombro que tiene una delgada acumulación de sedimento de supeficie horizontal.

Sobre suelos pedregosos crece *Libanothamnus glossophyllus* al lado de arbustos dispersos de *Arcytophyllum nitidum*, *Miconia salicifolia*. El mayor es el llamado tabaco de la sierra, una especie arborecente de frailejón de hasta unos 5 metros de altura, que se encuentra en el Páramo arriba de Mamancanaca, ladera meridional de los picos Tayrona.

LA CHASMOPHYTIA

El medio estacional Azonal de Tipo CHASMOPHYTIA. *Chasmofitia de Páramo.*

Vegetación que crece en las fisuras de las rocas.

Control ecológico discrepante del hábitat por razón de la escasa acumulación de suelo dentro de las fisuras de las rocas.

Definición: La *Chasmophytia* pertenece a la *Petrophytia* general que hace referencia a la vegetación que vive en un medio rocoso. En particular se habla de *Chasmophytia* o chasmofitia cuando la vegetación vive en las quiebras de las peñas rocosas sobre lo poco de tierra que hay en ellas y que puede ser producida por la vegetación misma. Este tipo ecológico admite y contiene frecuentemente vegetación de orden superior, inclusive árboles, toda ella rupícola. Por esto podemos decir también que los petrófitos se pueden dividir en litófitos y casmófitos.

María Teresa Murillo nos informa sobre *Jamesonia Alstonii* A.F. Tryon, que crece a 4.400 m en la fisura de la roca.

En 1.964 (24) decíamos acerca de la Chasmofitia: llama la atención los matorrales de arbustos leñosos y de hoja pequeña que tanta variedad dan al Páramo sobre los afloramientos rocosos, a las grietas y a las alfombras rankeriformes observadas en Sumapáz. En el Ruiz, un fruticeto con *Loricaria colombiana*, *Lycopodium saururus*, *Senecio* sp. y gramíneas psicrofíticas de fuerte raigambre indican las condiciones ecológicas más cálidas o húmedas en el super-Páramo.

Una catena hipotética de ejemplo puede proponerse en la vereda de Santa Helena, Municipio La Calera (Cund.) donde encontramos un paramillo o pseudo-Páramo el cual lo homologamos a la pradera pseudoalpina de *Nardus stricta y Vaccinium* de la formación vegetal *Pelouse des Hautes Chaumes* de los Vosgos franceses en clima montañero pseudo-alpino, con temperatura aproximada promedia inferior a 4ºC y precipitación de 2.000 mm. Este paramillo ocupa toda la cuesta de una formación areniscosa bastante inclinada y uniforme que remata en una cuchilla afilada a unos 3.450 m que se precipita en un farallón de varios centenares de metros, el cual está cubierto de vegetación rupestre que llega hasta el arboretum, donde destaca *Drymis granadensis* metido entre las diaclasas de bloques donde dan los vientos de los

Cordillera Oriental. Páramo El Tablazo. Suelo profundo sin clastos derivado de eolocineritas sobre arenisca. Ecología del Suelo: Este Páramo recibe los vientos de occidente, tiene fuerte pendiente y en él se presentan ejemplos de ***Andic Humitropept*** cuando hay cenizas volcánicas en sus 30 cms. superiores como éste. También debe presentarse ***Typic Distrandept***. Foto E. Villamil, 1.983.

Cordillera Oriental, Nevado de El Cocuy. Pico El Castillo, vertiente sur a 5.190 metros. Boyacá según foto Erwin Kraus. El autor propone el nombre de este escalador pionero para uno de los picos de la izquierda.

Cordillera Oriental en Páramo abierto de Chisacá. Bloque errático con arbolito de encenillo creciendo en la quiebra del roquedo a pleno viento. Sobre el bloque del fondo, colchón rankeriforme (*Chasmophytia*). Foto del autor.

Páramos de Guasca. En esta pared anidan, según los campesinos, gallinazos, y parece haber sido un lugar propicio para el asentamiento de los cóndores que existieron en la región y de los que pueden volver con la reciente repoblación hecha por Inderena en 1.989.

A pesar de que el tablón inclinado de arenisca ostenta en su base suelos humíferos profundos, estos se van adelgazando a medida que se asciende por entre un bosquete de encenillos *Weinmannia* sp; *Espeletia*, *Bejaria*, *Bouquetia*, *Clethra*, *Macrocarpaea*, *Puya*, *Paepelantus* y algunos arbolitos esclerófilos en suelo completamente tapizado por grueso proteretum de musgos y líquenes permanentemente hozados por cuzumbos *Nasuella olivacea y Nasua* sp.

En el lomo del paramillo aflora la arenisca cuarcífera de mediano grano, que está siendo atacada por líquenes y un muscineto que ha alcanzado a formar un tapete rankeriforme seco y duro al deshidratarse, de unos 3 centímeros de espesor, con pH 6.5, que se puede desprender con esfuerzo porque está tenazmente aferrado a la roca de planos lisos y protuberancias caprichosas en lugares de mayor resistencia, las cuales están pobladas de líquenes rasantes y fruticosos, sometidos al viento como penachos en los sitios de mayor exposición. En esta sucesión vegetal primitiva, con carácter de litoseries, aparece de pronto en cualquier parte asentado sobre la roca o metido entre las ranuras el uvo de monte, *Macleania rupestris*, que lanza potentes raíces aplanadas que serpentean como los brazos de un pulpo, para componer fuertes estructuras bulbosas que envían ramas formando suelo y colonizando, al lado de *Clethra* sp.; entre tanto, en las ranuras o diaclasas lineares de rocas casi planas se van instalando detrás de los musgos algunas gramíneas y arbustos enanos cargados de frutos, con aspecto de bonsai y también orquídeas, *Pernettya prostrata*, *Vaccinium meridionalis*, *Epidendrum xantium*, *Heleanthus* sp., siendo esta orquídea terrestre una de las más agresivas en este medio casmófitico y quersófitico. Más allá, donde el suelo ya ha profundizado aparece un graminetum de tamaño mediano que es el de *Festuca* sp., con extraño aspecto de carrizo. Sobresale en este entorno, sobre las ramas de la *Macleania rupestris*, la hermosa orquídea enana *Oncidium* sp.

Este paisaje fisiográfico y vegetal parece adecuado para establecer una toposecuencia o cadena hipotética que empezaría con las rocas primeramente colonizadas del lomo de la serranía, y que va a terminar al pié del tablón inclinado de arenisca, donde el suelo es suficientemente profundo para sotener árboles y prados de pastoreo, y donde se establece en forma natural, un encenillar casi puro que debe ser secundario. En consecuencia, tenemos el tapete rankeriforme del filo y en la base un suelo humífero profundo inceptisólico, sin gran diferenciación con suelos intermedios de diferente espesor. Es curioso ver sobre el camino, la lechada de cuarzo cristalino que se separa de la materia orgánica en este tipo de humus.

La anterior catena que es de suelos, puede completarse con una "catena" de vegetación, a pesar de que este lugar puede encontrarse considerablemente alterado, dada la antigua colonización del área, donde se sabe que ha habido incendios, corte de leña y pastoreo en el carrizal mencionado.

LA PHREATOPHYTIA

El medio estacional Azonal de Tipo PHREATOPHYTIA. *Freatofitia de Páramo.*

Vegetación que crece en suelos o substratos subirrigados no dependientes totalmente del clima atmosférico regional.

Control ecológico armónico del hábitat por razón del auxilio que reciben las plantas de las aguas freáticas y vadosas.

Definición: Preferimos que este tipo ecológico creado por el autor del presente libro sea definido por el Inderena, lo mismo que la Limophytia fretática así: Phreatophytia: del (Gr. *Phrear*, *phreatos* = pozo, manantial, fuente; *phyton* = planta). Aplícase a la vegetación propia de vegas u orillas de cursos de agua o depresiones, para lo cual no hay escaséz de agua inclusive durante los meses más secos, debido a la disponibilidad freática o subterránea de ésta.

En este sentido, la literatura sobre los Páramos africanos trae interesantes ejemplos sobre todo en los frentes más secos; lo mismo las formaciones que se encuentran en Etiopía particularmente.

Por razón de que los Páramos colombianos gozan comunmente de suficiente agua disponible para las plantas y su cubierta vegetal, dejamos las posibilidades de este espacio para ser llenadas con ejemplos de formaciones vegetales más secas que los Páramos colombianos en general, como son la *Jalca*, la *Puna* y las zonas de vida de la alta montaña que van hasta el desierto en el Cono Sur, donde la *Phreatophytia* puede descubrirse y destacarse en las vegas, los bosques y bosquetes de galería y en los oásis.

Al respecto nos permitimos traer a cuenta un ejemplo de A.L. Cabrera que aparece en *Geo-Ecología de las Regiones Montañosas de las Américas Tropicales* (76) que nos puede ilustrar este tipo ecológico; son los llamados "tolares" de *Parastrephya lepidophyllia* y *P. phylicaeformis* que arraigan en suelos con nivel de agua cerca a la superficie.

LA PSAMMOPHYTIA

El medio estacional Azonal de Tipo PSAMMOPHYTIA. *Psamofitia de Páramo.*

Vegetación de suelos arenosos en enclaves.

Control ecológico discrepante del hábitat por razón de la excesiva movilidad del substrato y carácter arenoso del suelo.

Definición: la *Psammophytia* corresponde a la vegetación terrestre en que el suelo excesivamente suelto constituye la discrepancia del conjunto de factores y el carácter diferencial del medio. La verdadera *Psammophytia* debe reducirse a aquellos casos en que realmente sea el carácter arenoso del suelo, el tal carácter diferencial. Así, en la vegetación dunícola de los desiertos, el factor dominante es la falta de agua, y su vegetación puede corresponder a la *Hyperxerophytia.* En cambio, constituye evidentemente y siempre una *Psammophytia*, la vegetación de las dunas dentro de un clima no desértico, pudiéndose encontrar frecuentemente el ejemplo de la Psamofitia freática, principalmente en aluviones, vegas y partes bajas (36).

Para los arenales de las faldas del volcán de Puracé, ofrecemos al lector la comunicación personal recibida del botánico Roberto Jaramillo-Mejía sobre los siguientes géneros y especies que allí medran: *Brugmansia sanguínea* (Ruiz y Pavón) D. Don ssp. *vulcanícola* (Barclay) Lockwood; *Espeletia* sp.; *Senecio* sp.; *Serastium* sp.. Para el Nevado del Tolima, en el municipio de Santa Isabel y en la quebrada Africa por el paso de la Cordillera Central, abunda en los arenales de cenizas volcánicas *Senecio gelidus* Wedd., a 4.300 - 4.400 m de altitud.

Cleef (12) observó algunas comunidades de super-Páramo bajo, una de ellas con vegetación arbustiva (25 cms. de alt.) correspondiente a *Niphogeton joseii* que se encuentra ocasionalmente entre 4.270 y 4.340 m en el bajo super-Páramo arenoso y gravilloso del Cocuy, cerca de Patio Bolos y que es común en Alto Nievecitas. Aquí, la endémica *Niphogeton joseii* cubre cerca del 25% y está asociada con *Senecio Cleefii* que es otra especie arbustiva pequeña que reemplaza en parte a *Pernettya prostrata var. prostrata*.

Otras comunidades semejantes en este medio estacional se podrían establecer en Páramos de Costa Rica, Ecuador y Venezuela, sobre todo en el penúltimo país, donde la actividad volcánica relativamente reciente ha sido muy activa a grandes alturas.

LA OXYPEZOPHYTIA U OXYPHYTIA

El medio estacional Azonal de Tipo OXYPEZOPHYTIA. *Oxypezofitia de Páramo*, que H. Del Villar llamó Oxyphytia.

Vegetación propia de suelos levantados orgánicos de reacción extremadamente ácida.

Control ecológico discrepante del hábitat por razón de la acidéz excesiva del suelo orgánico.

Definición: Con este nombre se designa la vegetación propia de suelos de reacción extremadamente ácida cuando esta no corresponde al clima regional. Ej.: Font Quer (36) menciona las turberas, las gándaras y brezales; nosotros hablamos de los tremedales cuando no son formaciones climáticas sino que constituyen enclaves dentro del área de un climax o conclimax mesofítico.

Dugand (33) recuerda que el frío constante en la atmósfera ejerce en las plantas una acción semejante a la de la aridéz y es por esto que la vegetación psicrófila se asemeja tanto a la xerófila por la ausencia de árboles grandes, el achaparramiento de las formas leñosas, el nanismo de ciertos órganos vegetativos, la frencuencia del porte rastrero y la disposición arrosetada de las hojas; la fuerte cutinización del limbo foliar con hipertrofia del esclerénquima. Así, muchos frútices leñosos de las regiones frías son tan bajos que ocupan a menudo un estrato común con las gramíneas y frecuentemente se juntan entre sí, formando a manera de densos céspedes o espesas almohadillas al entrelazarse mucho sus ramificaciones, como es el caso de *Plantago rigida* en los Páramos; y en esta red de residuos de hojas muertas y restos de vegetales de putrefacción lenta se llega a formar una masa humífera más o menos densa que protege estos frutículos ocultándolos complemtamente, y hospedando esa multitud de organismos de la mesofauna que se ha empezado a estudiar por parte de Sturm y Abouchaar (71).

Además, en ciertos arbustillos enanos las ramas rastreras se soterran, desarrollándose solamente en el aire las partes floríferas que están provistas de hojas arrosetadas en la base, casi a ras del suelo. Formas biológicas aparentemente tan diversas han sido reunidas por Cuatrecasas al lado de varias otras intermedias, en un solo tipo denominado por él *Cryptolignuletum*, en el cual él distinguió 4 subtipos: rossuletosum, caespiti-pulvinosum, fasciculosum y laxum, que no necesitan explicación por ser obvias sus significaciones. Pero tan importante es en el piso altiandino de Colombia el criptolignuleto, que ella constituye, según Cuatrecasas, el 50% de la vegetación total.

Según Dugand (33) la energía radiante del sol es un factor de mucha importancia para la vida vegetal por la acción directa de la luz en el metabolismo clorofílico, en la nutrición y en el desarrollo general de la planta, puesto que la luz favorece también la apertura de los estomas y la permeabilidad de las células; por consiguiente, la pérdida de agua por transpiracción es tanto más enérgica cuanto más intensa sea la radiación solar; de ahí que una alta luminosidad en el ambiente contrarreste los efectos de la humedad y venga a tener, lo mismo que la baja temperatura reinante, una influencia considerable en la adaptacción xerótica de las plantas.

Está comprobado que el suelo de los Páramos es generalmente húmedo, ácido y húmico como lo recuerda Dugand, con pH de 3.8 - 4.0, y un poco más a nivel de las raíces, lo que depende obviamente de los materiales de orígen y del grado de evolución, según nuestro concepto. Por consiguiente, la *Psicrofitia* andina participa también de la *Oxilofitia* y se asocia frecuentemente a la *Oxihidrofitia.* Esta última es la vegetación que medra en los medios aguanosos ácidos como son los tremedales o "tembladeros" de *Sphagnum* saturados completamente de agua.

Las turberas y los suelos turbosos han sido para nosotros materia de gran interés. Se ha tratado de recorrer los Páramos a todo lo largo del país en busca de aquellas y de los suelos rankeriformes que a veces son potentes cuando ha habido prolongada humificación.

Turberas de varios tipos se han estudiado en los Páramos de Chisacá, Palacio, Sote, Tota, Cocuy, Ruiz, Paletará, y también en el Páramo de Frontino, donde en su parte baja y en contacto con el bosque de *Drymis* que se arrima al Páramo se examinaron suelos turbosos muy superficiales que descansan directamente sobre la roca madre y también suelos enterrados en lugares de glaciarismo, sin olvidar los suelos rankeriformes asentados directamente sobre las rocas que se encuentran a muy poca profundidad. En Sumapáz hemos hecho levantamientos con nuestros estudiantes para establecer catenas que alcanzan en el filo la roca madre, seguidas del ranker y finalmente la turbera que aparece en la base.

Las condiciones ecológicas de nuestros suelos orgánicos son semejantes a aquellas que hemos observado en suelos turbosos, histosoles y suelos cumulosos en Europa, U. S. A. y Africa.

El Inderena (45) hace mención de suelos turbosos y turberas en Puracé, cerca a los termales de San Juan, las cuales están asociadas a *Sphagnum*, sp, *Pernettya prostrata, Puya* sp. *y Blechnum loxense.* Igualmente en los Parques Naturales de Las Hermosas, Sumapáz, Chingaza, Paramillo y Los Nevados, donde se menciona un pantano turboso con la planta almohadillada *Distichia muscoides;* en el Páramo de Pisba y del Cocuy donde se mencionan suelos orgánicos *Saprists*, en el Santuario de Fauna y flora de Iguaque en Boyacá. En este mismo departamento, hemos sacado perfiles enteros de turberas raras para el trópico, que se encogen al secarse por eliminación de sales; estas pertenecen a un Páramo "al revés" o pseudopáramo que se encuentra por debajo de la línea superior del bosque, posiblemente por razones edáficas y de influencias freáticas en el llamado Páramo de Sote, encima de la ciudad de Tunja.

Un ejemplo de pseudopáramo puede ser también el llamado Páramo de Las Mirlas, estudiado recientemente en el departamento del Chocó.

El Igac ha estudiado suelos orgánicos o Histosoles en diferentes partes del país, en tierra fría y caliente. Elvers Marín hizo un estudio pedológico completo del Valle de Sibundoy en el Putumayo.

En relación con las turberas de altitud, nos llamó la atención una de tipo enano descrita no lejos de un glaciar, en un hombro fisiográfico no más amplio que un patio casero en el Nevado del Cocuy.

La única turbera leñosa que hemos encontrado hasta ahora ha sido la del Páramo de Palacio, bajando por el lado oriental hacia el paramillo de Chuza.

De un informe de uno de nuestros grupos de Ecología, que lleva por título *Reconocimiento de una Catena sobre una Morena Glaciar en el Páramo de Chisacá* a 3.650 m de alt. hemos sacado los siguientes datos de la turbera basal hasta 1 m de profundidad: color: 5 YR 2/0, negro con puntos blancos como de sal; estructura granular mediana; consistencia muy blanda en húmedo; fina y porosa; pH 5.0; ausencia de cenizas volcánicas. Vegetación: están presentes los siguientes géneros, *Achyrocline*,*Alerria*, *Bartzia*, *Calamogrostis*, *Castilleja*, *Cladonia*, *Cora (pavonia)*, *Hypericum*, *Luzula*, *Paspalum*, *Polytrichum*, *Rumex*, *Valeriana*.

Ascendiendo en línea recta a 100 metros de distancia y en un angosto descanso, se describió un perfil de 44 cms. de espesor sobre material areno-cascajoso con la siguiente cubierta vegetal: *Arcytophyllum (muticum)*, *Calamagrostis*, *Carex*, *Espeletia*, *Lycopodium*, *Paepallanthus*, *Valeriana*. Siguiendo en línea recta, a 150 metros del primer perfil, se describió un suelo de 65 cms. de profundidad sobre material areno-cascojoso con la siguiente cubierta: *Achyrocline*, *Calamagrostis*, *Diplostephium*, *Espeletia*, *Festuca*, *Gnaphallium*, *Paepallanthus*, *Polytrichum*. A 50 metros del anterior, encima de la cuesta se describió el cuarto perfil, con 35 cms. de espesor sobre material areno - cascajoso, con la siguiente cubierta: *Festuca*, *Espeletia;* y, finalmente, a 250 metros de la turbera de base y en la parte más alta de la secuencia, se encuentra el quinto perfil sobre material areno-cascajoso, de 35 cms de profundidad, con las siguiente cubierta: *Festuca*, *Espeletia*. El perfil basal es una turbera, un Histosol que está influido por aguas freáticas, en cambio, los suelos subsiguientes hasta la cima son Inceptisoles, suelos Rankeriformes de pendiente fuerte, con buen drenaje que descansan en material de acarreo del glaciarismo.

De Ph. Duchaufour en su libro *Pédologie*, tomamos un ejemplo de turbera oligotrófica (turba de *Sphagnum*) de los Vosgos, sobre roca madre de aluviones silíceos de glaciarismo que reposan en substratos en depresión a 600 m de alt. Clima húmedo de montaña con 150 mm de precipitación que ampara una vegetación de turbera esponjosa de musgos invadida localmente en las áreas mal drenadas por una landa de ericáceas que tuvimos la oportunidad de observar directamente.

Perfil.

0 - 30 cm	Porción parcialmente desecada en verano, de estructura granular y morfología que recuerda la de un humus bruto de color negro.
30 - 100 cm	Turba de *Sphagnum* débilmente humificada, fibrosa de color pardo oscuro, esponjosa y encharcada.
100 - 200 cm	Turba de *Sphagnum* más oscura y descompuesta, de estructura polvosa en estado seco.

Vegetación de plantas acidófilas:
Andromeda polifolia, *Drosera rotundifolia*, *Eriophorum vaginatum*, *Polytrichum commune*, *Polytrichum juniperinum*, *Scirpus coespitosos*, *Sphagnunm* sp.

Características del *mor* (partes más secas en la superficie): *Calluna vulgaris*, *Vaccinium myrtillus*, *Vaccinium vitis-idaea*.

La turbera susodicha tiene un pH de 3.6 entre 0 y 15 cms. de profundidad y pH 3.8 a un metro. Su tenor en materia mineral es extremadamente bajo y deja muy poca ceniza. Gran pobreza en nitrógeno en comparación con la turba cálcica y muestra una relación C/N muy elevada. La capacidad de cambio es alta a pesar de la transformación incompleta de los detritos orgánicos y la débil humificación. Esta capacidad parece ligada a la presencia de ciertos productos intermedios (lignina transformada y oxidada). Contenido en bases de cambio muy débil.

Un imaginario cimarrón tayrona que nos miraba fijamente, parecía sentirse en su ancestral paraiso de libertad amparado por las distancias, la soledad y el silencio de las nieves. La belleza de este ambiente misterioso me hizo recordar por un momento el circo glacial milenario del Gavarní:
Todas las flores de aquella tierra de mis amores son para tí // flores de piedra, rosas del viento, pétalos frescos de aquel pensamiento en que decías // era tu vida flor del momento de un solo día // quizás dudando, que para mí fuese la vida unicamente // aquel recuerdo de las alturas del Gavarní.

LA CRYPTOPHYTIA

El medio estacional Azonal de la CRYPTOPHYTIA. *Criptofitia de Páramo.*

Vegetación que prospera en lugares amparados de factores ecológicos con efectos excesivos y fauna que habita debajo de las rocas.

Control armónico del habitat, determinado por una atmósfera favorable constante, debido a ausencia o disminución en los factores de disturbio como pueden ser el exceso de viento o de luz, de pisoteo, pastoreo o ramoneo, acción del fuego y el corte de leña. El mejor ejemplo de este tipo ecológico armónico puede estar representado por el cuidado que reciben las plantas en una casa, o en un jardín casero. Y si esta casa que está provista de calefacción y de puertas y ventanas dobles se encuentra a unos 4.200 metros de altura, en un Páramo bien bravo, sometido a vientos, nieve y demás factores meteorológicos de control que son agresivos a la vegetación, sus habitantes pueden cultivar flores en materas y obtener cosechas domésticas de hortalizas con ayuda de la hidropónica si se prodigan cuidados permanentes a sus plantas. Igualmente se pueden sostener acuarios y peceras o criar curíes en las cocinas, como probablemente lo hicieron los habitantes de las cavernas de El Abra estudiadas en ese Corredor por Correal Urrego; de ello hace 12.400 años.

Pero un ejemplo más técnico sería el de armar un invernadero con calefacción y ventilación especial, donde se puedan controlar con mayor precisión los factores del ambiente. A este respecto debemos decir que en los ensayos que se lleven a cabo en este entorno artificial en fisiología vegetal, deben dar resultados más reales de los acostumbrados, debido a que las muestras de suelo humífero, que se llevan al bajo país cálido para experimentación, no deben dar resultados confiables por la posible liberación de nutrientes como el nitrógeno, que se activa a partir del humus en la tierra caliente.

En condiciones naturales se puede apreciar y sentir el medio estacional de la *Criptofitia*, por ejemplo, en los canchales formados por enormes bloques rocosos que se divisan desde alguna de las fincas del Cocuy, Ritacuba, cuyo interior y vericueto se asemeja a una población arhuaca, con corredores y pasajes arbolados de enclave, donde es activa la fauna de graciosos animalitos como el cuzumbo *Nasua olivacea* y roedores como el borugo. Se trata de un enclave de clima particular, restringido a lo descrito por la ocurrencia de los bloques.

También podemos hacer mención como ejemplo de este tipo ecológico a los nichos vestigiales de las glaciaciones mencionados por E. Guhl (41) los que albergan hermosos matorrales arbustivos a alturas de 3.700 m y más, los cuales se encuentran hoy vacíos de nieve.

Por otro lado, a grandes alturas, como se puede observar en el Nevado del Cocuy a la altura de los caminos o de las cárcavas, encontramos que los estratos geológicos más flojos o deleznables se erosionan más profundamente que los resistentes y dan lugar a cavidades longitudinales amplias con piso y cornisa encima, donde se pueden proteger de los elementos los caminantes, las cabras, las ovejas y el ciervo; en el interior de estas oquedades pueden establecerse algunas comunidades vegetales que necesitan mayor amparo.

Para explicar algunos de estos raciocinios, se puede idear la manera de hacer una excavación cuidadosa de un metro cúbico de tierra en un suelo profundo de acumulación en el Páramo inclinado, que goce de buen drenaje interno; en el fondo de este hueco se pueden sembrar algunas plantas indicadoras que sean susceptibles a las ventiscas, y en caso necesario, para asegurar el ensayo, se puede colocar un tubo de avenamiento en el fondo para evitar que la cavidad se empoce, luego puede esperarse que las plantas crezcan.

Un ejemplo de las investigaciones de Cleef (12) nos puede servir para ilustrar este tipo ecológico de la Criptofitia; nos referimos a la comunidad de *Hypericum laricifolium* ssp. *laricifolium* que tiene amplia distribución en los altos Andes tropicales desde el centro del Perú hasta Venezuela, encontrándose esta subespecie en la línea zonal del bosque o en abrigos de Páramo entre bloques rocosos. Pues bien, en la base del talus o *scree*, este arbusto hypericaceo es reemplazado gradualmente por un bosquete enano de *Escallonia myrtilloides* L.F. que, al parecer a esas alturas necesita amparo.

En la Taiga y en la Tundra podrían buscarse ejemplos de este tipo que sí existen en Páramos africanos. De todas maneras, estamos tratando aquí de un microcosmo o microecosistema natural interesante que permite que las agrupaciones de plantas y las plantas individuales asciendan algo más en estos enclaves.

En las ciudades también es posible encontrar ejemplos para este tipo ecológico a lo largo de los andenes y sobre todo en donde estos forman un ángulo con las paredes donde se encuentra algo de tierra: allí se instalan y florecen plantas ruderales o viarias donde no son destruidas por los peatones o por el tránsito de cualquier tipo.

LA BIOGENOPHYTIA

El medio estacional Azonal de Tipo BIOGENOPHYTIA. *Biogenofitia de Páramo.*

Vegetación que vive en medios estacionales creados por seres vivos exceptuando al hombre.

Control ecológico discrepante del hábitat por razón de la alta concentración de materias orgánicas de origen animal en el suelo.

Definición: Este término se aplica a la vegetación que vive en medios estacionales creados o esencialmente modificados por seres vivos, como pueden ser los terrenos y parches formados por la acumulación de materiales de deyección en una querencia de mamíferos. Aunque etimológicamente podrían incluirse aquí los casos en que el ser vivo creador o transformador es el hombre, la importancia y el carácter especial de la obra de este en tiempos pretéritos o en la actualidad,se consideran aparte, dando lugar a la otra subdivisión de la *biophytia* que es la *paranthropophytia.*

De uno de los tantos ejemplos que podríamos dar de A.M. Cleef (12) para ilustrar este tipo ecológico, nos podría servir el de los campos de rosáceas que pueden considerarse como vegetación zonal degradada o azonal, debido al intenso pastoreo por ganado y también a la quema que, por su origen podría incluirse en ciertos aspectos de la paranthropophytia. Se trata de la comunidad de *Agrostis breviculmis y Lachemilla pinnata* a alturas de 4.100 y 3.890 m en El Almorzadero y El Cocuy, donde el pastoreo y el abonamiento por el ganado es común, lo que se puede apreciar por la presencia de *Rumex acetosella y Veronica serpyllifolia*, donde *Lachemilla pinnata* tiene un amplio alcance ecológico y puede presentarse en toda clase de substratos.

Otro ejemplo de Cleef (12) que incluiremos también en otro aparte, pero que sirve de ejemplo a la biogenofitia es el de los abrigos rocosos secos o húmedos que él considera comunes en los Páramos en su área de estudio entre 3.500 y 4.500 m en la Sierra Nevada del Cocuy, donde el abrigo buscado por el ganado y el ciervo puede haber introducido plantas nitrófilas, crucíferas, *Parietaria, Urtica, Bidens, Rumex acetosella.*

También en la asociación *Agrostio breviculmis-lachemilletum orbiculatae* en los Páramos del Almorzadero y Los Nevados. Esta comunidad está caracterizada por el intenso pastoreo y abonamiento natural en terrenos planos donde el abono se esparce en partes y desaparecen los manojos de pasto. En el Páramo de Guantiva se asocian felpas de *Azorella pedunculata* y *Plantago rigida* (12) y del mismo autor, el *Aciachnetum pulvinatae* donde pastorean ovejas y caballos, hace que el suelo abonado cargue *Rumex acetosella, Lachemilla orbiculata, Agrostis trichodes* y *Paspalum bomplandianum.*

LA PARANTHROPOPHYTIA

El medio estacional Azonal de la PARANTHROPOPHYTIA. *Parantropofitia* de Páramo.

Vegetación propia de medios modificados por el hombre.

Control ecológico discrepante del hábitat por razón de la intervención humana que es a veces de carácter continuo.

Definición: el tipo *Parantropofitia* se aplica a la vegetación propia de medios modificados por el hombre, por su habitación y sus construcciones o adaptaciones, como la tala de bosques, roturaciones, cultivos, riegos, vías etc. Las estaciones que de ello resultan se llaman respectivamente ruderales, viarias y arvences (36).

A pesar de que nosotros creíamos ingenuamente que los Páramos vecinos a las grandes ciudades como Bogotá se encontraban en estado pristino, E. Guhl (41) anota que en el macizo de Chisacá, en lo que respecta al lado occidental de ese Páramo, la vegetación se halla semidestruida por las quemas. Esta aseveración es aplicable con mayor razón a ciertos sectores cercanos a la ciudad de Quito y también al volcán de Puracé donde se llevan a cabo actividades mineras para extracción del azufre con combustible de leña proveniente del bosque andino de mandur, como lo pudimos ver en nuestras andanzas por esos lares hace tres décadas.

La acción antropógena y la presión ejercida por el aumento en la población es problema de máxima importancia para cualquier país. Porque, siendo una sola la Tierra que existe y compartimos, no es comprensible que la humanidad destruya progresivamente la única fuente de vida que en principio proviene del suelo, la flora, la atmósfera y el agua que sustenta. En concepto del autor, en términos de vida humana, el suelo no es un recurso natural renovable como se ha creído hasta hoy. Siendo esto cierto, no es lógico que al suelo se le destruya en forma irracional y es bien curioso, que exista al parecer una relación inversa entre el grado de la inteligencia humana que dá origen al progreso y la preservación de los recursos terrestres de los cuales depende su futuro. El equilibrio natural de los ecosistemas solo lo encontramos en los biomas pristinos y en las sociedades primitivas donde no hay intervención humana al estilo nuestro. Ese equilibrio que en Colombia existió apenas hasta hace unos 12.500 años, en el paleoindio, vino a perderse al comienzo de la sedentaria agricultura, cuando nos salimos del concierto armónico de la naturaleza. Posteriormente, con el Descubrimiento, la destrucción se aceleró y ha sido tal, que de los recursos primitivos de aquel equilibrio solo queda una fracción sin orientación política alguna. Un ejemplo, la Amazonía del Brasil y Colombia. Solo faltaría un consenso razonable para que aquella relación inversa revirtiera a una situación positiva e inteligente. Quizá ese estado de cosas pueda alcanzarse como ya se ha logrado en países verdaderamente civilizados.

Al tratar de los cultivos en esta región de Sumapáz, además de la papa, en las tierras cercanas al Páramo también se pueden sembrar algunas plantas de antiguo ancestro como cubios *Tropoeolum tuberosum* y las ibias que son tubérculos de yemas y también lóbulos rosados, al revés de las chuguas que tienen una coloración amarillo negrusco semejante a los cubios, siendo estos más arrugados. Son todos estos frutos subterráneos más o menos insípidos pero agradables y saludables, según Pérez Arbeláez.

Sobre el cultivo de la papa, en este año (1981) fuimos informados que la cosecha había sido pobre y los tubérculos pequeños a causa del frío excesivo en este rincón del Sumapáz (Casablanca). Por ejemplo, por una carga de semilla de papa se sacaron 8 cargas de fruto, previa aplicación de una de abono con fórmula 13-26-26, incorporado a razón de la carga de abono por cada carga de semilla con adición de 4 bultos de cal para equilibrar la reacción en la fertilización. Sin embargo, en buenos años se pueden recoger hasta 15 cargas de papa por cada carga de semilla en condiciones semejantes y en suelos corrientes. Según los mismos campesinos, en los suelos profundos de la Sabana de Bogotá ubicada 1.000 metros por debajo de estos lugares, se obtiene un rendimiento de 25 a 30 cargas en condiciones semejantes de cultivo.

En cuanto a las aves de corral, las que se levantan aquí en muy pequeña escala son las gallinas comunes, cuya postura es demorada posiblemente debido a la baja temperatura ambiental.

Entre el ganado vacuno, la raza más productiva en este medio parece ser la Normanda. En 1950 fuimos testigos de los ensayos que se hacían con el ganado *Highland* en la granja Australia que incluía Páramos de Cundinamarca. Años después (1988) volvimos a estos lugares y no quedaban ni rastros de estos ensayos. Igual suerte corrieron las pesquizas francesas llevadas a cabo con ovinos en áreas de glaciarismo en el Macizo del Ruiz. Y tampoco tuvieron éxito duradero las ganaderías de toros de lidia que visitamos en estos mismos parajes en 1955. Al cabo de algún tiempo de pastoreo y extracción de leña, era notoria la erosión acelerada. Tal véz sería bueno recordar las palabras de un eminente político inglés para referirse a tierras de vocación semejante en las islas británicas: "en estos terrenos los mejores quintales de carne son los de venado".

Refiriéndonos a la descomposición del abono de establo y a la boñiga que se encuentra en los prados artificiales cercanos a los Páramos de Cundinamarca, se puede observar que ésta es dispersada por el agua de lluvia con cierto desperdicio cuando falta el agente enterrador que es el cucarrón negro que excava la tierra hasta unos 30 cms. de profundidad e introduce el desperdicio orgánico al interior para formar una "pelota", de ahí el nombre de cucarrón pelotero que es un coleóptero de grandes larvas o chizas; en testimonio de esto queda en la superficie un montón de tierra de aspecto similar al extraido por los topos en la zona templada. Tanto en el paramillo de Santa Rosa, como en el Páramo de La Rusia, entre Boyacá y Santander, hemos obseservado que las deyecciones del ganado, primero son finamente trituradas como un afrecho en tiempos lluviosos, pero si el verano ha sido seco, las boñigas se convierten como en tortas duras y algo similar sucede con las virutas de los conejos y los curies, mientras que las deyecciones de los perros se encuentran enteras sobre el suelo y adquieren el color blanco del caolín, quizá debido a la lenta descomposición por la baja temperatura.

A una altura ligeramente menor, Santa Rosa, Cund. (3.370 m) se forma artificialmente un paisaje de boscaje *(bocage)* decolorados *(Polylepis)* donde los montes desafortunadamente se han talado para sembrar pastos y cultivar papa, la cual grana bien pero es muy pequeña. En cambio, la cebolla junca no se vé muy próspera.

Van der Hammen et all, nos hace pensar que toca estos aspectos cuando alude a los ranchos de habitación "estacional" de los indios kogi en la parte más baja de la zona de Páramo en la Sierra Nevada de Santa Marta, donde se nota la influencia de quemas frecuentes y pastoreo hasta una altura de 3.750 - 3.800 m.

Al hablar de la parantropofitia dentro de los bosquetes vecinos a los Páramos, debemos recordar las descripciones de J. Cuatrecasas (19) donde hace mención de algunos "corredores de viento" en los cerros de la cordillera Oriental vecinos a Bogotá, donde se instala una vegetación semejante a la de los Páramos verdaderos. Es a este fenómeno al que nosotros llamamos *paramización*, que viene a ser comparable a la sabanización que se produce en el bajo país cálido a expensas de diferentes formaciones forestales, como se puede apreciar en el ecotono de transición Orinoquía-Amazonía sobre el Guaviare y en algunas partes de Arauca.

A Alexander von Humboldt debemos descripciones de gran importancia en relación con los paisajes de principio del siglo XIX, su transformación y fauna. Son los Extractos de sus Diarios preparados por la Academia Colombiana de Ciencias y la Academia de Ciencias de la República Democrática Alemana en la edición patrocinada por la Flota Mercante Grancolombiana, editada por Publicismo y Ediciones. Al describir el hermoso paisaje de La Vega cerca de Almaguer (Cauca). Lat. N.: 1º54' 55", el Barón de Humboldt dice:

Valle de La Vega es, como todos los valles de los Andes, muy pintoresco. Su gran hermosura descansa en las caídas del agua, que relucen entre los matorrales con fulgor de plata. En la mayoría, el principio y el fín (pié) están cubiertas por ramas de árboles, pero el murmullo se origina en la cantidad de agua. Los robles están aquí totalmente floridos y se acaban de cubrir con fresco follaje. Desde que dejamos Europa (Aranjuez) no habíamos encontrado tan vivamente la hermosura de una vegetación de mayo, como aquí en La Vega, todo un bosque con un amable y delicado verde amarilloso; nada tan igual a nuestra primavera. Se goza muy poco de este espectáculo en el trópico porque solo pocos árboles (como *Caryocar amygdaliferum, Quercus, Mimosa carita)* arrojan a la vez todas sus hojas para recubrirse con nuevas, y porque esos escasos árboles forman poco follaje. La mayoría de los árboles (uno a uno) pierden aquí y allá una hoja que se repone inmediatamente. De San Lorenzo hasta Almaguer nos acompañó el mayordomo de Poblazón, Muñoz, un joven hombre común pero agradable, quien nos fué muy útil cuando nuestras mulas se cansaron y él nos dió las suyas. En la Vega existen muchos ciervos y no el pequeño *Cervus mexicanus*, propio de las regiones cálidas y bajas, sino un gran ciervo con una poderosa cornamenta, probablemente *Cervus canadensis*, sino el mismo europeo. Los perros de este lugar están maravillosamente adiestrados para perseguir a los ciervos en unas altas y rocosas paredes con una pendiente de 60º, hasta que éstos bajan y se refugian en el río. Aquí se rodea al atemorizado animal y se lo enlaza, lo cogen con el nudo alrededor del cuello. También hay aquí, como en el páramo de Puntaurco, cuyos picos se ven asomar sobre el pueblo de San Lorenzo y en cuya pendiente suroccidental está localizado el enorme pilón Teta de Mazamorra, en Cerro Gordo en Almaguer, en el páramo de Julián, muchos osos negros y frontines con una mancha blanca en el hocico. Estos, atememorizados, se defienden contra los hombres y, parados en las patas traseras tienen la misma altura que éstos. Dado que están bien alimentados, no es muy usual que ataquen al ganado vacuno.

De gran interés para nosotros son las descripciones del Barón de Humboldt. Ya Carlos Lehmman nos había informado sobre el carácter deciduo del roble *(Quercus)* de esas regiones del Cauca. Sin embargo, los venados que él vió están muy lejos de ser los del Canadá *(Cervus canadensis)* o los de Europa *(Cervus elaphus)*.Se trata muy probablemente de una variedad de nuestro venado reinoso del Páramo *(Odocoileus virginianus goudotii)*. El mismo doctor Lehmman nos comunicó personalmente haber visto astas de este ciervo que fueron desenterradas de entre las cenizas volcánicas del volcán de Puracé; él atribuye su extinción prehistórica a la presencia del puma, lo cual es improbable. A este respecto, debemos recordar la muerte de 15 de nuestros compañeros en la erupción del Puracé en 1948 causada por los gases y las bombas lanzadas por el volcán.

A gran altura en El Cocuy y en la cara que mira al oriente, el autor se ha encontrado ante un fenómeno curioso cual es el límite tajante entre el Páramo abierto y un bosque andino climax en sitio solitario y pendiente. A este respecto y en comunicación personal recibida del Doctor Jorge Hernández él mencionó al botánico belga Juan Julio Linden (1.849), quien situaba el límite del bosque cerca a los nevados, a 3.900 meros de altitud. En concepto de Hernández, a gran altura y en tierra que todavía son aptas para el cultivo de la papa, los árboles mayores son extraidos poco a poco, para ser utilizados como leña, madera aserrada, carbón y otros menesteres, con lo cual el ambiente cambia y el bosque degradado empieza a modificarse a base de heliófilas como *Gynoxis* spp. que le imparte al paisaje un color grisáceo y una de ellas se atreve a las mayores alturas en la Sierra Nevada del Cocuy.

Una vez abatido por completo el bosque se sacan unas tres cosechas de papa entre los 9 y 12 meses de crecimiento que es el tiempo de esperar, todo esto a unos 3.800 m de alt. Cuando se abandona el campo que es costumbre corriente en estas montañas, como lo fué en los Pirineos en la zona templada, P. Rutten en comunicación personal- aquí aparece *Rumex acetosella L.* dando al paisaje de los cuadros de cultivo un aspecto de parches rojos durante dos o tres años, al cabo de lo cual desaparece el *Rumex* para dar campo a otras plantas arvences entre las cuales se cuentan algunas gramíneas y guardarociós *Hypericum* spp. que entran a dominar durante unos tres años para ser reemplazados por frailejones y otra vez *Hypericum*, constituyendo delgados bosquecitos que florecen desde que tienen una cuarta de altura hasta que alcanzan los cinco metros, lo que ocurre aproximadamente a los cinco años de iniciada la sucesión. En este momento es cuando aparecen un montón de especies que llegan hasta cinco y diez metros de altura para representar a una comunidad de origen claramente subserial, por lo cual el profesor Hernández ha empezado a dudar del carácter climático del sub-Páramo o sea del paramillo de Pittier, proceso al cual nosotros acostumbramos denominar paramización por su carácter de origen invasor y colonizador.

M. Del Llano (28) ha propuesto un método de repoblación forestal económico para los pisos inferiores al del Páramo que se basa en el aprovechamiento de la luz solar por parte de las especies arbóreas heliófilas y espontáneas que forman inmediatamente los bosques secundarios nativos, llamados en todo el pais "rastrojos", los cuales se pueden manejar, enriqueciéndolos.

LA BIOPHYTIA

El medio estacional Azonal de Tipo BIOPHYTIA. *Biofitia de Páramo.*

Organismos diminutos que habitan en un medio vivo.

Definición: Este término se aplica a la vegetación microscópica que vive en un medio vivo. Se divide en *symphytia*, cuando el medio es vegetal (vegetales viviendo en otro vegetal, cualquiera que sea la forma de habitat, en simbiosis o nó); y *zoophytia*, cuando el medio es animal, como ocurre en la vegetación de *Laboulbeniáceas* en la invasión de un organismo por una población bacteriana, etc. (36).

De acuerdo a la información recibida de J. A. Rodríguez, los líquenes que son del grupo criptogámico inferior, con su unión alga-hongo forman un vegetal capaz de resistir la fuerte radiación y evaporación de las alturas, soportando también cambios de temperaturas por debajo de 0°, sin necesitar suelo propiamente dicho. En lo que toca a la Biofitia puede servir de ejemplo el hongo de color crema *Clitocybe espelatiae* que reside en troncos de *Espeletia* a 3.500 m. de altitud. También, aquellos sombreretes de color canela del *Hypholoma polylepiditis* que crece en la base de troncos del *Polylepis* a 3.400 m y *Lepiota pseudoignicolor* de sombrerete amarillo sobre troncos de *Espeletia* a 3.400 m.

Del mismo informante damos el ejemplo del *Cordyceps militaris* que crece sobre larvas del lepidóptero , lo que nos sirve de ejemplo de *zoophytia.*

LA SAPROPHYTIA

El medio estacional Azonal de Tipo SAPROPHYTIA. *Saprofitia de Páramo.*

Vegetación que crece sobre materiales orgánicos en putrefacción

Definición: el tipo *Saprophytia* corresponde a la vegetación que crece sobre materiales en putrefacción, por ejemplo, ciertas gregies y cumulies de hongos. Se divide en Pezosaprophytia e Hydrosaprophytia, según sea el medio, seco, sumergido o encarchado. J.A. Rodríguez nos informa en comunicación personal acerca del hongo *Psilocybe montana* que prospera en un suelo musgoso y se asocia con este sobre el estiércol en estaciones a unos 3.500 m. de altitud. Así mismo, nos habla de *Marasmius buza* que lleva un sombrerete anaranjado y pedicelo pardo que él encontró a 3.450 m. Además observó que estos crecen sobre larvas del lepídoptero *Cordyceps militaris.*

LA SPELAEOPHYTIA

Un Mundo Diferente en Ambientes Subterráneos

El medio estacional Azonal de Tipo SPELAEOPHYTIA. *Espeleofitia de Páramo.*

Organismos (plantas y animales) que habitan en las cavernas.

Control ecológico discrepante del hábitat por razón de la ausencia o escaséz de luz. Al mismo tiempo, en este ambiente existe armonía de factores en el clima local, en un mundo diferente.

Definición: El tipo de la *Espeleofitia* corresponde al habitat en que se encuentran la vegetación y los animales asociados a ella, habitando las cavernas, sus techos, paredes, el piso y el agua, sobre materiales minerales u orgánicos; estos en proceso de descomposición. Y si es por descomposición, dentro de las cavernas también cabría la subdivisión, según sea el medio seco, sumergido o encharcado *(Pezosaprophytia e Hydrosaprophytia).*

Nuestra idea de caracterizar este nuevo Tipo ecológico, la *Espeleofitia*, surgió del hecho de que las cavernas gozan de una atmósfera y clima interno muy particular y algo desvinculado del variable ambiente de la superficie del terreno. En el sur de Francia por ejemplo, en donde hemos escarbado dentro de cavernas formadas en región de calizas altas sobre el río Gard, no lejos de la ciudad de Nimes, nos pudimos dar cuenta de la estabilidad del entorno de estas enormes casas de socavón en las que la temperatura es más bien fresca en verano y cálida en invierno, mientras se goza de cierta sequedad, a pesar de que el único ruido que se oye en la profundidad es el de las gotas de agua que caen del decorado techo. Pero no sabemos, si una de estas cavernas que tenía a la entrada una profunda fosa que sirvió de trampa para desbarrancar el oso prehistórico bien llamado oso de las cavernas, cuyos dientes hemos encontrado en el relleno terroso del fondo, podía ser natural o artificial, hecha por el Cromagnon. (1960).

De L. Rodríguez y del Botánico Roberto Jaramillo, ambos del Instituto de Ciencias Naturales de la Universidad Nacional de Colombia, hemos empezado a recibir información a cerca de cavernas y cuevas en la vecindad de Páramos donde ya se comprobó la presencia de guácharos *(Steatornis)* que posiblemente son migratorios en nuestro ambiente, y también de murciélagos. Nos proponemos ahora continuar con estas averiguaciones y pesquizas para dar respaldo a nuestra propuesta al nuevo Tipo ecológico de la *Espeleofitia*, porque no vemos razón de que no existan cavernas habitadas en los Páramos, siendo que de este fenómeno natural depende mayormente la presencia de estratos calizos en el manto terrestre externo y más aún cuando las aguas frías que circulan en la superficie de estos terrenos son los más capaces de retener una alta cantidad relativa de anhídrido carbónico procedente de la cubierta vegetal, que finalmente debe producir el ácido carbónico que es el agente disolvente, al parecer enérgico en estas alturas, como se puede ver en la telaraña de zurcos acentuados producidos por las raices de las plantas que envuelven cantos rodados. (Páramo de Las Hermosas, 1951).

En un vistazo al Páramo de Palacio (Cundinamarca), pudimos darnos cuenta de la posible existencia de sectores cavernosos en topografía *karst*. También en las lomas sobre la ciudad de Duitama existe una profunda caverna que intentamos explorar con G. Aconciagioco, espeleólogo, en región calcárea de cuyas rocas quedan en la superficie solamente las muñequillas de carbonato. Esta caverna debió estar situada durante el Pleistoceno en pleno Páramo, si es que en ese tiempo existía.

E. Amado, nos informa personalmente acerca de la existencia de cavernas no muy grandes en Páramo, dentro de rocas calcáreas en el municipio de La Calera, entre 3.000 y 3.400 m de alt. en las estribaciones de la cordillera Oriental por donde nace el río Sopó. Es un sector de topografía *karst* en calcáreo, con dolinas, torres y vallecitos secos. En estas cuevas no estudiadas aún, se han detectado invertebrados y según E. Amado en estos lugares se esconden posiblemente las faras *(Didelphis)*.

Posteriormente, G. Amado y A. Morales nos ofrecieron el siguiente ejemplo colombiano que aunque no se encuentra en Páramo, ilustra sobre las condiciones ambientales y del entorno de una caverna del intertrópico:

El análisis de los factores abióticos en La Cueva del Indio, Parque Nacional Natural, Cueva de los Guácharos, Huila, a 1.870 m de alt y con un desarrollo horizontal de 3.507 m, nos permite proponer la existencia de distintas zonas que varían en sus microclimas, en relación a las entradas, corrientes de aire y agua, así como con la presión atmosférica. Estas zonas denominadas de penumbra para los 10 primeros metros, media y profunda, con zonas de transición difusas, se distinguen por la disminución de la temperatura del aire en dos a tres grados C y aumento de la humedad relativa de 85% hasta 96% en salones estrechos con presencia de corrientes casi estáticas.

Como las cavernas carecen de luz, la presencia de plantas es casi nula, con excepción de algunas gramíneas accidentalmente transportadas por las corrientes de agua y algunos grupos de bacterias quimioautotróficas, la supervivencia de los distintos grupos de animales depende del flujo de energía —materia del exterior, sea en forma de guano de murciélagos, para constituir comunidades guanófagas, con intrincadas redes alimenticias y depredadores como *Heterophrynus cevinus* Pocock, o en suspensión en las corrientes de agua, para producir corrientes acuáticas con depredadores como pequeños cangrejos; o simplemente por animales que accidentalmente ingresan a la caverna, que constituyen los trogloxenos y varían desde pequeños mamíferos como erizos y borugos hasta lepidópteros, dípteros, ortópteros, etc. De hecho, cualquiera que sea el grupo de clasificación, troglobios como verdaderos animales de caverna, troglófilos o huéspedes permanentes pero no diferenciados por la influencia del medio ambiente, las especies se encuentran íntimamente relacionadas.

Por lo tanto, las cavernas están lejos de ser sitios geográficamente aislados; en realidad están interrelacionadas tanto física como ecológicamente con el medio exterior y, deben ser consideradas como objeto de cuidadoso estudio y preservación.

R. Maire en sus Fundamentos de la Karstología Física (1980), nos dice que en regiones kársticas intertropicales de alta montaña y particularmente en regiones muy húmedas como en Guatemala y en Nueva Guinea, los *karst* supraforestales coronan los *karst* hiperhúmedos del bosque pluvial en la floresta brumosa.

En Guatemala el karst de Los Cuchumatanes se encuentra hoy en día bajo un clima pluvial, pero las condiciones fueron nivales durante las fases frías. En Nueva Guinea, los *karst* de gran altitud sobrepasan los 4.000 m y fueron influídos por la última glaciación como en el altiplano de Bangueta en los Montes Saruwaged donde el *karst* de las montañas de La Estrella y también aquellos de Irian Jaya, soportaron casquetes de glaciarismo durante el Würm, de suerte que el modelado actual bajo clima pluvial fresco es heredado de este período frío, como lo prueban los huecos rellenos fluvioglaciales (varvas) en el fondo de depresiones.

La América del Sur se encuentra poco favorecida por afloramientos calcáreos, donde se forma la topografía *karst*. A continuación damos del mismo autor, la extensión de las superficies en diferentes continentes:

	Km^2	%
Europa	1.418.000	(13.5)
Asia	1.601.000	(3.6)
Africa	990.000	(3.2)
Norte América	860.000	(3.5)
Sur América	90.000	(0.5)
Australia y Oceanía	382.000	(4.5)
Total (sin la Antártida)	5.341.000	(4.0)

Esta distribución de las regiones karsticas fue estimada por D. Baiazs en 1977. La superficie en porcentaje corresponde a lo kárstico de la extensión total de los terrenos calcáreos de cada continente.

La nueva ciencia de la karstología física aparece como una de las ramas importantes de la geomorfología climática y tiene por objeto el describir y explicar la evolución de las zonas calcáreas sometidas principalmente a la disolución de la roca por el agua, teniendo en cuenta las variaciones climáticas en el espacio y en el tiempo que abarca la espeleología física.

Cuarta Parte

La Vida Animal en los Páramos Andinos

LA VIDA ANIMAL EN LOS PARAMOS ANDINOS

Acerca de la historia de la fauna de mamíferos neotropicales, T.A. Vaughan, basado en Simpson establece tres grupos de mamíferos que probablemente ocuparon Suramérica antes de su aislamiento Paleoceno-Plioceno, habiéndose presentado en el Cretáceo tardio marsupiales didélfidos primitivos y generalizados. Este tronco tal vez alcanzó Suramérica antes del aislamiento del área, habiéndose llegado también por ese tiempo a la América del Sur un grupo de placentarios omnívoros que nuestro Profesor Simpson llamó Ferungulados, los cuales se encontraban entre carnívoros y ungulados primitivos. Por otro lado, los Palaenodontos, un grupo de mamíferos Norteamericanos que fueron probablemente ancestros de los edentados, formaron un tercer grupo llamado por el mismo autor "inmigrantes antiguos".

La estratificación de los mamíferos en Suramérica fué planteada por el Profesor Simpson de la siguiente manera: emplazamiento Plioceno a Reciente: estrato faunístico III inmigrantes tardios saltadores de islas: venados, camellos, pecaríes o tatabros, tapires o dantas, caballos, mastodontes, gatos mayores y menores, comadrejas, coatíes o cusumbos, osos, perros, ratones, ardillas, conejos, musarañas; todos estos, diferenciados antes de emplazarse en Suramérica con localización de muchos géneros, especies, subespecies pero no familias o grupos mayores.

Del Eoceno tardío al Oligoceno están los saltadores antiguos de islas con roedores primitivos como muchos grupos de cavioformos y los lemuroides avanzados con los monos del Nuevo Mundo

Alrededor del Paleoceno temprano con un estrato faunístico en primer lugar de antiguos inmigrantes con introducción de grupos Ferungulados (Complejo afín a Condylarth), teniendo: Litopternos, varios grupos de Notungulados, Astrapotheres y Pyrotheres. En segundo lugar están los Palaeanodontos, con Xenarthrans, donde se incluyen perezosos terrestres y arborícolas, osos hormigueros, armadillos y Glyptodonts.

Por último los Didelfidos, los Borhyaenoideos y los Caenolestidos donde se encuentra el ratón runcho *Caenolestes obscurus*.

Y, a propósito de roedores, esta vez si de verdaderos ratones y no de marsupiales como el que se acaba de nombrar, es importante mencionar los recibidos de parte del Doctor Jorge Hernández cuya fuente es O.A. Reig del nuevo libro "High Altitude Tropical Biology" editado por F. Vuilleumier y Maximina Monasterio de Oxford University Press. 1.986, en donde el mencionado autor informa acerca de otras especies fuera de las que ya hemos dado, las cuales viven en uno o más de los 23 Páramos de los Andes septentrionales de Sur América.

En Myomorpha él incluye *Cricetidae*, luego Sigmodontinae y Oryzomyini, y claro está, dentro de este, los siguientes: *Aepeomys vulcani*[1]; *Oryzomys (Oryzomys) pectoralis*[2]; *O. (Oryzomys) munchiquensis*[3]; *O. (microryzomes) minutus*; *O. (Oligoryzomys) novus*; *Rhipidomys venustus*[3]; *Thomasomys aureus*[3]; *Thomasomys boeops*; *Thomasomys bombycinus*; *Thomasomys cineriventer*[3]; *Thomasomys laniger*[3]; *Thomasomys ladewi*; *Thomasomys melanochronos*; *Thomasomys paramorum*; *Thomasomys pyrronotus*; *Thomasomys rhoadsi*[3].

En Ichthyomyini nos dá *Neuticomys monticolis* y *Anotomys leander*.

En Akodontini incluye *Akodon mollis*[3]; *Akodon tolimae*[3]; *Akodon urichi*[3]; *Microxus bogotensis*.

En Phyllotini tiene *Phyllotis haggardi*[3].

En Sigmodontini trae *Sigmodon inopinatus*.

Bajo Sciuromorpha seguido de Sciuridae y Sciurinae incluye la ardilla *Syntheosciurus granatensis*[3,4].

En Caviomorpha nos dá, perteneciente a Caviidae, el curí *Cavia porcellus*[3,5].

Finalmente, en Agoutidae tiene *Stictomys taczanowski*[3].

---

1. Esta forma, que solamente recibe status de subespecie en algunos artículos bajo la especie *Aepomys luggens*, se reconoce aquí provisionalmente como especie completa con base en su diferenciación geográfica.

2. Este es probablemente el nombre que se aplica al $2n = 66$, $FN = 94$ especies del complejo *Oryzomys albigularis* descrito por Gardner y Patton (1.976).

3. Especies encontradas en localidades de Páramo, pero también en algunos casos más típicamente a menores altitudes.

4. Para la inclusión de *granatensis* en *Syntheosciurus*, véase Moore (1.959). La ocurrencia de esta especie en localidades de Páramo se basa en informaciones recibidas sobre ocurrencia de *S. g. quindianus*, *S. g. söderströmi*, y más dudosamente, *S. g. meridensis*.

5. Finalmente, *Cavia porcelus anolaimae*, de la región de Bogotá (Allen, 1.916).

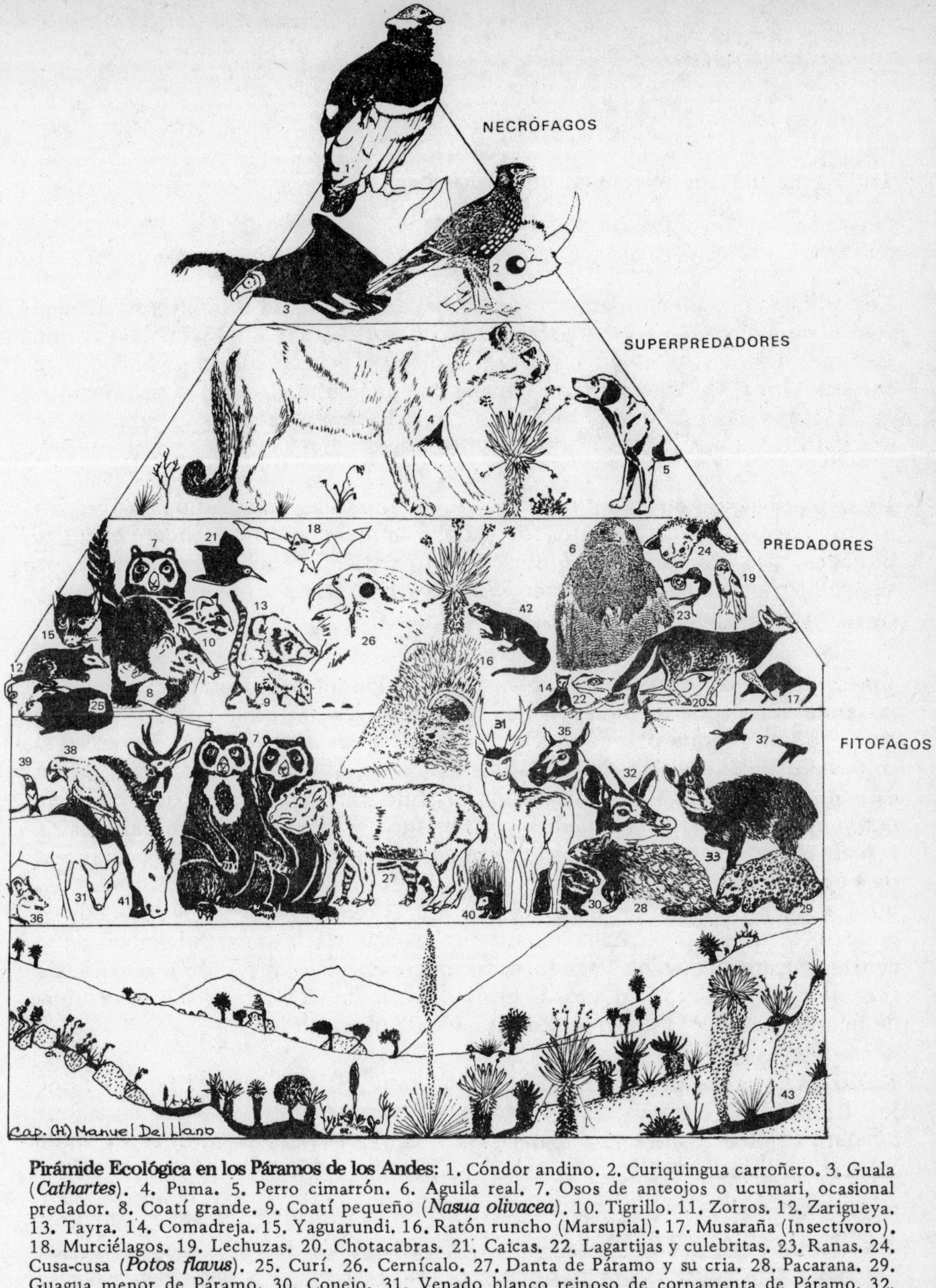

Pirámide Ecológica en los Páramos de los Andes: 1. Cóndor andino. 2. Curiquingua carroñero. 3. Guala (*Cathartes*). 4. Puma. 5. Perro cimarrón. 6. Aguila real. 7. Osos de anteojos o ucumari, ocasional predador. 8. Coatí grande. 9. Coatí pequeño (*Nasua olivacea*). 10. Tigrillo. 11. Zorros. 12. Zarigueya. 13. Tayra. 14. Comadreja. 15. Yaguarundi. 16. Ratón runcho (Marsupial). 17. Musaraña (Insectívoro). 18. Murciélagos. 19. Lechuzas. 20. Chotacabras. 21. Caicas. 22. Lagartijas y culebritas. 23. Ranas. 24. Cusa-cusa (*Potos flavus*). 25. Curí. 26. Cernícalo. 27. Danta de Páramo y su cria. 28. Pacarana. 29. Guagua menor de Páramo. 30. Conejo. 31. Venado blanco reinoso de cornamenta de Páramo. 32. Venado soche (*Mazama*). 33. Venado conejo (*Pudu mephistophiles*). 34. Huemul. 35. Llama. 36. Ratones y ratas. 37. Patos y otras aves acuáticas de laguna. 38. Perico de Páramo. 39. Colibries. 40. Puerco espín. 41. Caballo cimarrón, vacunos y caprinos asilvestrados. 42. Salamandra. 43. Frailejón protegido por roquedos con gran desarrollo: ejemplo de Cryptophytia.

La Fauna de los Páramos de Colombia

Los quince años de permanencia en un departamento de Biología, siempre al frente de excursiones y cátedras como lo son las de Ecología, Pedología, Geología física y también las aventuras cinegéticas desde la juventud para acá, en Africa, en América y en Europa, me han animado a intentar un rodeo de la fauna de esta hermosa Provincia del Páramo andino en una forma sencilla y nada investigativa, sino de puro observador y cazador arrepentido.

De la repoblación en fauna nativa en los Páramos suramericanos que hoy en día se encuentran casi vacíos de vida y movimiento, depende el futuro biológico y si se quiere económico de esta Provincia única en el mundo con sus ambientes análogos en Africa, Guinea y Etiopía, por razón de su altura y de las bajas temperaturas reinantes*.

En un medio tan hostil como lo es el de los Páramos, el restablecimiento de la fauna autóctona es indispensable para resolver hasta los interrogantes de tipo económico que preocupa a la mayoría de las gentes que no creen en el solo valor de la belleza de la naturaleza, pues las especies animales que en este medio habitan han pasado por un fino filtro de estrés, que ha dado como resultado seres templados y adaptados al medio que son capaces de resistir el frio y asimilar los ordinarios forrajes autóctonos de esas gramíneas de hojas arrolladas y duras, adaptadas a las mayores inclemencias climáticas que se manifiestan por bajas temperaturas en cambios bruscos, por el granizo, la nieve, la llovizna persistente y la lluvia, a veces torrencial de la ceniza volcánica que ha llegado a oscurecer el cielo y a cubrir la cubierta vegetal cuando esta fué quemada por las descargas eléctricas y por los grupos de familias cazadoras y recolectoras ya hace milenios.

En lo que atañe a la conservación de los habitáculos húmedos por fuera de los límites del Páramo, es primordial conservar ahora los pantanos que quedan, ampliar los hábitats cenagosos y lagunares para asegurar el arribo de

* Nuestro Profesor H. Gaussen (39) dice que es clásico el conocimiento de que las especies de mamíferos y aves de regiones frías tienden a ser de mayor tamaño que las especies análogas de las partes cálidas, de acuerdo a las llamadas "reglas de Bergmann". Este hecho se explica teniendo en cuenta que la superficie exterior del cuerpo que es por la que el animal se enfría, varía en función del cuadrado de su longitud, mientras que el peso cambia en función del cubo; y ponen de ejemplo lo siguiente: si un animal se parece a otro, pero su dimensión es el doble, su peso será ocho veces superior y su superficie solo cuatro veces, y agregan con respecto a la unidad de peso, que el enfriamiento del animal grande será entonces, dos veces menor.

Cordillera Oriental, Sierra Nevada de Chita o Guicán en las faldas del Nevado del Cocuy. Cueros de cuzumbo, *Nasua olivacea* obsequiados indiscretamente al autor en este Parque Nacional. Foto César Escallón, 1.979.

Aguila real de Páramo *Geranoaetus melanoleucos*. Cordillera Oriental. Foto A. Torres Barreto.

migraciones de aves acuáticas ojalá dentro de un concierto y convenio internacional cuyos principios ya se han establecido.

La salvación de la fauna única que tienen los Páramos del sur y Centro América depende de la preservación de los ecosistemas y habitats en el estado más prístino posible, con base en una legislación sabia en donde estén determinadas rigurosamente las épocas de veda que deben hacerse cumplir al pié de la letra con el fín de guardar el equilibrio biológico, conservando la vida indefinidamente en la naturaleza sin extraer más allá de lo razonable y de lo que den los cálculos. Y en cuanto a la vocación de estas tierras, solo podemos decir los que nos preocupamos por ellas, que es la belleza, la vocación de todo Paraiso.

A continuación ofrecemos al lector un vistazo de la fauna de los Páramos, siempre con el ánimo de dar solo ejemplos.

Mamíferos

Orden Marsupialia. (Mamíferos primitivos).

Familia Didelphidae. *Didelphis albiventris andina.* Mencionada para el Páramo de Puracé, y *Didelphis albiventris meridensis*, que son las chuchas o faras que en casi todo el mundo les dicen zarigüeyas; son omnívoras y activas especialmente durante la noche. Nos ha tocado encontrarlas en la base del Páramo del Ruiz y parece que el colorido de las guardas del pelaje dorsal es blanco o negro; son animales sedentarios que habitan en huecos de árboles o en matorrales cerrados y parece que los machos son más abuntes que las hembras. Esta familia incluye numerosas especies, algunas de ellas muy pequeñas y hasta una acuática. Por lo general estos animalitos son insectívoros y carnívoros, pero consumen granos, frutas y carroña y son muy inclinados a atacar las aves de corral y los pequeños vertebrados. Un animal tan antiguo y primitivo ha prosperado en diferentes habitats y hasta se le caza para ser consumido; cuando se le ataca parece que la chucha se hace la muerta.

Familia Caenolestoidea. *Caenolestes obscurus.* Ratón runcho. Del Parque Nacional del Nevado del Huila y de la cabaña del Inderena en Belalcázar, Páez, pudimos observar un ejemplar mostrado por la Doctora Cecilia Ramírez del Museo de Historia Natural de la Universidad Nacional, quien informó que la misma especie existe en Cundinamarca. Se trata de un marsupial representante de antiguo linaje diferenciado en los albores del Terciario, de cola que no es prensil y que se alimenta de insectos y pequeños invertebrados, en Páramos y lo frío de las 3 cordilleras.

La Familia Caenolestidae según Vaughan en su libro Mammalogy, da tres Géneros y siete Especies, dándoles a estos el nombre común de *rat opossum* los que podrían mencionarse tal véz como ratones- chuchas que se encuentran restringidos a partes montañosas de los Andes, en el norte y occidente de Sur América, de ancestros tempranos del Eoceno suramericano.

El mencionado autor da tres poblaciones separadas y aparentemente vestigiales de Caenolestidos: la población norteña que ocupa sectores del occidente de Venezuela, Colombia y Ecuador; la población intermedia que aparece en un sector de los Andes, al sur del Perú y, la sureña en la Isla de Chiloé y un área cercana a la costa centromeridional de Chile.

Las chuchas-ratas son marsupiales del tamaño de ratones que debido a sus cabezas alargadas y ojos pequeños parecen musarañas, con un cráneo más bien largo y primitivo en cuanto a su cerebro, donde los bulbos olfatorios son grandes y el cerebro carece de fisuras. Las patas son de cinco dedos sin especialización, siendo su cola más bien larga pero no prensil y hay carencia de marsupium. Estos Caenolestidos al parecer son homólogos ecológicos de las musarañas que también se encuentran en los Páramos como rareza; pero en contraste con las últimas, las chucha-ratas pueden ser un grupo en decadencia en el momento actual. Sus hábitos son terrestres pero trepan ágilmente y se alimentan preferentemente de insectos y sus limitaciones y el estilo de locomoción son, sin especialización, como en las musarañas.

Orden Insectivora
Familia Soricidae. *Cryptotis avia; Cryptotis obscurus*, musaraña reportada en Monserrate, apenas a 3.300 m de alt; *Cryptotis thomasi thomasi*, musaraña o ratón ciego, registrada para el Páramo de Chingaza y finalmente *Cryptotis squamipes*. En el Páramo de Chisacá, J.M. Del Llano capturó una de estas musarañas. *Cryptotis thomasi medellinius*. Cordillera Central.

Orden Chiroptera
A.L. Cabrera y A. Willink en su Biografía de OEA, Washington, 1973, agrupan en este Orden, por lo menos diez Familias, entre las cuales se encuentran Desmodontidae, Furipteridae, Thyropteridae, Vespertilionidae que incluye la Subfamilia Vespertilioninae, y dan para la Provincia del Páramo un vampiro inclusive *(Desmodus rotundus)* como ocasional, además de los siguientes murciélagos corrientes: *Myotis* sp., *Lasiurus* sp. e *Histiotus* sp. para su Provincia del Páramo.

Orden Carnivora
Familia Canidae. *Cerdocyon thous*. Zorro perruno. Este simpático zorro se presenta desde el norte de Colombia, en Brasil, Guayanas, hasta el centro de la Argentina, Uruguay, Bolivia y Perú y, según J.I. Borrero (5) también visita los Páramos hasta unos 4.000 m de alt. Nosotros lo hemos correteado con jaurías entre Cali y Vijes, en lomas secas sabaneras donde encuentra al parecer un medio favorable con perdices, *Colinus cristatus*, torcazas nagüiblancas y otras menores que a veces anidan en los arbustos cerca al suelo. Sin embargo, este zorro también se le encuentra en los bosques espesos hacia los 2.000 m de alt, que tienen abras en potrero y rastrojo. Según el autor mencionado, en áreas paramunas de la cordillera Oriental el zorro perruno consume la miel de los panales de los abejones *Bombus*, lo cual ha sido tema de nuestro interés en el Páramo de San Francisco, Cundinamarca. Según Borrero, *Cerdocyon thous* tiene ciclos de abundancia que él ha observado en Palestina, Caldas, donde el zorro se

presentó con características de plaga en los gallineros. Los cazadores con tropa de perros que persiguen los venados *Mazama*, preferiblemente con *Fox hound*, frecuentemente reciben la sorpresa de ver que la jauría levanta el zorro perruno en lugar del venado soche. Parece que últimamente algunos naturalistas a este zorrito le llaman "lobo" *(Canis culpaeus reissi)*, y habita en la Cordillera Central y Andes de Nariño. En nuestro concepto, el zorro perruno puede ser desplazado en parte, cuando penetre a Colombia el coyote desde Centro América. *C. thous apollinaris* en Páramos de la C. Oriental.

Vulpes cinereoargentus. Zorro gatuno. Según Borrero, este viváz zorro viene desde el sureste del Canadá a través de Mexico, Centro América, norte de Venezuela y Colombia. Aquí se le ha encontrado por el lado de Pamplona, en la Sabana de Bogotá, Choachí y Tunja, en donde lo hemos visto; en el cañón del Chicamocha y Dabeiba, Antioquia, que son valles transversales secos, posiblemente su ambiente preferido. Las autoridades en esta materia no lo hacen pasar de los 2.600 m de alt., sin embargo nosotros pensamos que este inmigrante se está adaptando a medios relativamente fríos más parecidos a los de su tierra de origen, por lo cual es lógico que llegue a los Páramos de la Sierra Nevada de Santa Marta y a rincones de la cordillera Oriental que muestren condiciones favorables, relativamente secas. J.I. Borrero dice que este cánido es simpátrico con *Dusicyon*, lo que viene a significar que las dos especies habitan en la misma zona geográfica y tienen aparentemente preferencias ecológicas diferentes. El zorro gatuno tiene la facilidad de trepar a los árboles a pesar de que no tiene garras retráctiles, esta singular habilidad le permite al zorrito desorientar a los perros de caza.

Familia Ursidae. *Tremarctos ornatus.* Oso de anteojos, oso frontino, enjaquimao, oso andino o careto. Borrero (5) da para este animal la fórmula dentaria: I 3/3 C 1/1 P 4/4 M 2/3 = 42 Provincias de Salta y Jujuy, Argentina.

Y como distribución geográfica le asigna los Andes de Colombia, Ecuador, Bolivia y Perú a este inmigrante de Norte América; sin embargo, Levi Marrero en su libro sobre Geografía de Venezuela también lo incluye en la fauna de ese país y le dá como distribución ecológica, la de bosques húmedos de la zona fría de Venezuela, Colombia y Ecuador, hasta los Páramos.

Hemos tenido noticia de su existencia en los Páramos que quedan sobre Buga, donde hemos visto sus huellas por encima de los bosques de roble y también en los Páramos de Florida, Valle. En 1968 en Chingaza, donde se le cazaba en bosques vecinos al Páramo y que según los campesinos desbarata las matas de *Puya* para sacar su palmito. Parece que en cautividad su comportamiento es semejante al de los osos norteamericanos y europeos y al oso negro. En la población de Güicán un osito semidoméstico de estos, pasaba por las tiendas en busca de comida. Sin embargo, cuando creció, lo llevamos al Batallón de Bonza y se le encerró para tenerlo como mascota, un día saludó a un soldado con un abrazo tan fuerte que lo asfixió, por lo cual fué necesario fusilarlo.

Tremarctos ornatus es el único verdadero oso que se encuentra en la América del Sur y es proveniente de Norte América; desafortunadamente esta joya ha estado al borde de la extinción porque se le considera dañino, siendo mayormente vegetariano. Primero fue la civilización y luego la colonización sin planeamiento en los bosques de niebla los factores que atentaron contra la supervivencia del oso frontino. Esta devastación de su población ha sido denunciada por el grupo de expertos amantes del oso frontino (Geof) que preside el Dr. J.E. Orejuela, a quien hacen compañía más de 200 científicos de América y Europa. Con aportes de la Fundación para la Educación Superior FES, y también del Fondo Mundial para la Naturaleza (WWF), fue creada en 1982 la Reserva Natural de La Planada, Nariño, para proteger la vida silvestre y las especies en extinción de esa región. Las 3.200 hectáreas destinadas al proyecto servirán, según El Tiempo (1990) de puente para un millón de hectáreas de zonas forestales ubicadas en la costa del Pacífico, entre Ecuador y Colombia, ambiente que se le considera el más seguro del planeta para la conservación de esta especie.

Hasta ahora han sido tan alentadores los resultados, que organizaciones del mundo entero han querido vincularse a este movimiento y se espera que un grupo de expertos asiáticos trasladará estos modelos de conservación para el oso, hasta las montañas del Tibet donde se encuentran en peligro otras especies nativas como los pandas y los osos tibetanos.

En Colombia parece que solo quedan bosques de neblina capaces de albergar una cantidad estable de osos en la margen de la cordillera Oriental que mira al levante y en la parte de la Occidental que mira al poniente, por lo cual el habitat del oso frontino se restringe cada día. En nuestro concepto, la supervicencia de esta especie magnífica y única depende de la suspensión de la caza y de la congelación de los bosques de neblina y de los sub-Páramos que limitan con el Páramo alto.

Si logramos conservar el hábitat del oso frontino con la preservación de los bosques andinos por encima de los 3.000 metros de altitud, lograremos salvar esta especie de la extinción y tendremos para el futuro un nuevo símbolo para un país más fuerte y grande.

Familia Procyonidae. *Nasuella olivacea olivacea* y *Nasuella olivacea lagunatae.* Cusumbos o coatíes. El cusumbo de Páramo es una especie pequeña de cara muy viva. A grandes alturas en el Páramo del Ruiz, estuvimos observando como era perseguido por perros un cusumbo en un campo de bloques rocosos, donde con gran astucia pasaba de un bloque a otro con aparente tranquilidad. En la Sierra Nevada del Cocuy también en campos de bloques, del tamaño de ranchos, los pequeños cusumbos *Nasuella olivacea* tienen su sede ahí y entre los arbolitos que quedan protegidos del viento. En Chuza, Cundinamarca, en la parte baja del Páramo de Palacio, la actividad de los cusumbos es grande sobre el suelo, el cual se encuentra hozado por kilómetros a la redonda en su parte arbustiva, por donde andábamos tratando de observar venados; probablemente estos inquietos animales andan en busca de la fauna del suelo que puede consistir principalmente de lombrices y cucarrones o de sus larvas. En efecto, en esta área pudimos observar lombrices gigantes que también las hemos visto en el Páramo de las Hermosas, Valle, las cuales alcanzan una longitud de 80 centímetros y cuyo ejemplar de la última estación fue clasificado por el Hermano Daniel González como *Anteus giganteus.*

Unos cusumbos más grandes *Nasua nasua* y *Nasua nasua judez*, también pueden tener acceso a estos parajes; y de manera menos optimista, opinamos lo propio de *Potus flavus*, la cusa-cusa o el mal llamado "perro de monte", que de seguro se aventura a las alturas paramunas, allí donde los bosquetes que acompañan las cañadas se adentran en los Páramos, como en el caso del Páramo de Frontino, Antioquia.

Familia Mustelidae.
Subfamilia Mustelinae. *Mustela frenata affinis.* Comadreja. A esta fierita algunos autores la consideran uno de los animales carnívoros más voraces, pues se atreve a atacar con su pequeño cuerpo tubular hasta a jóvenes venados. J.I. Borrero da la fórmula dentaria:I 3/3 C 1/1 P 2/3 M 1/2 = 32 y ubica a la comadreja desde el sur del Canadá por Panamá, Andes de Colombia, Venezuela, Ecuador, Perú, Bolivia y hasta en los cerros de la Guayana venezolana, distribuyendola en los pisos templado y frio y nosotros la llevamos hasta el Páramo, pero teniendo en cuenta que la comadreja prefiere áreas relativamente secas como lo deducimos por su presencia en los valles de Tunja y Sogamoso, Boyacá, en donde se vuelve audáz y penetra a las casas del campo en busca de aves y roedores.

Eira barbara. Ulamá o taira. Borrero da la siguiente fórmula dentaria: I 3/3 C 1/1 P 3/3 M 1/2 = 34 para esta taira también llamada "careviejo" a la cual le asigna distribución desde Tamaulipas, Veracruz y Simaloa en México, a través de Centro América, yendo hasta Tucumán Argentina, y agrega que posiblemente su hábitat preferido lo constituye la selva tropical y subtropical, habiendo sido encontrado también en sabanas cálidas, y en una ocasión (1962), en el Páramo de Sumapáz a 4.000 m de alt. Nosotros lo hemos tenido en cautiverio durante algún tiempo en casa y de acuerdo a información recibida del Biólogo, Rev. Padre Luis Alfredo Camargo, él lo ha visto cruzar los pajonales del Páramo de Sumapáz, a pesar de que el Dr. Jorge Hernández opina que pudo haber sido también un gato yaguarundi el que pasó por allí. De todas maneras estos animales son parcialmente diurnos, pues nosotros los hemos correteado en potreros sabaneros a orillas del rio Cauca y del lado de Santo Domingo, Antioquia, siendo muy ágiles e intrépidos y buenos trepadores a los árboles, donde seguramente son predadores de nidos, miel, frutos silvestres, aves y hasta micos. En tierra son capaces de atacar piezas relativamente grandes, como un venado soche o un recental de venado reinoso.

A.S. Leopold (69) trae el ulamá como *Tayra barbara* y dice que en México lo llaman tayra, cabeza de viejo, cabeza blanca, viejo de monte y agrega que es un mustélido grande y que sus alimentos principales son ratas, ratones, ardillas, conejos, guatines y aves, pero que también persigue y caza el venado temazate; los cazadores mexicanos creen que la tayra caza en grupos de pocos ejemplares.

Familia Felidae. *Felis concolor*, *Felis concolor bangsi*. Puma. o león de montaña. En realidad el puma es bien parecido a una leona africana; se encuentra desde el extremo sur de Sur América, hasta la Columbia británica y ocupa toda la amplitud del continente, casi en todo tipo de hábitats. J.I. Borrero trae la fórmula dentaria: I 3/3 C 1/1 P 3/2 M 1/1 = 30. Según los naturalistas y cazadores mexicanos, en ese país se le puede encontrar en todo el territorio, con una condición, la de que haya venados de cualquier especie que son su presa preferida. Habita en los Páramos andinos hasta el límite de las nieves perpetuas. En los Páramos de Pisba y Socha, donde se encuentra venado de cornamenta, pudimos observar en 1965 que estos preferían lugares bien drenados, donde se veían bloques erráticos de su mismo color, el de los líquenes; los trabajadores que construían la carretera informaron que ocasionalmente el puma se echaba en el camino. La táctica del puma para cazar es el acecho y cuando se encuentra perseguido por perros sobre barrancos, roquedales o árboles, se pone de frente en defensa, sin atacar propiamente. J.I. Borrero (5), considera que el puma es un animal útil, que constituye un factor de control sobre el crecimiento exagerado de poblaciones animales, sobre todo mamíferos, porque tienen la particularidad de asolar grupos. Nosotros consideramos que el puma debe protegerse al lado del venado de cornamenta, la danta, el oso y los borugos, pués forma parte de la trama de la vida y en un ambiente como este, las poblaciones de cóndores deben aumentar.

El jaguar o tigre, *Felis onca*, o también *Panthera onca*, que ocupa prácticamente todos los hábitats dentro del área geográfica de su distribución que va desde el sur de los Estados Unidos hasta la Patagonia, sube hasta la línea divisoria entre el piso frío y los Páramos en forma accidental; de ello se tiene memoria en Cundinamarca y por ello lo mencionamos aquí. Sin embargo, en tiempos prehistóricos, este jaguar aparece con sus huesos en las excavaciones realizadas por el Doctor Gonzalo Correal en El Tequendama y lugares análogos que otrora tuvieron un ambiente Paramuno, sin que podamos decir lo mismo del oso de anteojos que para nosotros llama la atención por la ausencia de sus restos.

Felis tigrina. Tigrillo. *Fellis tigrina pardinoides* mencionado por Inderena para el Parque Nacional de Puracé. Hasta ahora se ha verificado la presencia de *Felis tigrina* hasta 4.800 m de alt. en el Volcán Nevado del Ruiz. En efecto, según el Doctor Jorge Hernández, un tigrillo fué encontrado encaramado en un poste para los cables de la luz en Radio Termales del Ruiz en 1984. Estos gatos como el *Felis tigrina* son de piel muy codiciada y opinamos que en los Páramos, a pesar de que no deben encontrar su medio óptimo, se aventuran en busca de mamíferos como el conejo *Sylvilagus*, los borugos y algunos ratones y musarañas de menor tamaño. Ante la proliferación del conejo en algunos Páramos de la cordillera Central por ejemplo, en donde a mediados del siglo XVI se encontraban en tal cantidad que era posible capturarlos con varas, parece benéfica y hasta necesaria la presencia más frecuente de estos gatos en el frailejonal. Ejemplares que hemos tenido en cautividad, demuestran que estos tigrillos se domestican fácilmente.

Orden Perissodactyla
Familia Tapiridae. *Tapirus pinchaque.* Danta o tapir de Páramo, danta lanuda, negra, anteburro en México, antiguo animal vestigio de origen europeo que se venía encontrando próximo a la extinción y que solamente ayer, 1911, contaba Colombia con abundante población en Páramos como los de la cordillera Central, sobre Palmira, en Las Hermosas donde el Diplomático Enrique Cucalón me informó personalmente que excursionando a esas alturas pudieron observar en una planada de alto pajonal paramuno, las huellas y caminos de una manada o "rebaño" de dantas que en un principio se creyó que fuera un hato de ganado. Afortunadamente los esfuerzos del Inderena y del Jardín Zoológico de Cali, salvarán posiblemente el *Tapirus pinchaque* de la extinción, pues desde este último ya fue enviado el único especimen de danta con que cuentan los zoológicos de Colombia, al zoológico de San Diego, California para su procreación. Al mismo tiempo se busca la manera de llevar un rastreo científico de la danta de Páramo con la ayuda del Biólogo C.C. Downer en el Páramo de Las Hermosas, Valle. Lo mismo debe hacerse allí mismo con el oso frontino, el venado conejo, los borugos y el puma, que es su control y que últimamente ha sido cazado furtivamente en esa región. Y si estas poblaciones de animales quedan aseguradas, también lo estará la presencia del condor en estas alturas, pues este depende de todos estos animales muertos para su alimentación.

Ultimamente, pudimos observar en el Departamento del Cauca las trochas de la danta al pasar por las estrechuras que a veces separan los bosquetes andinos y paramillos del Páramo abierto. Lo mismo me decían acerca de sus excursiones por el Nevado del Huila mis compañeros de aventuras imaginarias, los escaladores Erwin Kraus y Ramiro Guerrero.

En la región paramuna de Costa Rica, se oye hablar de una especie diferente de tapir o danta de Páramo, que es el *Tapirus bairdii.* Es, como antiguo cazador arrepentido, que soy, dedicado actualmente a la conservación de la naturaleza en instituciones como la Sociedad Colombiana de Ecología y la Sociedad Colombiana de la Ciencia del Suelo y también como colaborador honorario para Inderena, que debo decir que la dificultad de la conservación de la danta del Páramo y también de aquella del bajo país, estriba en la facilidad con que el Tapir es cazado con ayuda de perros y armas de fuego. Mi opinión al respecto, es la de que el tapir como caza mayor es un animal indefenso, que en su carrera solo busca alcanzar rápidamente las corrientes de agua y sus charcos, desde donde adopta una posición defensiva ancestral muy poco efectiva, siendo como su pariente el rinoceronte, de mala vista y oido. Según I. Borrero (5), en los tapires y en los caballos la dentición es completa así: I 3/3 C 1/1 P 4/3-4 M 3/3 = 42-44

El *Tapirus bairdii* habita en sectores de México, a través de Centro América y en el Ecuador y Colombia al occidente de los Andes. Según Vaughan, los tapires ocupan partes tropicales del nuevo mundo y del área Malaya actualmente y su familia incluye solamente un género vivo y cuatro especies. Para este autor, los tapires son estructuralmente primitivos y están muy cercanos en muchos aspectos a los ancestros comunes de todos los perisodáctilos, conociéndose los verdaderos tapires desde el Oligoceno con posibles tipos ancestrales que ocurrieron en el Eoceno. Consideramos que la repoblación de los Páramos con el tapir, es fácil, si se tiene en cuenta la congelación de las áreas a repoblar y la facilidad con que se pueden establecer zoocriaderos.

Orden Artiodactyla

Familia Cervidae. *Pudu mephistophiles.* Venado conejo. He aquí un venado primitivo y una joya que solamente se vuelve a encontrar en las alturas chilenas, cuya verdadera especie es *Pudu puda* según el Dr. Jorge Hernández. Como la danta, este venadito también está próximo a la extinción hasta que se establecieron los Parques Nacionales al Occidente de Colombia y por esto mismo opinamos que la especie puede repartirse en las otras cordilleras, en la Sierra Nevada de Santa Marta y en la Sierra Nevada de Mérida por obsequio que fuera hecho al gobierno de Venezuela y a los de Bolivia. Perú y Costa Rica. El primitivo *Pudu* de las alturas andinas, debe protegerse a toda costa al tener en cuenta su fragilidad. En 1938 era abundante en los bosques cerca a los poblados, y en Silvia, Cauca, capturamos un ejemplar muy tímido que desafortunadamente era adulto y pereció. En 1978 organizamos en la UN una excursión con el fín de hacer averiguaciones acerca de la existencia de este valioso animal en compañía de mi esposa, y encontramos su presencia a la altura de Silvia en la cordillera Central, en sector de Páramo bajo arbustivo con bosquetes intercalados y palotales cubiertos de musgo. La dificultad de conservar el *Pudu mephistophiles* estriba en su fragilidad como pieza de caza, pues este venadito es de carrera corta la cual hace en círculos, exponiéndose con ello a la muerte. El Pudu también está perdiendo su hábitat por la destrucción masiva que se lleva a cabo en los bosques y bosquetes que rodean a los Páramos y que se encuentran dentro de él. C. Central hasta Barragán; C.Occidental hasta Munchique y los Andes del N. del Perú.

Odocoileus virginianus goudotii. Ciervo o venado de cornamenta, también venado blanco o reinoso de Páramo. La ocurrencia de este venado en las alturas andinas tiene un significado especial porque de él dependieron en gran parte los grupos cazadores y recolectores indígenas en tiempos prehistóricos, como también el puma, que en este momento no tiene el alimento necesario en muchos de los Páramos que hoy se encuentran casi vacíos y silenciosos. A la llegada de Don Gonzalo Suárez Rendón a la región de Hunza en 1539, en lo que hoy es Tunja, los Zaques contaban con lo que se pudiera llamar "rebaños" del venado de cornamenta que aprovechaban y cuidaban y las tropas españolas hicieron uso de estos, utilizando sus pieles como pergaminos para escribir sus mensajes. El Dr. Aldo Calzoni y María Helena Del Llano en una pequeña excavación que hicieron cerca de Tunja, pudieron desenterrar esqueletos humanos que estaban al lado de restos de venados enteros con su cornamenta (1966).

En las excavaciones realizadas por el Doctor Gonzalo Correal en la región de Gachalá, Cundinamarca, en donde colaboró el Antropólogo Ricardo Del Llano como estudiante, se encontraron restos de *Odocoileus virginianus* con una edad de 10.090 años A.P. y, posteriormente en otra excavación en Sueva, Cundinamarca, el Dr. Correal encontró restos de estos cérvidos con una edad de 10.000 A.P. Parece que desde entonces la Sabana de Bogotá ofrece un medio ecológico apropiado para la propagación de este venado que es un animal prolífico y dócil. En Norteamérica de donde proviene el *Odocoileus* que alcanza a llegar al Perú, es considerado, tanto en los Estados Unidos como en México, la pieza numero uno de caza mayor por su popularidad. Dos Estados, Colorado y Michigan (1969) recogieron anualmente, tres mil trescientos millones de pesos por concepto de licencias de cacería.

A pesar de que se dice que el último venado de la Sabana de Bogotá fue capturado en una trampa en una población de Cundinamarca, en mayo de 1943, se sabe que en realidad los últimos venados de cornamenta que se criaban libremente en la Hacienda Canoas, fueron muertos cuando los desarreglos políticos en 1948, cerca al río Bogotá. El *Odocoileus virginianus goudotii* podría exportarse o reproducirse fácilmente con ayuda de entidades oficiales a Bolivia, Perú, Ecuador, en la Sierra de Mérida, Venezuela y también a Costa Rica, donde la subespecie de tierra caliente es muy estimada. No sobra decir que en el territorio mexicano este venado que es llamado de la cola blanca está presente en todos los Estados con excepción del extremo de la Baja California; y en caso de que se pudiera propagar en la forma que esperamos en Colombia, no sería necesario importar algunas especies diferentes en que se había pensado, como el venado sika del Japón, que se ha adaptado también en Francia.

Los *Odocoileus* de magnífica estampa y calidad de carne que son indígenas de los Páramos, tienen la capacidad de transformar multitud de plantas de esta región en carne sin alterar el medio. Más adelante daremos consideraciones prácticas acerca del ambiente de este ciervo y los medios estacionales análogos en donde puede prosperar la especie en los Andes.

Otro tanto puede hacerse con el venado sabanero o caramerudo de los Llanos Orientales y de algunas sabanas interiores, recordando que una posible subespecie de la región del Dagua, cuyo ejemplar se encuentra en el Museo de New York, ya se extinguió. El llanero, es O. *virginianus gymnotis.*

Además, para las sabanas cálidas en general podría importarse el bellísimo chital o ciervo indio, *Axis axis* de Sri Lanka y la India, el cual ya ha sido llevado con relativo éxito a las islas Hawaii.

En nuestro concepto, el venado de cornamenta también es frágil y su cacería con jauría de perros es demasiado fácil. Las poblaciones de *Odocoileus* en los Páramos del Ruiz, del Tolima, Santa Isabel, El Cisne, etc. ya fueron diezmadas; lo mismo parece haber sucedido en los Páramos del Volcán de Puracé y Los Coconucos cuya existencia en tiempos históricos la descubrió el Doctor Carlos Lehmann.

En caso de que las autoridades permitan la cacería del ciervo con licencia, esta debe hacerse con armas especiales y en la mayoría de los casos sin perros, para convertirla en un deporte difícil; lo fatal es lo que está sucediendo hoy en día, en que los venados están siendo cazados furtivamente a pesar de la presencia de las autoridades.

Mazama spp. Venados soche. De estos hay varios, vg.: *Mazama rufina rufina* en la región de Puracé; *Mazama americana carrikeri*, venado de las alturas de la Sierra Nevada de Santa Marta y, mencionado por Inderena (45) para el Santuario de Fauna y Flora de Iguaque y el Parque Natural de Sumapáz, *Mazama rufina bricenni.*

Estos venaditos de dos puntas son a nuestro parecer, los más cazados en Colombia con jauría, debido a su timidéz y hábitos nocturnos.

Hippocamelus antisianus. Huemul. Sería el mismo de Chile que, según el Doctor J. Hernández podría haber llegado hasta los Páramos del sur de Colombia y norte del Ecuador con el nombre de gamo; es un cérvido robusto y tímido que debe ser conservado celosamente por autoridades de ambos países en una reserva internacional. El de Chile es *H. bisulcus.*

Orden Lagomorpha
Familia Leporidae. *Sylvilagus brasiliensis fulvescens*, *Sylvilagus brasiliensis meridensis.* Conejo. El *Sylvilagus brasiliensis* tiene amplia distribución en ciertas alturas andinas y fué tan abundante en los nevados y Páramos del Ruiz y del Tolima en tiempo de la Conquista, que estos conejos podían ser cazados con varas; su aporte al suelo es muy considerable y las deyecciones se ven por doquier en lomas, llanadas y al pié de los roquedos.

Es de anotar que el conejo europeo, *Oryctolagus*, se asilvestra fácilmente en un ambiente frio como lo pudimos constatar en una isla del Lago de Tota, a un poco más de 3.000 metros de altitud, en donde se les encontraba abundantemente haciendo sus excavaciones, lo cual no sucede con el *Sylvilagus.* Cuando fueron retirados estos conejos de la Isla de San Pedro, propusimos dedicar estos terrenos a zoocriadero del venado y la danta del Páramo.

Orden Rodentia
Familia Sciuridae. *Sciurus granatensis chysurus* y *Microsciurus pu-*

cherani pucherani. Ardillas. Estas ardillas son mencionadas por Inderena para el Santuario de Fauna y Flora de Iguaque y junto con las que se ven deambular en las partes bajas y vecindades semiboscosas de Chingaza y Sumapáz, podrían mencionarse como las que más se acercan al ambiente de Páramo, como lo hemos conversado con el Doctor Jorge Hernández del Inderena.

Familia Cricetidae. *Thomasomys cinereiventer,* ratón de Puracé; *Thomasomys hylophylus,* ratón silvestre en el Parque Natural de Tamá; *Thomasomys laniper,* ratón silvestre en el Páramo de Pisba; *Thomasomys monochromos,* ratón de la Sierra Nevada de Santa Marta que según el Doctor Jorge Hernández, posiblemente es originario de los bosques vecinos y se le puede encontrar hasta a 4.000 metros de altitud. La Doctora Cecilia Ramírez nos mostró un *Akodon* sp. Por otra parte, *Sigmodon* sp. fue fuente importante de alimento de los grupos de cazadores investigados por el Doctor Gonzalo Correal et all. en el Abra y Tequendama, dentro de la Sabana de Bogotá en tiempos pretéritos de ambiente paramuno.

Familia Echimyidae

Subfamilia Dactylomyinae. *Thrinacodus albicauda apollinari,* rata de los chusques que de acuerdo con la Doctora Cecilia Ramírez solo la han encontrado hasta ahora, a unos 1.800 m de altitud.

Familia Caviidae

Subfamilia Caviinae. *Cavia porcellus anolaimae,* curí, cuy o cuí. Este pequeño roedor que es un plato importante en la alimentación de los nariñenses, fue domesticado hace unos 12.000 años en el altiplano de Bogotá, según palabras del Doctor Gonzalo Correal, lo cual él deduce de sus excavaciones realizadas en el Abra y el Tequendama en asocio del Doctor T. van der Hammen. Actualmente es tradicional cazar estos animalitos en los pantanos herbosos, en las lagunas de la Sabana de Bogotá y en los Páramos en donde llegan a hacer pequeños senderos sobre la vegetación del pantano.

Familia Dinomyidae. *Dinomys branickii.* La pacarana o guagua loba es un roedor grande que debe ser protegido con esmero; este borugo es antiguo y fué más próspero en tiempos pretéritos; a él se ha hecho referencia en otros apartes porque es miembro importantes de la fauna en las soledades de los Páramos.

Familia Agoutidae. *Stictomys taczanowskii.* Es la misma que otros zoólogos llaman *Agouti taczanowskii.* Este es otro borugo o guagua importante de las alturas, parecida por su coloración a la especie de tierras cálidas y medias, *Agouti paca,* pero que se diferencia de este por su aspecto negrusco y su cuerpo más corto y rechoncho. Según J.I. Borrero (5) se le encuentra en los Andes de Colombia y Ecuador en los pisos medio y frio y llega hasta los 4.000 metros en algunos Páramos. Andes de Venezuela y del Perú.

Familia Erethizontidae

Subfamilia Erethizontinae. Traemos aquí los géneros *Echinoprocta* y *Coendou* que son los puerco espines, porque un ejemplar perteneciente a uno de estos dos géneros fué cazado cerca a una laguna en la región del Páramo de Palacio. Nuestro puerco espin, *Coendou*, tiene cola prensil y es de costumbres más arbóreas que las especies norteamericanas. Por el contrario, la especie *Echinoprocta rufescens* es muy parecida al puerco espín del Canadá; pero los suramericanos más típicos están representados por los puerco espin de cola prensil, *Coendou prehensilis*, que tiene buena cola prensil y sus patas delanteras poseen cojincillos que se oponen a sus cuatro dedos.

Algunas aves de los Páramos

Al dar un vistazo a la avifauna de los Páramos, se nota inmediatamente que la civilización ha acabado en el curso de quinientos años en Venezuela y en la mayoría de los Páramos de Colombia con el cóndor y a esta extinción le está siguiendo el grupo de aves migratorias donde está la Familia Anatidae que incluye muchos de los patos visitantes que dieron vida al Páramo durante milenios y que por su ausencia estas soledades están quedando silenciosas.

Orden Falconiformes
Familia Cathartidae. *Vultur gryphus.* Linnaeus, 1758. Cóndor de los Andes. Este es el cóndor más grande de América; el segundo, *Gymnogyps californianus* es el ave más grande de América del Norte y fue abundante hasta la colonización del Oeste en la mitad del siglo pasado cuando sucumbió víctima del envenenamiento por las carnadas que se colocaban en los campos para exterminar a lobos y coyotes. Hasta hace unos pocos años de este cóndor solo quedaban unos 60 ejemplares, pero con los nuevos métodos de reproducción logrados en los Estados Unidos, las poblaciones pueden hacerse aumentar, con lo cual se resolverá el problema del futuro de esta especie y también la de nuestro cóndor suramericano.

Según Inderena (45), el cóndor de los Andes tiene una envergadura de 3.50 metros y pesa de 10 a 12 kilos, pudiendo alcanzar 1.3 de longitud total; es el ave viviente voladora más grande del interior. En la actualidad *Vultur gryphus* está considerada en peligro de extinción y en Venezuela ya desapareció; actualmente es objeto de un programa de recuperación que se inició con la liberación de cinco animales jóvenes en el Parque Nacional Chingaza (1989) en un cerro a unos 4.000 metros de altitud, relativamente cercano a la ciudad de Bogotá y al cual tuvimos el honor de ser invitados. Los cóndores anidan en los altos farallones y ponen un huevo de 10.8 x 7.0 cm cada dos años y lo incuba durante 58 a 60 días; los polluelos permanecen en el nido por espacio de año y medio hasta cuando aprenden a volar y maduran sexualmente después de los 6 años de edad; esta magnífica ave monógama, puede volar a grandes alturas y se desplaza hasta 150 kilómetros de distancia en un día. De acuerdo a información personal recibida de campesinos amigos en el Páramo de Palacio, el último cóndor visto en esta región fue hace unos 35 años.

Sarcorhamphus papa (Linnaeus, 1758). Rey de los gallinazos. Un ejemplar fué visto en Chingaza por el Doctor Jorge Hernández. Se le dá una envergadura de 2 metros; en inglés se le dice *King Vulture.* Hasta el presente el autor no lo ha encontrado en los Páramos. Es el cóndor forestal.

Cathartes aura (Linnaeus, 1758). Guala. Según el Doctor José Vicente Rodríguez que la denomina aura cabeciroja, su gran areal cubre todo el continente americano desde el sur del Canadá hasta la Tierra del Fuego de la Argentina, y Magallanes de Chile. En el sur de los Estados Unidos se la conoce como *Turkey Buzzard* por su cabeza pelada y de color rojo. A esta ave planeadora se le proteje por la ley en parte de Nortamérica, por su papel como carroñera limpiadora.

Coragyps atratus. (Bechstein, 1793). Gallinazo. Bastante menor que el rey de los gallinazos y completamente negro, este buitrecito habita el centro de los Estados Unidos y Sur América, donde actúa como carroñero y se le ve casi domesticado en algunas poblaciones. Alcanza a presentarse en los paramillos de Monserrate, pero al parecer no se adapta al frio y hasta el presente el autor no lo ha visto en el suelo del Páramo abierto a pesar de que se le ve cruzar, lo cual puede constituir un inconveniente porque es el que orienta al cóndor en su búsqueda de carroña.

Familia Accipitridae.

Subfamilia Accipitrinae. *Buteo fuscescens australis.* Aguila. Mencionada por H. Sturm. *Buteo magnirostris*, águila que en la cordillera Occidental le llamamos aguililla; esta, dada para las alturas del Páramo del Ruiz. La llamada "aguila real" que habita en los pisos térmico, frio y de Páramo, es *Geranoaetus melanoleucos australis* que se alimenta de pequeños vertebrados e insectos principalmente.

Familia Falconidae. *Falco sparverius.* Cernícalo. Agil halconcito que se pasea por los Páramos, el cual hemos tenido en cautiverio para estudiar sus costumbres, alimentado con trozos de carne cruda. Este sirirí es capáz de sostenerse quieto en el aire y en la zona cafetera anida en huecos de árboles altos.

Subfamilia Polyborinae. *Phalcoboemus carunculatus* Curiquingua. En los caracaras se incluyen 9 especies de falcónidos en Sur América. En general estos tienen patas fuertes y bajan mucho al suelo comiendo cualquier clase de carroña, desde lo que consumen los más grandes competidores, hasta insectos, aves y caracoles de tierra.

Orden Apodiformes
Familia Trochilidae. *Chalcostigma heteropogon.* Colibrí de Páramo.

Oxypogon guerinii guerinii. O. *guerinii stuebeli*, chivito de Páramo y colibrí en el Parque Natural de Los Nevados. *E. v. vestitus. Patagonia gigas*, tominejo gigante que alcanza a medir 21 cms. de largo. Recordamos que solamente en el Páramo y alrededores de Chingaza, habitan más de 30 especies de colibries, pero *Patagonia gigas* fué registrado solo en Chingaya.

Orden Caprimulgiformes
Familia Caprimulgidae. *Caprimulgus longirostris ruficervis*, 4.200 m en el Ruiz. Atajacaminos o dormilón, gallina ciega.

Orden Charadriiformes
Familia Scolopacidae. *Gallinago imperialis.* Caica. Común y corriente. *Gallinago nobilis.* Caica o becada. *Gallinago stricklandii jamesoni.* Caica. Estas aves son muy importantes en los Páramos y requieren atención especial en sus poblaciones. Además *Gallinago gallinago delicata*, migratoria de N. América.

Familia Charadriidae. *Vanellus chilensis.* Pellar o caravana. Registrado en la laguna paramuna del Otún. Los pellares son diurnos, comunes en los potreros y en áreas pantanosas, donde se alimentan de lombrices, insectos y larvas. J.V. Rodríguez en su libro "Aves del Parque Nacional Natural Los Catios", Inderena, 1982, le asigna una distribución geográfica desde el oriente de Panamá a través de gran parte de SurAmérica, hasta Argentina y la Tierra del Fuego chilena, igualmente en las Islas Malvinas, Juan Fernández y Trinidad. *Vanellus resplendens.* Páramos Nariño Cauca. Un registro en laguna La Herrera.

Orden Passeriformes
Suborden Passeres
Familia Hirundinidae. *Riparia riparia riparia.* Golodrina. Cocuy. Migrante de N. América.

Familia Icteridae. *Sturnella magna meridionalis.* Chirlobirlo, para el Páramo del Cocuy y otros de la misma cordillera.

Familia Muscicapirae
Subfamilia Turdinae. *Turdus fuscater quindio.* Mirla. En el Páramo de Puracé y también *Turdus fuscater cacozelus*, Sta. Marta, *Turdus fuscater gigas*, C. oriental.

Familia Fringillidae. *Catamenia analis schistaceifrons.* Chisga. Y también *Catamenia inormata minor*, para el Páramo del Cocuy y otros C. Oriental. *C. nonochroco*, Páramos C. Central y Oriental y S.E. Sta. Marta.

Familia Motacillidae. *Anthus bogotensis.* Alondra dada para el Páramo de Iguaque y otros Páramos C. Oriental y C. Central.

Familia Troglodytidae. *Aedon columbae.* Cucarachero registrado en la laguna de Chisacá, Páramo de Sumapáz; también*Cisthotorus apolinaris*, uno de estos llamado cucarachero azul, Páramos Cundinamarca y Boyaca. *C. platensis.*

Orden Psittaciformes
Familia Psittacidae. *Bolborhynchus ferrugineifrons* (Lawrence, 1878). Perico de Páramo. Según Inderena (45), este perico es de la porción céntrica de la cordillera Central de Colombia en los pisos térmicos frío y de Páramo; una especie endémica cuyos hábitos comprenden comer los aquenios del frailejón, *Espeletia hartwegiana* Schulz-Bipontinus ex. Cuatrecasas.

Orden Strigiformes
Familia Tytonnidae. *Tyto alba contempta.* Una lechuza en el Páramo, con material procedente de la Cordillera Central. Otro, el *Buho virginianus nigrescens* del Páramo del Visitador; igualmente en el Nevado del Tolima, siendo un ave muy de bosque según J. Hernández. Un buho de Colombia y Ecuador en los Páramos es *Asio flammeus bogotensis*, este prefiere anidar en suelo pantanoso y hasta en balsas flotantes turbosas; es un "morrocoy" para nosotros, insenctívoro que ha sido visto en Lagunillas, Sierra Nevada de Chita.

Ecotono entre Páramo y paramillo, bosquetes y bosques

El Doctor H. Strum nos suministró la siguiente lista de aves perteneciente a su trabajo sobre el Páramo de Monserrate:

Accipitridae:	*Buteo fuscescens australis*
Anatidae:	*Anas flavirostris cl. andium altipetens* *Anas georgica niceforoi* *Oxyura jamaicensis andina*
Ardeidae :	*Butorides spec.* (Rupfung von Jungtier)
Coerebidae:	*Conirostrum rufum* *Conirostrum s. sitticolor* *Diglossa carbonaria humeralis* *Diglossa c. cyanea* *Diglossa l. lafresnayi*
Cuculidae:	*Coccyzus melacoryphus* (Rupfung)
Dendrocolaptidae:	*Lepidocolaptes l. lacrymiger* *Xiphocolaptes p. promeropirhynchus*
Formicariidae:	*Grallaria quitensis alticola*
Fringillidae:	*Atlapetes sch. schistaceus* *Catamenia h. homochroa* *Catamenia inornata minor*

	Haplospiza r. rústica
	Phrygilus unicolor geospizopsis
	Sicalis citrina browni
	Sicalis luteola bogotensis
	Spinus sp. spinescens
	Zonotrichia capensis costaricensis
Funariidae:	*Asthenes f. flammulata*
	Cinclodes fuscus oreobates
Gallinacea:	*Penelope montagnii m.* 'pava'
Gypidae:	*Coragyps atratus* 'chulo'
Hirudinidae:	*Notiochelidon m. murina*
Icteridae:	*Sturnella magna meridionalis* 'chillaco'
Parulidae:	*Basileuterus nigrocristatus*
Picidae:	*Piculus r. rivolii*
	Veniliornis f. fumigatus
Rhinocryptidae:	*Scytalopus latebricola meridianus*
Scolopacidae:	*Gallinago nobilis*
	Gallinago stricklandii jamesoni
Thraupidae:	*Buthraupis e. eximia*
	Anisognathus igniventris lunulatus
	Dubusia t. taeniata
	Hemispingus s. superciliaris
	Hemispingus verticalis
Trochilidae:	*Chalcostigma heteropogon*
	Coeligena helianthea
	Ensifera e. ensifera
	Eriocnemis v. vestitus
	Lesbia nuna gouldii
	Oxypogon g. guerinii
	Pterophanes c. cyanopterus
	Pamphomicron m. microrhynchum
Troglodytidae:	*Cinnycerthia u. unirufa*
	Cistothorus apollinari
	Cistothorus platensis tamae
	Troglodytes aedon columbae
Tyrannidae:	*Contopusf. fumigatus*
	Knipolegus p. poecilurus
	Mecocerculus leucophrys setophagoides
	Nyiotheretes st. striaticollis
	Ochthoeca f. fumicolor
Turdidae:	*Turdus fuscater gigas "mirla"*

En el orden Anseriformes y la Familia Anatidae se encuentran varios patos visitantes principalmente, los cuales consideramos de importancia para la vida de los lagos satélites por tener sus centros principales de acuatizaje en sus travesías, en las altiplanicies cundiboyacenses y el Lago de Tota, pero cuya población decrece ostensiblemente hasta llegar a cero si las circunstancias actuales prevalecen. De manos del Ornitólogo Rev. Padre Antonio Olivares recibí su importante separata sobre el particular de la Revista de La Academia Colombiana de Ciencias, que lleva por título Aves Migratorias en Colombia que describe la familia Anatidae y donde se encuentran los patos que él menciona, como migratorios de variado tipo, los cuales fueron comentados ampliamente por mí con el Doctor Jorge Hernández y donde figuran *Anas acuta*, *Anas americana*, *Anas clypeata*, *Anas crecca*, *Anas cyanoptera borreroi*, *Anas cyanoptera septentrionalium*, *Anas discors*, *Anas flavirrostris*, *Anas flavirrostris altipens*, *Anas georgica*, *Aythya affinis* y otros.

Orden Anseriformes
Familia Anatidae. *Anas acuta*. Pato rabo de gallo que viene del norte y llega a Tota y cuya hembra recibe el nombre de "pardona".

Anas americana. Pato. Reportado por el Doctor Jorge Hernández para la laguna de Fúquene y el Lago de Tota, es migratorio de Norteamérica donde anida. Según A. Olivares, en Colombia se le ha capturado en la Sabana de Bogotá y los ejemplares obtenidos de esta especie en 1959 fueron los primeros registrados en Suramérica. Posteriormente se le ha visto entre los meses de octubre y abril en el Valle del Cauca, por lo cual el autor opina que este pato se está convirtiendo en residente de invierno.

Anas clypeata. Pato cucharo. Dice Olivares que esta especie es propia de Europa, Asia y América del Norte y que entre nosotros se le ha coleccionado en la Laguna de La Herrera, Sabana de Bogotá en los meses de enero, marzo, octubre y noviembre; se le considera un residente de invierno en Colombia y en 1958 fueron capturados dos ejemplares en esta Sabana, habiéndosele visto últimamente con relativa abundancia en el Valle del Cauca, sin omitir que la publicación del padre Olivares fué editada por la Academia Colombiana de Ciencias en 1959.

Anas crecca carolinensis. Pato, cerceta. Este es el patico que tiene cresta nucal corta, alcanza 34 cms. de longitud y anida en Norteamérica con otras subespecies, la *nimia* de Friedmann que cria en las Islas Aleutianas. La Subespecie *carolinensis* que nos visita, según Olivares, fue un ejemplar cazado en 1949 por primera vez en la Laguna de Fúquene, Cundinamarca y señalado por Dugand con localidad precisa en Colombia y se le consideró migratorio de Norteamérica. J. Hernández se refiere a él para la Laguna de Fúquene.

Anas cyanoptera septentrionalium. Pato colorado. Es el mismo del que Olivares dice que existen dos razas de esta especie que son residentes aquí y relativamente abundantes: *Anas cyanoptera tropicus* y

Anas cyanoptera borreroi, el cual el Doctor J. Hernández dice haberlo visto en el Lago de Tota y que quizá sube a los Páramos, pero que actualmente se encuentra prácticamente extinguido. Olivares lo cataloga entre las aves casuales en cuanto a su migración y, refiriéndose a De Schauensee, anota que el pato es un visitante esporádico de invierno en Colombia.

Anas discors subsp.. Pato careto. El nombre de pato careto se usa para machos en plumaje de invierno y el de pato chisgo para cuando llevan su plumaje de otoño. Según J. Hernández sería lo mismo que decir cerceta aliazul en el Valle del Cauca, a pesar de que es un pato migratorio que sube a los Páramos como transeunte, siendo los más comunes y abundantes de Colombia; visita el pais desde septiembre hasta fines de abril en las costas marinas y en pantanos y lagunas y al parecer asciende hasta unos 3.600 m de altitud. Su longitud es de 40 centímetros.

Anas flavirrostris. Pato de Páramo. Del cual según J. Hernández existen dos subespecies, una desde Nariño hasta la Laguna del Otún y otra en la cordillera Oriental. En Mérida, Venezuela se menciona *Anas flavirrostris altipens*, siendo la población de acá de tipo intermedio. Al lado de *Oxyura* se le considera de los patos más comunes y residentes en los Páramos.

Anas georgica. Pato pico de oro o piquiamarillo. Este es muy afín al pato rabo de gallo según J. Hernández quien me los menciona desde los Páramos de Nariño hasta los del Puracé, sugiriendo que pueden ser endémicos de Cundinamarca y Boyacá.

Aythya affinis. Patico turrio o pato canadiense. Con longitud de 45cms, según Olivares a este pato se le ha encontrado en la Sabana de Bogotá y en el Valle del Cauca principalmente durante enero y febrero y, en 1955 llegaron pequeñas bandadas al Lago de Tota y muy probablemente a los más altos lagos satélites.

Otros patos y aves acuáticas

Otras aves puramente acuáticas y nadadoras, algunas de las cuales constituyen una verdadera rareza a estas alturas como es el caso del pato real, *Cairina moschata* que ocasionalmente se le ha visto en la Sabana de Bogotá; otra rareza, *Dendrocygna autumnalis* que son los patos pisingos o iguazas de los cuales en estas latitudes se conocen tres especies. Estos paticos con aspecto de pequeños gansos cruzan la cordillera Oriental desde los Llanos a la altura del Macizo del Cocuy según J. Hernández, lo cual es conocido por los campesinos en esa región, quienes colocan sábanas en el suelo para capturarlos.

Merganetta armata colombiana que asciende por las quebradas hasta los bosquetes de Páramo, desde los 500 m hasta los 3.550 —

3.600 m de altitud y que, según J. Hernández ponen sus huevos entre las piedras, donde anidan. En esta región se les vé desde un poco arriba de Villavicencio hasta las alturas paramunas. En el rio Amaime eran comunes en 1939.

Neoche jubata. Otro pato de los Llanos Orientales y la Amazonia que para nosotros tiene más bien aspecto de ganso, es llamado pato carretero y por rareza se le ha visto en la Sabana de Bogotá.

Netta eryphrosphalnea eryphrosphalnea. Pato carrango, que sería lo mismo que decir cerceta negra según J. Hernández del cual poco se sabe. Es un patico velóz y enigmático muy buscado en el Valle del Cauca por los cazadores.

Oxyura dominica. Turria, pato piquiazul o consumidor. Un nombre de especie que hemos recibido del Doctor Jorge Hernández para la Sabana, como también *Oxyura jamaicensis* que este autor la recuerda como de Sumapáz y de ella se ocupó también Carlos Lehmann, a la cual le asignó también *andina. Oxyura ferruginea,* verdadera turria, pato piquiazul o consumidor que se presenta con algunas variaciones en el Páramo de Puracé, Cauca.

Podiceps dominicus. Cira, chagualo, zanbullidor. Cuyo género posiblemente ha cambiado de nombre. Según J. Hernández, *Podiceps dominicus speciosus* se presenta más o menos en todo el país hasta la Sabana y el Lago de Tota y de seguro los lagos satélites. *Podiceps occipitalis juninensis* que a pesar de ser un poco más grande que las anteriores tiene aspecto de somormujito y es de zonas andinas y Páramos desde Nariño hasta las lagunas del Páramo de Puracé y del Otún. Uno de estos es el llamado *Cira,* el de iris rojo que se presentaba en las altiplanicies de Cundinamarca y Boyacá para sobrevivir únicamente en el último lago. Después de 1976 quedaban en la Laguna de Tota solamente 100 ejemplares y no se contaba con datos del Cocuy y de Sumapáz, a pesar de ser endémicos posiblemente de Cundinamarca y Boyacá; ellos pertenecen a los Pedicipediformis, antiguamente Colymbiformis, siendo posible que actualmente estén extinguidos, a pesar de que Colombia cuente con unas cuatro especies: *Podilumbus, Podiceps,* chagualo o zamabullidor, referidos a una sola subespecie, *antarticus,* que llega hasta la Laguna de Tota y probalemente alcanza los lagos satélites; *Podiceps dominicus speciosus* que se presenta más o menos en todo el país hasta más arriba de la Sabana y Tota; *Podiceps occcipitalis juninensis* algo más grande. Este somorgujito según J. Hernández es de zonas andinas desde los Páramos de Nariño y Cauca (Puracé), hasta la laguna del Otún; uno, un poco más grande es el *Cira* de iris rojo perteneciente a la región mencionada, en donde se extinguió, sobreviviendo en el Lago de Tota con unos 100 ejemplares. El *Cira* posiblemente habitó en el Lago de Tota durante miles de años y hoy en día es muy probable que se haya extinguido por la presencia de la trucha, corriendo de esta manera la misma suerte que el pez craso, *Rhizosomichithys totae.*

Anfibios y reptiles en los Páramos

A continuación nos permitimos dar a manera de ejemplo algunos géneros y especies de Amphibia y Reptilia de los Páramos, con el fin de abordar esta difícil materia que se encuentra en via de investigación por parte del Inderena y del Museo de Ciencias Naturales de la Universidad Nacional, en donde debo agradecer en este campo al Doctor Pedro Ruiz Carranza con quien hemos hecho dos excursiones, una al Páramo de Urrao en Antioquia y otra al de Cruz Verde en Cundinamarca.

Clase Amphibia. *Bolitoglossa* sp. *Bolitoglossa adspersa.* Salamandras. Bastante esparcidas y se les encuentra debajo de las piedras. Se han recolectado en nichos en los Páramos de Urrao y Cruz Verde; también se les reporta en el Páramo de Sumapáz con el nombre de "charchala".

Eleutherodactylus sp. Rana. Esta nos ha sido dada para el Santuario natural de Iguaque; *Eleutherodactylus buergeri* (Werner); *Eleutherodactylus elegans* y *E. bogotensis* (Peters), en el Páramo de Monserrate; la taxonomía a nivel de especies se encuentra en revisión según el Doctor Jorge Hernández. *Eleutherodactylus buergeri* fue dada para el Páramo de Sumapáz.

Entre los anfibios anuros, ranas o sapos para el Parque Nacional de Puracé, Inderena (45) destaca: *Atelopus ebenoides*, endemismo regional; *Eleutherodactylus boulengeri; E. buckleyi; E. hernandezi; E. leptolophus; E. myersi; E. supernatis; E. vicarius; Gastrotheca argenteovirens; Hylopsis buckleyi; Osornophryne bufoniformis.*

Hyla labialis. Ranas. Esta es una especie muy común en los pisos térmicos fríos y de Páramo hasta unos 3.800 metros de altura, por ejemplo en el Páramo de Chigaza. *Hyla labialis kraussi; Hyla bogotensis* y también *Hylopsis buckleyi.*

Clase Reptilia. *Anadia bogotensis.* Lagartija. Páramo de Chisacá y P. de Monserrate. El Dr. Jorge Hernández dice que esta lagartija tiene nidos comunales bajo tierra.

Stenocercus (= Leiocephalus auct. proparte) Or*natus trachycephalus* (Dumeril), frecuente en el Páramo de Monserrate.

Phenacosaurus heterodermus. (Dumeril) Camaleón. Es un lagarto arborícola e inofensivo que se alimenta de insectos y es de cola prensil; lo hemos visto en la parte alta de Guatavita y nos informan que va hasta la porción inferior del Páramo; su postura consta de un solo huevo muy grande proporciconalmente que eclosiona al cabo de un año (45).

Proctoporus striatus. Lagartija. Es un lagarto de

patas cortas y cola larga que se encuentra en los Páramos hasta más o menos 4.000 metros de altitud según el Doctor Jorge Hernández.

Stenocercus aff. *lache*. Las especies de este género ascienden en los Páramos hasta unos 4.000 metros.

En el Orden Squamata, Suborden Serpentes u Ophidia se pueden incluir unas culebritas de Páramo: *Atractus* y *Lemaidophis* en el Páramo de Cruz Verde, según comunicación personal recibida del Doctor Pedro Ruiz.

Vida Silvestre en el Parque Nacional Farallones de Cali

La información relativa a los Farallones de Cali que alcanzan una altura de unos 4.200 m sobre el Pacífico, la damos con base en una información recientemente recibida de nuestro colega C.C. Downer (1979) sobre estos Páramos desprovistos de frailejones que separan el litoral Pacífico del valle interno del Cauca. Estos Farallones se encuentran bastante aislados de otros Páramos colombianos y tienen al frente y hacia el oriente, el Nevado del Huila, al sur la cordillera de Los Coconucos y al norte los Páramos que rodean los picos más altos en el Parque de Los Nevados.

Aves encontradas en las alturas de Los Farallones

Familia Columbidae. *Columba fasciata*. Torcaza collareja vista a 3.800 m entre el Alto del Hambre y el Alto del Campamento.

Familia Anatidae. Pareja de patos volando sobre el Alto del Buey hacia los 3.490 m; parecen cercetas migratorias.

Familia Scolopacidae. *Gallinago gallinago*. Agachadiza o becada común vista a 3.730 m entre el Alto del Hambre y el Alto del Campamento.

Familia Strigidae. *Ciccaba albitarsus*. Lechuza patiblanca vista cerca del Alto del Hambre, a 3.780 m.

Familia Caprimulgidae. *Caprimulgus longirostris*. Chotacabras serrana por debajo del Páramo y también del Alto del Buey, vista en el bosque.

Familia Apodidae. *Streptoprocne zonaris*. Vencejo culiblanco a 3.600 m de alt. en lagunita cerca de la Teta de la Bruja.

Familia Trochilidae. *Urosticte benjamini*. Colibrí serrano violeta en el Alto del Buey a 3.378 m.

Heliodoxa jacula. Un nuevo colibrí jacula para los Farallones en el Alto del Buey, Laguna T. de la Bruja a 3.750 m, un chupador de nectar.

Lafresnaya lafresnayi. Colibrí terciopelo en el alto del buey y lagunas T. de la Bruja.

Pterophanes cyanopterus. Gran colibrí entre el Alto del Buey y el Alto del Campamento, común en las lagunas de T. de la Bruja.

Coeligena torquata. Colibrí de collar del alto Farallones a lagunas de T. de la Bruja a 3.750 m de alt.

Chalcostigma herrani. Nuevo colibrí para los Farallones que puede tratarse de una subespecie porque tiene un puntico blanco circular detrás del ojo. A 3.780 m, visto en matas por la cuchilla entre el Alto de Pance y el Alto del Hambre; y volando entre flores y arbustos por debajo del paso oriental del paso de la "V" en matas de área pedregosa a 3.800 m de alt.

Schistes geoffroyi. Colibrí de cola en franjas, *Wedge-Billed Hummingbird*, en el Alto del Buey.

Heliomaster longirostris. Colibrí estrella de pico largo, *Long-Billed Starthroat*, en el Alto del Buey. Algunos de estos colibries puede ser que entren al Páramo y otros nó.

Familia Tyranidae. *Ochthoeca diadema.* Tiránido llamado en inglés *Yellow-Bellied Chat-Tyrant*, en las lagunas de la T. de la Bruja a 3.600 m de alt.

Mecocerculus leucophrys. Tiránido, *White-Throated Tyrannulet.* Escarpa por arriba de las lagunas de la T. de las Brujas, a 3.600 m y para las cuales Downer sugiere el nombre de Las Fuentes.

Tyranniscus nigrocapirrus. Tiránido capinegro, *Black-Capped Tyrannulet*, lagunas Alto Farallones en T. de las Brujas a 3.600 m.

Familia Hiirundinidae. *Notiochelidon murina.* Golondrina de vientre pardo. Alto del Buey a 3.400 m y Alto de los Osos, lado occidental.

Notiochelidon cyanoleuca. Golondrina común *Blue-and-White Swallow.* Laguna T. de Bruja a 3.600 m y Alto de Pance y Alto del Hambre a 3.800m de alt.

Stelgidopteryx ruficollis. Golondrina de garganta roja, *Rough-Winged Swallow.* T. de Bruja y lagunas a 3.570 y, entre el Alto de Pance y el Alto del Hambre a 3.800 m de alt.

Hirundo rustica. Golondrina común, *Barn Swallow,* entre el Alto del Hambre y el Alto de Pance a 3.800 m; migrantes de Norteamérica en donde nidifica.

Familia Turdidae. *Turdus fuscater.* Mirla, en el paso de la "V" a 3.830 m de alt.

Turdus serranus. Mirlo negro en el Alto del Buey.

Familia Parulidae. *Dendroica fusca.* Cerrojillo cuellirojo en el Alto del Buey.

Myoborus melanocephalus. Cerrojillo de anteojos. Alto Farallones en quebrada boscosa cerca al Alto del Hambre, a 3.700 m de alt.

Diglossa carbonaria. Melero negro. Lagunas en chaparral y pantano a 3.600m de alt.

Diglossa cyaniea. Melero de antifáz en el Alto del Buey.

Mamíferos encontrados en las alturas de los farallones

Orden Carnivora
Familia Ursidae. *Tremarctos ornatus.* Oso de anteojos u oso negro. Alto del Hambre hacia el paso al Norte a 3.750 m en donde se examinó una deyección fibrosa II—26—79 que nos indicaba una dieta de piñuelo de monte, *Puya* sp.

Familia Felidae. *Felis pardalis.* Ocelote señalado en bosque por debajo de Páramo.

Puma concolor (o *Felis concolor*). Puma o león de montaña. Este tiene sus guaridas en precipicios y cuchillas cordilleranas de Los Farallones en un área pedregosa donde se examinaron rastros y deyecciones a 3.950 m, cerca del Alto Campamento. II—27—79.

Familia Procyonidae. *Nasua nasua candace.* Cusumbo. Rastros y excavación antes de T. de la Bruja por el lomo de la montaña.

Orden Perissodactyla.
Familia Tapiridae. *Tapirus pinchaque.* Danta. Rastros no muy grandes de 12 cms. de longitud con clara impresión de dedos impares, lo cual se observó a 3.700 m de alt. entre el Alto de Pance y el Alto de Hambre. Dice Craig Downer sobre los rastros de este tapir, que se trata de una especie en peligro de extinción; nosotros opinamos que puede tratarse de una especie de danta de Páramo o de montaña, no registrada aún.

Bufo granulosus? Sapo encontrado a 3.588 m de alt. en área musgosa asociada a rocas. De cerca de 3 cms. de largo con glandulas e iris dorado, entre bromelias, helechos y *Vaccinium*. Otros especímenes fueron coleccionados cerca al Alto de Campamento a unos 4.000 m de alt. II—27—79.

Eleutherodactylus delicatus. Rana coleccionada en el Campamento, en la misma fecha del anterior, cerca al Alto del Hambre a 3.650 m de alt. en herbazal cordillerano. De 3 cms. de largo y color anaranjado.

Craig C. Downer, al referirse al último mamífero de esta lista, la danta de montaña, nos remite a su artículo sobre el Parque Natural de Las Hermosas que lleva por título "Un Páramo Paraiso" OAS, 1981 y nos dice que en Las Hermosas todavía quedan animales raros como son la pacarana o guagua loba, el oso de anteojos, único en Suramérica, el venado Pudú o venado conejo de solo 40 cms. de altura y en peligro de extinción; el puma y el tapir, conocido éste último como danta y que divide su tiempo entre los bosquetes *elfin* que se encuentran sobre los 7.500 pies de altitud, recorriendolos durante la estación seca entre junio y septiembre y el Páramo alto sobre los 10.000 pies en la estación lluviosa, y agrega, que algunos mamíferos más abundantes de estas alturas son la guagua corriente, la nutria, el zorro del Perú, el conejo del pajonal y el venado soche. Para él Las Hermosas son un testimonio sublime a la maravilla de la naturaleza que justifica su preservación como objetivo práctico e idealístico. Sin embargo, la quema extensiva de los bosques de alta montaña es práctica corriente a esta altura en todo Colombia y el fuego tradicional, a raiz de los desmontes, carcome directamente el corazón del hábitat primario del tapir de montaña. Finalmente, trae unas bellas palabras relacionadas con la fenología de este paisaje vegetal admirable "El fino bioma de Páramo cubre la tierra con esplendor. . . En esta tierra en donde los colores de los árboles no se cubren con las tonalidades del otoño, estas sí llegan al alto Páramo".

En los Páramos es frecuente encontrar en la superficie del suelo un delgado cascarón vacio del molusco *Plekocheilus.*

Según Correal Urrego y T. van der Hammen en su estudio *Investigaciones Arqueológicas en los Abrigos Rocosos del Tequendama,* mencionan que A.M. Cleef ha coleccionado frecuentemente en muchos Páramos de Cundinamarca y Boyacá el molusco mencionado que corresponde a *Plekocheilus succinoides* (Petit).

Los autores arriba mencionados encontraron 35 ejemplares de moluscos en los estratos de la época precerámica que es la que más nos interesa en este caso por el ambiente paramuno que los albergó (Holoceno medio) donde precisamente parece que predominaba aquel molusco, siendo sus cantidades relativas las siguientes: 17 *Plekocheilus succionoides;* 3 *Plekocheilus coloratus;* 1 *Drymaeus chimborasensis;* 13 Gasteropodos indeterminados; 1 *Unionidae.*

Los autores concluyeron que los Gasteropodos pueden haber formado una parte relativamente modesta de la dieta humana en esa época, particularmente en el temprano Holoceno.

Teniendo en cuenta la composición de las conchas de los Gasterópodos, puede pensarse en que estas pudieron influir en la lenta formación de los suelos antrópicos acumulados a través de los siglos en las goteras de los abrigos rocosos del Tequendama, como pudo examinarlos el autor en compañía del Pedólogo J. Pichott en cortes expuestos en las excavaciones ya terminadas que fueron hechas durante las investigaciones arqueológicas de Correal y van der Hammen.

Fauna de Artrópodos del Páramo Andino

En los últimos tres lustros se han llevado a cabo importantes investigaciones relacionadas con los Artrópodos que habitan los Páramos de Los Andes, sobre todo en Colombia. De estos trabajos, unos de los más sobresalientes han sido los de mis compañeros los Profesores Doctores Helmut Sturm de la Universidad Hildesheim y Alberto Abuchaar del Departamento de Biología de la Universidad Nacional. De ellos recibí para incorporar en este libro, la comunicación siguiente en que se destaca la importancia y el origen de esta fauna que considero un estudio fundamental en los ecosistemas del Páramo.

En comparación con la fauna de Artrópodos del bosque alto andino, la de los Páramos, es menos rica en especies y taxa superiores. No se encuentran en el Páramo los escorpiones, los Uropygi (Schizomidae), los termites, los Mantodea, las Tridactylidae (Orthoptera), grupos que en 100 metros más abajo se pueden encontrar. Las hormigas entran únicamente con muy pocas especies en las partes bajas del Páramo. Este decrecimiento de la diversidad tiene varias causas: a. Las condiciones climáticas bastante extremas; b. Promedios más bajos de temperatura; c. Oscilaciones más amplias de radiación, temperatura y humedad relativa que son factores que contrastan con el bosque que penetra en sectores irregulares en el Páramo; d. El número de minibiotopos (Merótopos) es bajo para los. Artrópodos pues en el suelo hace falta una capa de hojarasca bien desarrollada que sirva el interés de los minibiótopos; e. La vegetación es muy abierta y poco estructurada y las epífitas están escasamente desarrolladas. Sólo los frailejones ofrecen máximo abrigo con sus hojas muertas que quedan adheridas a su eje vegetativo; también hay albergue en las rosetas de hojas vivas generalmente lanudas y en los capítulos de las inflorescencias como microbiotopos específicos. Igualmente se encuentran Artrópodos sumergidos en suelos impregnados de materia orgánica.

De hecho, los Páramos son formaciones relativamente nuevas y los primeros ecosistemas parecidos al Páramo se formaron en conjunto con el levantamiento de Los Andes en el Plioceno hace unos 5 — 6 millones de años. Desde entonces la evolución no dió tiempo para producir especiaciones adaptadas a las nuevas condiciones, lo cual sería una nueva condición limitante a una dispersión biológica, quedando las especies en merótopos muy característicos y reducidos.

La inmigración de los Artrópodos se hizo probablemente en primer lugar desde el rico reservorio de animales del antiguo bosque montano. Pero posiblemente tomaron parte migraciones a lo largo de las cadenas andinas mediante mutantes adaptativos, propagación por el mismo hombre y especies que vivieron en vegetaciones abiertas desde otras montañas viejas de Suramérica; además de las adaptaciones que se elevaron por los ascensos de la cordillera andina. En conjunto resulta una fauna de Artrópodos más rica que la de la región alpina, de latitudes superiores. La fauna del suelo presenta todos los grupos característicos que se encuentran también en la zona templada. Aún no se conocen todas las especies de plantas y animales de los Páramos andinos. En la superficie del suelo se encuentran especialmente Coleópteros, por ejemplo Carabidae con los géneros *Colpodes*, *Tachys*, *Lebia*, *Callida*, también *Staphylinidae*, *Curculionidae* y una especie negra punteada de rojo, *Astylus* sp., los *Melyridae*, *Caelifera*, *Melanoplinae (Bogotacris*, *Chibchacris* et all.) y Araneae, *Collembola* y más profundos los Enchytracidae. Dentro de la vegetación baja hay vistosas especies de Cicadioidea. La densidad de actividad de animales voladores se advierte dentro de las capas bajas aéreas, cuando hace sol predominan los Diptera *(Syrphidae*, *Tachinidae*, *Empididae)*; durante la noche los *Culicidae*, *Ceratopogonidae*. También se encuentran Hymenoptera *(Bombus*, especies parásitas et all.), Coleoptera y Lepidoptera (Pieridae, Saturniidae, Geometridae et all.). La fauna más característica de Artrópodos que albergan los frailejones es de 100 especies pertenecientes a muy diferentes Ordenes. En las rosetas viven menos Ordenes como Membracidae (*Penichrophorus* et all.), Pseudococcidae (*Puto* et all.); muchas especies de Coleoptera (Lampyridae, *Lucidota* sp.), Elateridae (*Semiotus* sp.), Curculionidae (*Plethes* sp. de estrías longitudinales rojas y negras), *Exorides* spp. (Curculionidae) que pueden hacer daños notorios en las hojas. Durante la noche las rosetas son visitadas por especies de Curculionidae, Carabidae, Blattodea y Opiliones que vienen del abrigo de las hojas muertas. La fauna aparentemente más adaptada se encuentra en las flores de las Espeletiinae. Un capítulo de *Espeletia grandiflora* H. et B. contiene más de 50 ejemplares de diferentes especies. Muy abundante es el pequeño, *Phyllotrox Aristidis* Voisin, que fué coleccionado en los Páramos cerca de Bogotá y de Mérida. Además, Staphylinidae (*Polylobus*), Latriidae (*Corticarina*), Bibionidae (*Dilophus*) y larvas de Diptera (Tephritidae, Drosophylidae) que viven durante mucho tiempo en las flores. En este grupo probablemente hay muchas adaptaciones y hacer comparaciones con otras especies semejantes es difícil, puesto que más del 80% de los Artrópodos de la región aún no están descritos. La evolución está plenamente en marcha con la consiguiente especiación, pero la existencia de las especies típicas del Páramo están en *peligro de extinción* por las quemas que destruyen los merótomos específicos, como son los abrigos de las hojas muertas de las espeletias.

De este paquete bibliográfico, la primera publicación de los mencionados autores fué la de H. Sturm (1978) Zur Okologie der andinen Paramoregion, publicada en Biogeographica, the Hague — Boston — London. La segunda, de H. Sturm y A. Abuchaar (1981), Observaciones sobre la Ecología del Páramo Andino de Monserrate, publicada en Caldasia, Bogotá. Luego vino de H. Sturm (1983) Zur Bodenfauna der Andinen Paramo Region, publicada en Amazoniana, Kiel. Finalmente, Sturm tiene en prensa (1990) una nueva publicación sobre el particular en Neotropical Fauna and Environment.

En su "Estudio ecológico comparativo de la entomofauna de un bosque altoandino del Páramo localizado en la región de Monserrate, Bogotá", nuestras alumnas de la Universidad, Amanda Bernal Carlo y Graciela Figueroa, concluyeron para esta región de Páramo y paramillo ubicado a 3.200 m de alt., lo siguiente:

Se nota que la quema lleva al Páramo a un estado de organización muy simple que afecta a la población animal del suelo. Y a pesar de que las fluctuaciones de la población son muy intensas y de tipo irregular, en la etapa de recuperación avanzada hay un aumento de presas en cuanto a herbívoros y sapróvoros, con disminución de predadores.

Para todos los taxa, la quema en el Páramo produce cambios en la composición y en la abundancia, desapareciendo algunos de ellos mientras que otros aumentan, como los cosmopolitas.

Las autoras concluyen -después de haber realizado minuciosas observaciones- que la proximidad de un ecosistema no alterado como el bosque, facilita la rápida recuperación biocenótica en el Páramo quemado, lo cual se comprueba por la alta afinidad de los dos sistemas al final del inventario.

En vista de todo lo anterior, encontramos una razón más para proponer con énfasis que estos bosques altoandinos aledaños a los Páramos sean cuidados con esmero por parte de las autoridades estatales.

Los animales cimarrones de los Páramos

Las condiciones ambientales y climáticas de los Páramos tienen semejanzas con medios estacionales de las zonas templadas del mundo y más aún con los de la zona ecuatorial a grandes alturas, lo cual puede verificarse poniendo en práctica una feliz idea del Profesor H. Gaussen, que permite hacer comparaciones entre ambientes análogos utilizando los llamados climadiagramas y diagramas ombrotérmicos de gran utilidad ecológica. Caben pués las comparaciones entre los Páramos ecuatoriales con algunos Páramos chilenos meridionales, con los brezales y Páramos de Escocia e Irlanda, con las Islas Malvinas etc. Esta concepción tiene implicaciones biológicas y también de tipo económico que se relacionan con el intercambio de especies de animales y plantas, con la vida humana y con la industria. Por ejemplo, en las montañas de Suiza nos ha tocado visitar zoocriaderos del zorro ártico para la producción de pieles, lo que además de ser remunerativo desplaza la caza y el trampeo de animales silvestres en regiones árticas y frías de ecología semejante. En Nueva Zelandia y también en la Argentina, la introducción del ciervo europeo, *Cervus elaphus* ha dado lugar a una gran industria de exportación de carne, pieles y cuernos hacia Europa y Asia con regias derivaciones hacia el deporte y la caza organizada como fuente de divisas.

Es probablemente debido al benigno ambiente de la mayoría de los Páramos para algunos animales de origen europeo que tuvieron su evolución en entornos frios durante milenios, que algunos animales importados por los españoles han encontrado un hábitat favorable en Páramos andinos de relativa sequedad, donde ha sido posible su reproducción y han adquirido ciertos rasgos de rusticidad sin degeneración progresiva. Ahí tenemos los ejemplos del ganado mayor, menor y de cerda como son los caballos, los vacunos, las cabras, los cerdos, que evadidos de haciendas se han asilvestrado en diferentes Páramos colombianos vg. la Sierra Nevada de Santa Marta, el Nevado del Cocuy y algunos Páramos y nevados del sur como El Cumbal y también en la cordillera Oriental como en el Parque Natural de Chingaza en donde los perros salvajes se han vuelto depredadores de la fauna que se desea proteger.

Caballos
Ya hemos dado la noticia de la existencia de caballos cimarrones en los Páramos de la Sierra Nevada de Santa Marta. De los Doctores José Cuatrecasas y Rafael Romero Castañeda hemos recibido información y fotografías sobre este particular. Los caballos cimarrones de la Sierra se evadieron en parte de una hacienda vecina a los Páramos en los años 40 aproximamente de acuerdo a información de Don Orlando Fly y hasta el presente se han reproducido satisfactoriamente; son caballos de mediana alzada más bien de tipo berberisco y de color castaño fuerte, de apariencia resistente como son los de su raza y de los cruces que pudieron obtenerse en España con otros

caballos de la península Ibérica, los cuales uno de ellos muy rústico e indígena es descendiente directo del tarpán. A pesar del entusiasmo que estas reminiscencias puedan producir en los amantes de la naturaleza y de los caballos, sí debe aclararse que la proliferación del caballo cimarrón a estas alturas traería futuros problemas si no se controla técnicamente su reproducción, como ha sucedido en extensas áreas esteparias y de pradera en Noteamérica.

Bovinos

Ganado vacuno asilvestrado o cimarrón se puede ver en los Páramos de la Sierra Nevada de Santa Marta. De mediana talla y también de un color castaño, este ganado pace en los pajonales libremente y a grandes alturas. Los Doctores José Cuatrecasas y Rafael Romero Castañeda nos informaron que en una de sus exploraciones tuvieron que sacrificar uno de estos animales para su sustento, lo mismo que a un venado de esta región, *Mazama americana carrikeri.* Tanto este ganado como los caballos son ávidos de sal y los nativos los utilizan como bestias de transporte y al ganado también como fuente de carne.

Caprinos

En la cordillera Oriental se encuentran ambientes favorables para los caprinos, sobre todo en terrenos rocosos que los edafólogos llamarían de drenaje excesivo. En 1980 tuvimos la sorpresa de observar una manada de cabras en los roquedales del Nevado del Cocuy deambulando por encima de los 4.500 metros de altura, en donde nosotros esperábamos divisar algún venado reinoso. La presencia de cabras en estos terrenos casi desprovistos de cubierta vegetal es nociva en extremo pués puede eliminar las especies raras de plantas que allí se encuentran, porque la cabra tiene el instinto de escarbar con las pezuñas para arrancar las plantulas desde la raíz; por otro lado, ellas compiten con los animales nativos que aquí son los cérvidos, especialmente el venado blanco o de cornamenta que se desea proteger al lado del puma y del cóndor.

Cerdos

J. Mayr trae en uno de sus libros sobre la Sierra Nevada de Santa Marta, la fotografía de un lechón rayado, hijo de cerdos cimarrones, cuyo aspecto es el de un pequeño jabalí.

Canidos

En la cordillera Central, Páramo de Chingaza y también en los Páramos de Cumbal, no lejos de la frontera con el Ecuador se encuentran extensiones paramunas, donde deambulan perros salvajes que en un principio se evadieron de las casas de campo, los cuales se han convertido en cazadores y predadores como lo atestiguan algunos guarda-bosques de estos lugares. Estos perros se reproducen en parches de vegetación densa como chuscales y atacan y persiguen los venados que el Inderena desea conservar en sus Parques Nacionales.

Cordillera Oriental, Cundinamarca. Venado de cornamenta llamado también venado reinoso o blanco de Páramo, *Odocoileus virginianus goudotii*. Foto Ricardo Del Llano, 1.974.

Sierra Nevada de Santa Marta, Meollaca, a 3.400 m. Caballos cimarrones comiendo sal. Foto J. Cuatrecasas, K-424.

Danta o tapir de Páramo, también danta conga, ***Tapirus pinchaque***. Ejemplar de las montañas de Silvia, Cauca. Foto de María Clara Domínguez, Directora del Jardín Zoológico de Cali, 1.988.

Conejos

En la isla de San Pedro, Lago de Tota, Boyacá que se encuentra a una altura de 3.015 m sobre el nivel del mar, el conego europeo *Oryctolagus* sp. de costumbres cavadoras que fué llevado allí y se reprodujo admirablemente e invadió la isla para ser cazado posteriormente y en su totalidad. La isla quedó vacía y nos fué ofrecida para llevar a cabo ensayos con el venado de cornamenta *Odocoileus* de los Páramos vecinos de Las Alfombras y también con la danta de Páramo que podía ser traída del Departamento del Cauca. La laguna que es relativamente antigua en comparación con las menores que quedaron después de la glaciación hace unos diez mil años, debió tener en este tiempo un ambiente de puro Páramo. En años pasados, a su superficie llegaban por lo menos 20 clases diferentes de aves acuáticas, principalmente patos y cercetas migratorias. En su fondo se encontraba el pez craso del lugar, el cual se extinguió con la importación de la trucha, lo que constituye un ejemplo de depredación extrema por un animal importado. Este pez era utilizado por los nativos en varias formas por su grasa, inclusive para el alumbrado. Actualmente la laguna de Tota está disminuyendo considerablemente su volumen por colmatación, dado que en sus bordes se forman suelos cumulosos y humíferos para el cultivo de la cebolla junca y también por el agua que se extrae para acerías de Paz de Río y otras finalidades. Por todas estas razones, el gobierno de Boyacá debe tener en cuenta que el turismo tan próspero de hace algunos años, puede decaer en un futuro próximo, pués se están suprimiendo las condiciones favorables para el arribo de las aves migratorias. Además este medio, semejante a algunos Páramos de Venezuela, como el de Mucuchies, parece apto para la crianza de algunos animales domésticos como los cánidos en donde se puede mencionar una raza venezolana que lleva el último nombre y una veintena de razas de perros americanos y eurasiaticos que podrían criarse en este ambiente.

Y pensando en los medios ecológicos homólogos para compararlos con algunos del Asia por ejemplo y particularmente de las montañas del Tibet, se nos ocurre sugerir la introducción de algunos de los faisanes como el tragopán, a las alturas nuestras. El tragopán del Nepal (*Tr. satyra*), llamado también faisán cornudo, es un ave gallínacea caracterizada por tener el pico corto, grueso y cónico, los tarsos robustos y la cola corta y redondeada; notable por su hermosura es originario de la India; habita en los bosques de Himalaya en el límite de la región de las nieves perpetuas.

El Venado Blanco de los Páramos, *Odocoileus virginianus goudotii*, Gayl & Gervais. El ganado de los Páramos en el año 2.000.

Notas sobre sus costumbres a manera de ejemplo para estudiar las de la danta, el oso , el venado conejo y el puma.

La distribución geográfica que conocemos de este venado en Colombia va desde el Nudo de Los Pastos hasta los Páramos de La Sierra Nevada del Cocuy donde actualmente existe un importante reducto en los terrenos de la familia Suescún. En tiempos prehistóricos se le encontraba probablemente también en la región del volcán de Puracé, de acuerdo a la información personal recibida del Doctor Carlos Lehmann en 1961, quien recibió un asta que había sido desenterrada dentro de cenizas volcánicas; la misma experiencia la tuvo el Doctor Jorge Hernández, quien en recientes excursiones por el Nevado del Tolima adquirió un trozo de cornamenta en una región donde al parecer esta especie se había extinguido. De todas maneras, el *Odocoileus virginianus* suramericano con una de sus dos o tres subespecies, alcanza la parte occidental del Perú. En el occidente colombiano el mismo Doctor Lehmann nos informó acerca de una probable subespecie de *O. virginianus* representada en un especímen que se encuentra en el Museo de Ciencias Naturales de New York, procedente de la región del Río Dagua, en un valle que se caracteriza por su alta temperatura y aridéz, en la estrechura de Loboguerrero.

En una excursión realizada al Nevado del Ruiz en sus faldas arenosas en el mes de julio de 1955, encontramos huellas y virutas de venado reinoso o blanco *Odocoileus virginianus* var. *goudotii* y fué la última vez en que supimos de la presencia de este animal en estas montañas. Anterior a esta fecha, la población de venados debió mermarse considerablemente por la cacería irresponsable y sin control alguno. Estos ciervos eran cazados con perros orejones como es la costumbre en Colombia, persiguiendoles con una jauría o "tropa" de perros, hasta hacerlos desembocar preferiblemente en estrechuras de antiguos valles glaciales, donde se les alcanzaba y se les disparaba desde lejos con armas de fuego, para llevarlos hasta la extinción. De todas maneras, parece que el *Odocoileus* de los Páramos es de mayor talla que los ejemplares del bajo pais. Al respeto, una cornamenta procecente de los Páramos de Chingaza – Guasca llegada a mis manos en 1989, dió entre puntas, 34 centímetros y 57 cms. a lo largo de los cuernos. Una regia cabeza disecada de un ciervo examinada por el autor en Manizales provenía de Boyacá. El autor en compañía de los señores Castro y Barrera, capturaron en 1964, un hermoso ciervo que fue donado a la Universidad Pedagógica y Tecnológica de Tunja. Posteriormente, el autor fue obsequiado con una hermosa cabeza de venado reinoso que provenía de los Páramos de Duitama y, otra cuyos cuernos se encuentran cubiertos de terciopelo le fue enviada desde la Sierra Nevada del Cocuy. Es de advertir que en una excursión posterior realizada por el autor en agosto de 1979, las faldas rocosas aledañas a las nieves perpetuas en la misma Sierra estaban pastadas por cabras semisilvestres en un numeroso rebaño cuyos ejemplares escarban con las pezuñas la poca tierra de las fisuras, comiéndose hasta la raíz de gramíneas, yerbas canas y otras pequeñas plantas.

Preocupado por el descenso de la población de venados en los Páramos de la Cordillera Oriental, el autor adquirió, en 1974 para el Instituto Nacional de Recursos Naturales Renovables y de Protección al Medio Ambiente, INDERENA, una pareja de venados reinosos que fueron comprados en el Puente Del Común y se instalaron en los terrenos dedicados a viveros forestales en el Venado de Oro, sobre la carretera que va de Bogotá al

Páramo de Cruz Verde.

Hay que recordar que el venado reinoso fué tenido en mucha estima por las tribus indígenas de la sabana, quienes en cierto modo los cuidaban casi como un rebaño semisilvestre, especialmente en la cuenca de Tunja, donde al parecer un buen número de piezas estaba destinada a la familia del Zaque. Ya en la nueva fundación española de esta ciudad (1539), los hombres de Don Gonzalo Suárez Rendón, utilizaron pergaminos del cuero de este venado para sus escritos. Hace unos pocos años María Helena Del Llano, en compañía de A. Calzoni, desenterraron en un sepulcro indígena, en las vecindades de la Universidad Pedagógica, una cabeza de *Odocoileus* que acompañaba los restos humanos y el ajuar de un indígena. Correal, G., y van der Hammen, T. (16) en sus estudios sobre el Paleoindio en el Alto Tequendama y El Abra, han hecho cuidadosos estudios donde revelan la presencia permanente del ciervo *Odocoileus* como fuente de alimento y de utensilios domésticos (agujas, punzones), en excavaciones que van de 9 a 11.000 años antes del presente y donde dominó un ambiente de Páramo que ha dado lugar a la formación de suelos antrópicos, también estudiados por el autor y J. Pichott durante el presente año. Es de advertir que los utensilios mencionados provenían mayormente de venados, pero estaban asociados a huesos de una fauna variada, en que se incluían venados pequeños del género *Mazama;* guache, *Nasua;* curí, *Cavia* y otros. En Boyacá el autor recibió del antropólogo Eliécer Silva Celis un hermoso puñal prehistórico hecho de un homoplato de un venado reinoso.

En 1979, el autor participó en las excavaciones dirigidas por Gonzalo Correal (17) en la planicie de Tibitó, donde fueron hallados vestigios de culturas humanas primitivas vinculadas a la megafauna del Cuaternario, donde aparecieron restos de mastodonte, caballo, ciervo y otros animales cazados hace 11.740 años.

En Agosto de 1981, el autor fue invitado por Gonzalo Correal (18) a sus excavaciones de las colinas de Zipacón, de donde se exhumó cerámica, astas de *Odocoileus* y huesos de otros animales debajo de un abrigo de arenisca, en cuyo informe están trabajando progresivamente el Doctor Correal y la antropóloga María Pinto.

En tiempos recientes, en la Hacienda Canoas existió hasta 1948, una reserva de venados de cornamenta que fue bien conocida de los hacendados de la sabana. La primera noticia que de él tuvimos en el Valle del Cauca fué por boca del Doctor Carlos Lehmann quien vió los venados en estado completamente libre. Posteriormente, en averiguaciones que se hicieron en el sitio con los habitantes del lugar, fuimos informados que uno de los límites de este magnífico coto estaba en las orillas del río Bogotá donde los ciervos iban a abrevar. Con el advenimiento de la violencia política en todo el país, estas cepas de reinosos fueron aniquiladas por cazadores furtivos y por los mismos guardias de las vías.

Según el zoólogo Jorge Hernández, hasta hace poco se encontraban venados reinosos en la llamada maleza de Suba, hacia la parte nor-occidental de Bogotá. De todo lo anterior se deduce que estos ciervos, aunque adaptados mayormente a la vida paramuna, fueron migrando hacia las áreas y abras paramizadas de alturas inferiores que inicialmente estuvieron ocupadas por bosques y fueron deforestadas para acondicionar los terrenos a la agricultura y a los prados de diente, sin descartar los bosques de especies exóticas como eucaliptos y pinos desprovistos de sotobosque. Por ser animales ramoneadores, podemos pensar en que su habitat natural preferido pudo haber sido el Páramo bajo cercano a la línea superior del bosque en que la pradera alterna con matas de monte, como en Guasca, donde han cazado bellos ejemplares. Otra posibilidad sería la de que el venado reinoso procedente de Norte América hubiera habitado originalmente el bosque seco montano bajo algo abierto de la sabana de Bogotá que es remotamente parecido a los bosques mixtos frondosos de Norte América y, con la colonización indígena primero y más tarde la española, hubiera ido a refugiarse al Páramo propiamente dicho y al super-Páramo. Estas incógnitas podrían ser resueltas por investigadores en el campo de la zoología y en el manejo de la fauna como lo han empezado a hacer nuestros alumnos en detalles fisiológicos de estos cérvidos.

En Norte América, el venado coliblanco o de Virginia que ocupa nuestra atención, es, según B.A. Fashingbauer et all., el animal más importante de los que integran el elenco de la caza mayor de Minnesota donde también figuran el venado mula, los alces, el waipity, el bisonte, el caribú, el antílope americano y el oso negro. Según esos autores, este ciervo merece aquella distinción debido a su amplia distribución geográfica, abundancia y habilidad para vivir en varios tipos de habitat.

La distribución geográfica de este venado *(Odocoileus virginianus)* no era tan amplia en Minnesota como lo es hoy en día porque hubo originalmente en este Estado alimento adecuado y cobijo solamente en los bosques frondosos que se encontraban a lo largo de las vegas de los ríos y en los montes esparcidos en las praderas. En U.S.A. se han reconocido 30 razas o subespecies del coliblanco norteamericano, donde se esparcen a través del continente, con excepción de las regiones árticas y subárticas, de la mayor parte de California, de la baja California y de la gran cuenca de las montañas del oeste. En general, los venados de las partes septentrionales son más grandes que los pertenecientes a las razas del Sur, y los límites de su distribución han cambiado considerablemente después del descubrimiento, debido a que han migrado hacia el Norte a raíz de los cambios en la cubierta vegetal ocasionados por el desbosque, los incendios y otras actividades humanas, pudiéndose asegurar que desde 1900 hasta los años 30, la población de los venados reinosos aumentó en la parte central y septentrional de Minnesota.

Para propósitos de información estadística, se tiene la fortuna de que la mayoría de los cazadores de caza mayor se interesan en el sexo, la edad y las condiciones físicas de las piezas que capturan, ya que el tamaño y la apariencia de la cabeza y las defensas de un trofeo son del mayor interés cinegético. Para llenar todos los datos de importancia, algunos clubes norteamericanos y canadienses han elaborado tablas de características particulares donde se registra la información obtenida en miles de especímenes con la cooperación de los cazadores y de las autoridades en las estaciones viales de control.

Como las piezas no son tan grandes como los cazadores piensan, se debe tener en cuenta el tamaño y peso exacto de los venados, porque estos datos ayudan a conocer la condición de alimentación y suelo que influye en su crecimiento. Por ejemplo, es bien conocido en Yugoeslavia que los bajos aluviones feraces, son terrenos donde los ciervos ostentan grandes cornamentas y los jabalíes buen peso. Es Minnesota, por ejemplo, el promedio de peso en vivo para venados durante el otoño es: ciervos, 170 lbs.; ciervas, 145 lbs.; cervatos machos, 70 lbs. y cervatas, 78 lbs. En Invierno: ciervos, 162 lbs.; ciervas, 137 lbs.; cervatos, 78 lbs. y cervatas, 76 lbs.

Los ciervos machos generalmente son más pesados que los jóvenes si nos basamos en información limitada para Minnesota; se nota además que los ciervos alcanzan sus pesos máximos entre cuatro y medio y seis y medio años de edad.

Los aspectos relacionados con el peso de los venados muertos no son fáciles de resolver, debido a que los deportistas no se toman la molestia de pesar con cuidado las piezas. De éstas, una proveniente del condado de Cook, dió un peso de 402 lbs. que en vivo debía alcanzar 500 lbs. Los pesos promedios obtenidos en un campo en el centro de Minnesota en Noviembre de 1957 y en el mismo mes de 1960, son:

Clases por edad	Machos	Hembras
Cervatos	80	74
1.5 años	128	113
2.5 años	168	127
3.5 años	189	132
4.5 años	196	123
5.5 años	205	137
6.5 años	203	126
7.5 años	200	126

En cuanto a las astas, durante la estación de caza de otoño, los "botones" de los cervatos de 6 meses de edad pueden encontrarse debajo del espeso pelámen del testuz. Estos botones son los soportes óseos sobre los cuales crecerán las astas de la próxima primavera y forman parte del hueso frontal. Entre nosotros, estos aspectos fenológicos están por estudiarse y las pocas averiguaciones que hemos podido hacer en Cundinamarca y Boyacá nos indican que la muda, aunque no tan regular como en la Zona Templada, debe tener un ritmo semejante. De todas maneras, el nuevo crecimiento de las astas del adulto empieza en la última parte del mes de marzo y continúa hasta agosto. Estas defensas de los ciervos se encuentran entre las membranas óseas de más rápido crecimiento de que se tenga noticia entre los mamíferos y las del venado coliblanco pueden alcanzar su tamaño máximo en unas 20 semanas. Mientras crecen, las astas están cubiertas con terciopelo que es una delgada capa vellosa de piel, muy rica en capilares, que nutre las defensas y las protege. En la Zona Templada, hacia el mes de agosto, los ciervos se frotan contra los arbustos para quitarse el terciopelo y pulir sus defensas que están formadas por dos tipos de hueso: una cubierta exterior ósea, compacta, de 7 a 10 mm. de espesor, la cual forra completamente el varejón, y un corazón de hueso esponjoso que se va extendiendo hasta la base, el cual, junto con los botones frontales, son de hueso compacto y juegan un papel importante en la caída de la cornamenta.

El proceso de desarme es similar al de la caída de las hojas de las plantas. Los vasos sanguíneos que alimenta el corazón esponjoso de las defensas, se contringen en la base por un aumento rápido de tejido óseo a su alrededor, que viene a dar muerte a las antenas. pero, poco antes de la caída de éstas, se forma un tejido granuloso a medida que los vasos sanguíneos aumentan en tamaño y número, mientras se va disolviendo el pedúnculo, para dejar caer la cornamenta al suelo. En las regiones mencionadas, la mayoría de los venados reinosos pierden sus defensas en diciembre, pero algunos las conservan hasta bien entrado el mes de marzo. A través de todo el año, el venado coliblanco muestra la barriga blanca, lo mismo que un parche blanco en el cuello y alrededor de los ojos, en el interior de las orejas, de las patas, en la mandíbula inferior y debajo de la cola. La capa rojiza del verano es delgada y clara, adaptada al color y la lleva unos 3 meses, pero en septiembre es reemplazada por la capa gris del invierno. Haciendo un paralelismo con nuestras condiciones ambientales, los venados reinosos colombianos del Páramo, son semejantes en color a los últimos, y los de los Llanos Orientales, a los primeros. Por otro lado, el pelámen de invierno es más largo y duro y los pelos individuales tienen cavidades ensanchadas rellenas de ligera médula. Este abrigo de invierno es espeso y aísla admirablemente del frío de la nieve, habiéndose notado que las camas sobre aquella, se ven compactadas por el peso de las reses sin derretirse en lo más mínimo por el calor del cuerpo. Esta circunstancia la mencionamos también para nuestro medio, pues en los Páramos bien altos y en los arenales donde hemos visto las huellas de éstos animales, hay nieve la mayor parte de los días del año sobre alturas mayores de 4.200 metros.

Los *Odocoileus* de Virginia poseen ocho incisivos bien desarrollados en la mandíbula inferior solamente. En la superior, en lugar de los incisivos, tienen un cojinete duro y coriáceo, mientras que los molares están bien especializados para triturar tallos duros y leñosos. La fórmula dental es básica para la mayoría de los miembros de esta familia:

$$\text{Incisivos } \frac{0\text{-}0}{4\text{-}4}\text{; Caninos } \frac{0\text{-}0}{0\text{-}0}\text{;Premolares } \frac{3\text{-}3}{3\text{-}3}\text{;Molares } \frac{3\text{-}3}{3\text{-}3} = 32$$

La edad de éstos venados se puede determinar aproximadamente por el reemplazo de los dientes y su desgaste relativo.

En las patas se encuentran localizadas varias clases de glándulas, cuya función no es bien conocida, teniendose por cierto que las glándulas interdigitales que quedan en el vértice de las pezuñas emiten una secreción que ayuda a los venados a seguir sus propias huellas. También se cree que los nuditos de pelo erguido que están alrededor de las junturas tarsales son accionados por el animal para trasmitir una comunicación silenciosa entre unos y otros, mientras que las glándulas metatarsales se ponen en contacto con el suelo cuando el venado se reclina, dejando posiblemente un olor particular. En su rutina cotidiana, los reinosos son particularmente caminadores cuando se alimentan y descansan, sin embargo, se puede notar que son muy ligeros de patas y se les ha cronometrado en velocidades mayores de 40 millas por hora en distancias cortas. Cuando no se les alarma, se desplazan en la maleza cabriolando a paso exhuberante; empero, cuando se les asusta seriamente o se les persigue, optan por galopar alternando tres o cuatro brincos graciosos con un salto en el aire, dando el aspecto de una danza; entre tanto, la cornamenta es llevada en alto y con orgullo, lo mismo que la cola; de ahí el nombre de venado coliblanco. En carreras largas y rápidas, la movilidad del venado se convierte en un galope largo y bajo, sin saltos.

Estos venados producen una variedad de sonidos vocales, siendo el más conocidos el resoplo o silbido de alarma. Pero, durante las operaciones de rodeo para identificarlos, se han oído una variedad de sonidos que van desde el gruñido bajo hasta el bramido, mientras que la hembra emplea un murmullo suave para llamar a sus crías y cuando ha sido herida emite un sonido semejante al de un ternero adolorido. En cambio el cervato bala agudamente cuando se le asusta o se le hiere.

Entre los años de 1953 a 1959, algunos biólogos y expertos americanos en manejo de fauna, determinaron la edad de más de 17.000 venados en el norte de Minnesota, siendo la mayoría menores de dos años y medio. En las estaciones del norte, menos del 2% de los venados habían alcanzado seis años y medio de edad y menos de dos en mil habían llegado a los diez años. Sin embargo, se asegura que en cautividad, ellos pueden pasar de los veinte años de edad, advirtiéndose que la longitud de la vida en la mayoría de las poblaciones está relacionada con la intensidad de la caza que en estas regiones de estudio llega a una edad promedio de tres años. Los machos alcanzan la primavera de su juventud y el mayor desarrollo de su cornamenta, entre los cuatro y los seis años de edad.

Los venados, como la mayoría de los animales silvestres, tratan de evitar en sus recorridos los tramos muy prolongados de cubierta vegetal homogénea y prefieren los paisajes variados, donde se ha notado el mayor grado de ramoneo. En bosques extensos, estos venados frecuentan los bordes de las corrientes de agua, lagos y pantanos y en la Zona Templada, no se internan mucho en la floresta a menos que los acose el invierno o la caza permanente.

Los coliblancos de Virginia son animales tímidos y se muestran más activos cuando hay poca luz, por eso es más fácil descubrirlos antes del amanecer, temprano por la mañana y al ocaso, yendose a encamar alrededor de las once de la noche. En los llanos de Arauca, hemos observado los venados con mayor facilidad a la salida y a la puesta del sol que es cuando se les vé salir a la sabana abierta desde los bosques de galería. Esta conducta más o menos regular, parece que se modifica con los cambios climáticos y sobre todo cuando se aproximan tormentas que los animales detectan con varias horas de anticipación. La distancia que recorre un venado reinoso durante el día, varía con el entorno, pues cuando las condiciones de alimento y cubierta son adecuadas, el animal confina sus actividades a la extensión de unos 40 acres, ya que no son inclinados a vagar, y si tanto el agua como el alimento se encuentran fácilmente a su alcance, los venados tienen la tendencia a permanecer durante semanas dentro de un radio de media milla antes de pasar a otros pastos y mientras no haya llegado la época de brama. En observaciones hechas sobre los movimientos efectuados por 60 venados recobrados por cazadores en un paisaje mixto de pradera y árboles deciduos, se observó un movimiento promedio cercano a las 10 millas, correspondiendo el mayor recorrido a los machos; y cuando éstos son perseguidos pueden recorrer grandes distancias y llegan a extraviarse, aunque en sus actividades normales prefieren desplazarse en caminos ya establecidos por donde van ramoneando en la mañana y al atardecer; solamente en las áreas muy retiradas comen a medio día.

La unidad social básica del hato es la familia que consiste normalmente de una cierva y su cervato o cervatos, pero puede incluir hijos del año anterior. Frecuentemente dos o más ciervas con sus familias se reunen y forman un conjunto sin muchas restricciones, en donde una de las ciervas de más edad asume el liderazgo y domina a cualquier varejón que pueda hacer parte del grupo, siendo así que durante la mayor parte del año, los machos y las hembras adultas no se asocian, pues en el verano los ciervos usualmente andan solitarios o en grupos de dos o cuatro, hasta que se separan al empezar el período de celo. Por otro lado, los grupos de invierno están compuestos por venados de ambos sexos y de cualquier edad, en donde los ciervos viejos dominan la manada; y cuando se acerca el momento de la gestación y la crianza, los grupos se disuelven y las hembras preñadas se separan. En Centro América, donde abundaron los venados coliblancos se decía popularmente: haciendo sol y lloviendo, está la venada pariendo.

Cuando se llega el tiempo de dar a luz, las venadas se apartan a lugares donde no sean molestadas; bordes de terrenos pantanosos, helechales, matorrales, etc. La gestación tiene un período de alrededor de 210 días, para criar en mayo, junio, agosto o septiembre de los países con estaciones, uno, dos o tres cervatos, no siendo desconocidos los cuádruples. Los últimos casos suceden en la Zona Templada cuando el invierno no ha sido muy cerrado. Al nacer los cervatos alcanzan unas siete libras y las hembras casi seis. Los recién nacidos son de un color pardo rojizo brillante con listas de puntos blancos en el lomo y los costados; en pocas horas el cervato puede sostenerse en pie cuando se alimenta, pero sus paticas son más bien blandas; comen a intervalos de dos o tres horas y luego se encaman, quedándose perfectamente quietos sobre la hierba o el capote, mientras la cierva se alimenta en los alrededores. En pocas semanas el cervato complementa la dieta de leche con retoños verdes, aunque continúa mamando por unos cuatro meses y para defenderse se atiene al encubrimiento dado por la inmovilidad y el camuflaje, ya que su piel manchada de bambi va perfectamente bien disimulada con las hojas del colchón del suelo, sin que el animalito emita olor alguno por el que pueda ser descubierto aún por perros y otros predadores. Al cumplir aproximadamente un mes, las glándulas tarsales ya funcionan y el cervato no puede depender solamente del escondite para su protección.

Durante el verano de la Zona Templada, los cervatos permanecen cerca a sus madres, alimentándose en tempranas horas de la mañana y al atardecer, quedándoles bastante tiempo para descansar y jugar. Pero con la llegada del otoño, los cervatos que destetan en septiembre pierden paulatinamente la pinta y adquieren un color canela-grisáceo de invierno, similar al de los adultos. Su crecimiento es rápido y cuando llegan a los cinco o seis meses de edad, adquieren un peso de unas 75 lbs. los machos y 65 las hembras.

Durante el verano, los ciervos llevan una existencia solitaria y perezosa y no muestran interés por las ciervas y sus crías; eso sí, cuidan mucho su tierna cornamenta que por este tiempo se encuentra en crecimiento. Alrededor de octubre los ciervos se vuelven activos sexualmente, lo cual se nota por sus pavoneos a lo largo de los caminos de la fauna en busca de la pelea con otros machos. Los ciervos coronados se convierten en una formidable máquina de ataque con sus agudas astas y poderoso cuello inflado, con lo que son capaces de destripar a su rival. Ocasionalmente, las astas de dos ciervos se entrecruzan y ambos mueren por inanición. Cuando están cautivos, durante este periódo no es prudente acercarse a ellos. Al respecto, recordamos el caso de un ciervo aparentemente manso que conocimos en Paipa, en cautiverio; de pronto se evadió a las fincas vecinas y arremetía contra todo lo que veía, hasta que pudo matar a un perro. Estos venados son polígamos y acompañan algunas ciervas solamente por espacio de una semana pero no procuran reunir un haren durante cierto tiempo, como lo hace el alce. Eso sí, durante el tiempo de celo, el ciervo derrocha gran cantidad de energía en persecusión de las hembras y pierde mucho peso. Se estima que alrededor de un 50% de las cervatas crían cuando llegan a un año aunque estas entran en calor en septiembre para la Zona Templada, la mayoría crían en noviembre, mostrando un período receptivo corto que no pasa de 24 horas, el cual se puede repetir 28 días más tarde y luego por tercera vez si no se ha llevado a cabo la fertilización. Estos venados son principalmente ramoneadores de hojas y tallos suculentos de árboles y arbustos; su dieta va complementada con gramíneas y hierbas en lo posible; también plantas acuáticas, hongos, bellotas, etc. Nuestros ambientes de Páramo y bosquetes aledaños se podrían enriquecer con plantas leguminosas nativas o exóticas a voluntad.

Los coliblancos prefieren comer en la marcha, mordiendo aquí y allá, siempre alertas al peligro; lo hacen generalmente temprano por la mañana y por la tarde y aún durante la noche. Como otros rumiantes, los venados tienen un estómago complejo con una porción que sirve para almacenamiento de material rápidamente masticado, el cual es rumiando más adelante cuando encuentra un sitio seguro.

Algunos estudios llevados a cabo en Wisconsin y Pensilvania indican que estos venados requieren alrededor de 5 libras de forraje natural por cada 100 libras de su peso al día. En condiciones naturales un venado de peso promedio de 130 libras consume alrededor de 6.5 libras de forraje ramoneado por día, mientras que un ciervo de 300 libras requiere alrededor de 15 libras. En cuanto al agua, los adultos beben entre un litro y litro y medio por día, aunque la cantidad puede variar con la temperatura y el ejercicio que hayan realizado. Según T. A. Vaughan, un venado de cornamenta necesita un hábitat con extensión aproximada de 126 a 282 acres, mientras que un puma que por lo regular se encuentra donde habitan venados, necesita, siendo macho, de 9.600 a 19.200 acres de extensión, y si es hembra, de 3.200 a 16.000 acres. El convencimiento entre los mexicanos que se interesan en estas cuestiones es de que en toda la extensión del país se pueden encontrar pumas, porque los venados de una u otra especie se encuentran en todo el territorio mexicano.

En el extenso territorio de los Estados Unidos, los coliblancos se alimentan de más de 614 clases diferentes de plantas las cuales se pueden ordenar como alimento en calidades buenas, medianas o pobres. Y cuando llega la estación, el venado aprovecha muchas plantas herbáceas y de cultivos como maíz, hortalizas, papa, etc. En las altas lomas de Villa de Leiva que tienen filas de robledal a lo largo de los caños, un cazador me informó que, en años ya idos había podido contar 14 venados reinosos comiendo juntos en un trigal. En Boyacá, algunos trigales se siembran después de la derriba del robledal que produce bellotas, las que son aprovechadas por los venados otra vez. Con la reciente concientización ecológica parece que estas áreas empiezan a tener vida y a repoblarse de animales después de haber sido casi extinguidos.

Otro aspecto importante en la alimentación de estos ciervos sería el suministro de sal mineralizada, sobre todo en las áreas donde no hay fuentes de aguas saladas y los suelos son muy ácidos y descalcificados, porque al parecer el tamaño de la cornamenta depende de la fertilidad del forraje y del suelo.

Entre nosotros no hemos observado competencia entre la ganadería y los venados en estado silvestre en los rincones donde los hubo, a excepción de lo que se ha visto recientemente (1980) en el Nevado del Cocuy, donde las cabras asilvestradas se han apoderado de las alturas pedregosas cercanas a las nieves donde sacan de raíz las pocas plantas que arraigan en las fisuras de las rocas. De todas maneras, el aspecto de la nutrición de los Ciervos es objeto de estudio, pues las hembras que sufren de desnutrición reabsorben los embriones, no dando cría a tiempo. Para los expertos en fauna, el manejo de los venados de Virginia es un problema complejo que requiere comprensión, ayuda del Estado y coopeación del público, de los deportistas y de las instituciones que se ocupan de la utilización de la tierra. A este respecto, el autor viene convencido desde los años 50 que la mejor utilización que pueden recibir algunas tierras marginales para la agricultura, la silvicultura y la ganadería como son gran parte de los Páramos colombianos, radica en la conservación de la cubierta vegetal que está en equilibrio con una fauna indígena perfectamente adaptada al medio estacional que produce el agua de los manantiales más altos del país. El cuidado que se dé a esta zona de vida permitirá conservar el paisaje incomparable, esculpido por los glaciares en los últimos dos o tres millones de años y el que hoy admiramos por su variedad y belleza.

En los aspectos del manejo de la fauna y particularmente del venado de Páramo que ha venido a ocupar estas alturas después de las glaciaciones, debe tenerse en cuenta especialmente el control de la caza que hoy es más o menos indiscriminada; la conservación y el mejoramiento de los pajonales del Páramo y de sus vegas por medio de la propagación de especies forrajeras valiosas entre los cuales deben incluirse las leguminosas nativas y exóticas con ayuda de abono en los sitios requeridos.

Para obtener éxito en esta empresa, es indispensable insistir en el estudio de la crianza y propagación del venado de cornamenta que se inició en 1973 con los ejemplares comprados en el Puente del Común para Inderena por el autor, lo cual podría continuarse en rincones apropiados, como sería el de la isla de San Pedro ubicada en el Lago de Tota que nos fué ofrecida por la municipalidad para estos propósitos. Las investigaciones de campo podrían llevarse a cabo igualmente en colaboración con propietarios particulares de sectores de Páramo, como es el caso de la familia Suescún que posee la única reserva algo cuidada de venados en el Páramo de la Sierra Nevada del Cocuy.

Con los ciervos obtenidos en este tipo de "zoocriaderos" sería posible repoblar los Páramos colombianos donde el animal existió en tiempos históricos y quizá prehistóricos, como son los Páramos del Parque Nacional de Los Nevados, del Parque Nacional de Puracé y los Nevados y Páramos del Huila, Chiles, Cumbal, Barragán, Las Hermosas, Florida, Sumapáz, Guasca, Palacios, Guantiva, San Cayetano, Soatá, Pisba, Socha, San Francisco, Belmira, Frontino, Farallones de Cali, de La Sierra Nevada de Santa Marta, etc. Especial atención merece la exportación y obsequio por parte del gobierno nacional del *Odocoileus virginianus goudotii* o venado de cornamenta, a los gobiernos de Venezuela, Ecuador, Perú, Bolivia, Argentina y Costa Rica, sin olvidar los gobiernos de Kenya y otros países de Africa Oriental, para que pueblen sus reservas faunísticas de Páramo con nuestros venados blancos.

En Norte América y en América Central, desde la Bahía de Hudson en el Canadá, hasta el Itsmo de Panamá (54), se encuentran repartidas 30 especies o variedades del venado coliblanco, de las cuales 17 habitan en los Estados Unidos continentales, siendo las más norteñas, las de mayor tamaño. Es fenómeno bien conocido en biología y en nuestro medio que los venados de las alturas son de mayor tamaño que los de la llanura oriental y probablemente también el de la especie extinguida de la región del rio Dagua, sin olvidar que el llamado "gamo" de los Páramos del Ecuador y de las alturas de Chile, el huemul *(Hyppocamelus bisulcus)* puede existir en el sur de Colombia.

Los nombres comunes y científicos de las subespecies o variedades del venado coliblanco en Norte América son las siguientes:

1. El venado coliblanco norteño, *Odocoileus virginianus borealis.*

2. El venado coliblanco de Dakota, *Odocoileus virginianus dakotensis* (Dakotas, Nebraska, Wyoming y Montana).

3. El venado coliblanco del noroeste, *Odocoileus virginianus ochrourus.*

4. El venado coliblanco de Columbia, *Odocoileus virginianus leucurus* (costas de Oregon y Washington).

5. El venado coliblanco de Virginia, *Odocoileus virginianus virginianus,* que fue el que primero vieron los colonizadores tempranos en Virginia.

6. El venado coliblanco de Florida, *Odocoileus virginianus seminolus* que habita desde el sur de Georgia hasta los cayos de la Florida.

7. El venado coliblanco de la costa de La Florida, *Odocoileus virginianus osceola* que habita en la costa del golfo de Alabama y Mississippi.

8. El venado coliblanco de la isla de Avery, *Odocoileus virginianus mcilhennyi* o también llamado venado de McIlhenny que solo se encuentra a lo largo de una franja que bordea el golfo de México en Louisiana y Texas.

9. El venado coliblanco de Kansas, *Odocoileus virginianus macrourus* que vive al occidente del rio Mississippi en Iowa, Kansas, Missouri, Arkansas, Louisiana, Oklahoma y Texas.

10. El venado coliblanco de Texas, *Odocoileus virginianus texanus* que habita la parte occidental de Texas, Nuevo Mexico, Colorado, Oklahoma y hacia el sur dentro de México, bordeando el Río Grande y que es el venado de más talla que habita en México.

11. Durante muchos años se creyó que el pequeño venado coliblanco de Coves, o sea el coliblanco de Arizona, *Odocoileus virginianus couesi* fue una especie distinta de venado; sin embargo hoy se le considera una subespecie cuyas características sobresalientes son sus grandes orejas que le dan el aspecto de venado mula.

12. Las montañas de El Carmen con su venado coliblanco, *Odocoileus virginianus carminis* tienen poca amplitud dentro de la región del Big Bend y a lo largo del Rio Grande.

13. El venado coliblanco de la isla bulls, *Odocoileus virginianus taurinsulae.*

14. El venado coliblanco de la isla Hunting, *Odocoileus virginianus venatorius.*

15. El venado coliblanco de la isla Hilton—Head, *Odocoileus virginianus hiltonensis.*

16. El venado coliblanco de la isla Black Beard, *Odocoileus virginianus nigribarbis.*

17. De todas las subespecies, tal vez la que despierta mayor interés sea el diminuto venado coliblanco del Cayo de La Florida, *Odocoileus virginianus clavium,* cuyo habitáculo es el Cayo Big Pine y algunos de sus Cayos circundantes cuyo porvenir era incierto hasta que el gobierno norteamericano estableció un refugio en el Condado de Monroe, Florida. Estas criaturas eran exterminadas por cazadores, perros y huracanes.

    Un fenómeno poco común del venado coliblanco del Cayo floridano, es el de que, a pesar de vivir en un área sin cambios estacionales atmosféricos no tienen tiempo definido para mudar su pelo o dejar caer su ramazón. Estos venaditos se reproducen en cualquier momento del año, de tal manera que los cervatos pueden nacer también en cualquier mes.

    Las condiciones que acabamos de describir son similares a las que se presentan en Colombia, incluyendo los altos Páramos. El venado de cornamenta, el reinoso, o venado blanco de Páramo, *Odocoileus virginianus goudotii,* es una subespecie proveniente de Norte América en los últimos milenios,que ha prosperado admirablemente en los Páramos de Colombia y también en el bajo país sabanero con una de sus subespecies *Odocoileus virginianus gymnotis* llamado venado caramerudo o sabanero que ha encontrado un habitat casi óptimo en Los Llanos Orientales, a excepción de los sitios con suelos infértiles donde los especímenes son muy pequeños, como respuesta a un medio pobre.

    Según los investigadores y cazadores norteamericanos el venado coliblanco es tan versátil y prolífico, que ellos se atreven a decir que un animal que ha sobrevivido al ataque de antiguos predadores como el tigre de sable , al hambre, a los cazadores prehistóricos, a las enfermedades y al mal manejo, puede ser el animal que compita por el último manojo de hierba.

Africa Ecuatorial

Entre las montañas de la Zona Ecuatorial parecida a la nuestra, con alturas como para que aparezcan los Páramos, se encuentran las cadenas montañosas y macizos espectaculares que sobresalen de los altiplanos de Etiopía y del

Africa oriental sobre el borde de los Valles del Rift, donde se asientan tres eminencias principales que ofrecen interés particular y que son el Kilimanjaro con 5.595 m y la montaña más alta del continente africano; el Monte Kenya con 5.200 m y la cadena del Ruwenzori con sus misteriosos Montes de La Luna a 5.117 metros de altura. Son bellas todas estas eminencias y las únicas en Africa que llevan nieves perpetuas y glaciares. Sus pisos de vegetación son similares en las tres regiones como sucede en partes de América, y a las sabanas de las llanuras que se prolongan hasta la cima de las lomas piedemontanas (1.200-1.500 m), le siguen bosques húmedos frondosos donde predominan el *Podocarpus* y el enebro, siendo menos rica la vegetación en los frentes más secos.

A los 2.400 m el bosque denso cede el lugar a un cinturón cerrado de bambúes de montaña *Arundinaria alpina*. Hacia los 3.000 m se ve aparecer una vegetación subalpina juncosa y de matojos de gramíneas, salpicada de helechos arborescentes, *Phillipia* y *Erica arborea*. Aquí las turberas están tapizadas de *Carex runssoroensis* en los valles húmedos en donde la vida silvestre es semejante a la del piso afro-alpino superior, pero aquí se arriesga el leopardo en busca del Damán, el Céphalophe y el *Otomys*. Y aunque la fauna no se aventura por encima de esta franja subalpina de landas, la flora alpina sigue ascendiendo hasta una altura de 4.000 metros en que no se interesan sino ciertas formas especializadas de vida animal pués este medio recuerda un mundo aparte como los Páramos de América, aquí dominado por una vegetación particular que ostenta entre otros, senecios gigantes, *Senecio*, de cerca de 10 metros de alto y lobelias agigantadas acompañadas en el suelo rankeriforme, de pequeñas plantas "alpinas", musgos e inmortales, *Helichrysum* tapizando el piso y el relieve que va adornado de cascadas y pequeños lagos gélidos. Más al norte, los conspicuos altiplanos de Etiopía hacen de esta región montañosa africana, una de las más espectaculares. Cerca a los glaciares se pueden apreciar variedad de formas topográficas de glaciarismo, donde el frio extremo y el aislamiento nocturnos favorecen la presencia de plantas arborescentes en forma de pilar como la *Lobelia keniensis* y *Senecio adnivalis*, donde se encuentra el límite de la vegetación. Este es el ambiente inhóspito donde se esconde la rata *Otomys orestes*, el céphalophe, *Sylvicapra* sp. y en el Monte Kenya salpicado de lobelias y senecios gigantes, el dominio del más simpático y pequeño de los mamíferos provistos de "suecos", los *Hyrax* o Damán, *Procavia capensis*, un escalador de roquedales que ostenta casquitos provistos de almohadillas que parecen de caucho. El *Hyrax* es del tamaño de una marmota y está emparentado con el rinicerontе, el manatí y lejanamente con el elefante; la pata de un damán es como la de un rinoceronte, pero diminuta.

Quinta Parte

Arqueología y Paleoecología

ARQUEOLOGIA Y PALEOECOLOGIA

El Hombre prehistórico en la Sabana de Bogotá y los antiguos Páramos: datos para una prehistoria ecológica

Con base en sus excavaciones e investigaciones sobre prehistoria, estratigrafía, palinología, arqueozoología y paleoecología, Gonzalo Correal Urrego (16) y T. van der Hammen establecen las bases para el bosquejo de la prehistoria ecológica de la altiplanicie de Bogotá, muy particularmente con el estudio de los abrigos rocosos de El Abra y El Tequendama ubicados ambos en la fría sabana.

Según ellos, el hombre prehistórico entró a esta región posiblemente antes de iniciarse el Tardiglacial o Cuaternario tardío, y con más seguridad, durante el Interestadial de Guantiva. En este tiempo, los abrigos rocosos utilizados como campamentos de cacería eran posiblemente abandonados temporalmente. Pero mientras duró el Estadial de el Corredor de El Abra, entre los 11.000 y los 10.000 años antes del presente aproximadamente, la altiplanicie se encontraba cercana al límite altitudinal superior de los bosques, mostrando una cubierta vegetal arbustiva de subpáramo con áreas abiertas abrigadas con "praderas de Páramo", donde abundaban los venados de cola blanca que hoy llamamos reinosos *Odocoileus virginianus goudotii*. Este cérvido constituía la fuente principal de carne para el indio que por ese entonces probablemente tenía campamentos más estables o al menos estacionales en los abrigos rocosos del área, como probablemente sucedió arriba de Pasca.

Los artefactos líticos utilizados por estos habitantes han venido a llamarse de tipo "Abriense" y "Tequendama", siendo este último el más elaborado. Por lo anterior se ha llegado a suponer que los cazadores eran más o menos especializados en el levante, la caza y trampeo de los venados, habilidad que algunos de nosotros hemos heredado de ellos.

Sin embargo, en el principio del Holoceno el bosque invade estos lugares y el hombre se adapta al nuevo ambiente y empieza a utilizar el hueso, además de la piedra,desde hace ya unos 10.000 años. Nótase entonces un aumento de raspadores cóncavos y la madera adquiere importancia como material de trabajo. Pero, aunque el venado fué la fuente principal de carne, la abundancia progresiva de restos de pequeños roedores señaló a los investigadores un aumento gradual en las actividades de recolección, en que se incluían caracoles, bayas, etc. Durante este tiempo fue probablemente domesticado el curí *(Cavia porcellus anolaimae)* en lo que es hoy Colombia.

Entre 5.000 y 3.000 años A.P. se presenta un período relativamente seco que corresponde a una disminución de la población humana, para aparecer poco después de los 2.500 A.P. la agricultura incipiente y la cerámica, en un ambiente regional un poco más húmedo.

Los cazadores de mastodontes, caballos y venados en la Sabana de Bogotá

En su libro que lleva por título "Evidencias Culturales y Megafauna Pleistocénica en Colombia" el Doctor Gonzalo Correal Urrego (17) reconoció, con base en evidencias arqueológicas y paleontológicas en el sitio de Tibitó, hacia 12.000 años A.P., un escenario ecológico enmarcado por bosques que alternaban con áreas abiertas en el cual destacaban alisos *(Alnus)*, robles *(Quercus)*, trompetos *(Bocconia)* y algunas compuestas encajadas entre praderas de gramíneas, todo lo cual componía un medio propicio a la proliferación de especies animales como el caballo y el mastodonte que, a juzgar por la abundancia de los restos que quedaron reunidos misteriosamente en estrechos lugares, fueron presas apetecidas por el indio prehistórico de esta altiplanicie considerada por nosotros (17) una unidad geomórfica A_2 de fondo lacustre. Fue a esta excavación de tanto interés científico a la que fuimos invitados a colaborar en la parte de la estratigrafía física.

El conjunto de condiciones esbozadas por Correal Urrego y los resultados cronológicos permitieron situar estos acontecimientos dentro del Interestadial de Guantiva hacia 11.740 — 11.080, época en que el clima mejoró considerablemente tanto en temperatura como en humedad atmosférica. Y, aunque en los abrigos próximos al mencionado sitio de Tibitó no se encontraron evidencias de ocupación humana masiva, la cantidad de artefactos de un segundo lugar situado a unos 500 metros al noroeste de la excavación principal, permitió identificar una densa población precerámica.

La concentración de restos óseos de caballo (*Equus* (A), de mastodonte *(Cuvieronius hyodon* y *Haplomastodon)* y, en menor escala, de venado reinoso *(Odocoileus virginianus)*, junto con artefactos en la aureola de un pequeño afloramiento rocoso, permitió al Arqueólogo Correal identificar el sitio como una estación de matanza, ubicándose este complejo arqueológico dentro de la etapa paleoindia (Lítico superior). Es de advertir que no fueron encontradas puntas de proyectil, aunque la carencia de éstas no excluye su posible manufactura por parte de los cazadores, como tampoco el uso de materiales de trabajo de carácter perecedero como son el hueso y la madera. Empero, la acumulación selectiva de restos de fauna de caballo, mastodonte y venado, al lado de artefactos y restos parcialmente calcinados y la presencia de huesos con fracturas para posible extracción de médula, muestra la relación de estas evidencias con actividades de cacería profesional. Al mismo tiempo se descarta la posibilidad de acarreos por la ausencia de evidencias similares en las zanjas exploratorias que se hicieron en las vecindades. Y, si estas actividades pueden indicar la respuesta a necesidades de subsitencia de los cazadores, es posible pensar también en que aquellas fueron manifestaciones de carácter ritual, como lo puede indicar la calcinación observada en varios depósitos junto a la acumulación selectiva de restos óseos, donde los artefactos asociados son de tipo Abriense, básicamente instrumentos cortantes y de tecnología Tequendama, siendo importante anotar que las evidencias paleontológicas muestran una densidad más alta de restos de *Haplomastodon*, seguidas de los de *Cuvieronius hyodon* y venado, durante el tiempo en que se depositó una capa que llamaron 3A.

En la época en que se depositó la capa 3A, todo indica que hubo un descenso en la temperatura y la vegetación que fue investigada por medio del examen polínico, lo cual incluye *Calamagrostis*, *Geranium*, *Lofhosoria*, *Valeriana*, que apunta a la presencia de un sub-Páramo con formación vegetal que concuerda con estudios precedentes realizados en la Sabana, y permite situar esta unidad estratigráfica frente al Etadial del Abra de van der Hammen, entre 11.000 y 10.000 años A.P.

Por otro lado, la disminución de la frecuencia de artefactos y de restos de hueso en la unidad estratigráfica 3, en comparación con la 3A, denota una disminución en la actividad de cacería especializada en el área. La disminución de los restos de *Haplomastodon* se relaciona con los cambios ecológicos ocurridos entonces, quedando como fuente principal de alimentación la carne de Proboscidios y, en menor escala, la de venado.

Hacia el comienzo del Holoceno, hace unos 10.000 años A.P., el clima comenzó a mejorar según van der Hammen en forma definitiva, lo cual hizo entrar la Sabana de Bogotá en el propio bosque andino, en donde no se registran evidencias arqueológicas no paleontológicas en la unidad estratigráfica 2 de Tibitó. Sin embargo, tanto en el Tequendama como en El Abra, se nota una disminución de la población humana a comienzos del Holoceno en los abrigos rocosos, lo cual debe tener relación con el cambio climático ocurrido al finalizar el Pleistoceno (era glacial).

La presión ecológica natural obligó a determinar el desplazamiento o la adapatación del indio a las nuevas condiciones ambientales. Posteriormente en el Tequendama, entre 9.500 y 8.500 años A.P. se nota una mayor población humana adaptada a las nuevas circunstancias. No se trata ya de cazadores superiores especializados en obtener grandes mamíferos, sinó en la captura de especies menores como el venado y los roedores, para entrar también en las actividades de recolección y en una dieta que incluía caracoles, bayas, raíces, etc.

En los mismos sitios hacia 8.500 años A.P., la reducción de las áreas abiertas pantanosas y el carácter más denso de los bosques, condujo posiblemente a una disminución adicional de la población en el Tequendama, en

El Abra y en otros lugares de la Sabana.

Pero, entre 7.000 y 6.000 años A.P. se registra un aumento de la población para mermar hacia el 5.000 años A.P., a consecuencia del advenimiento de un período de fuerte sequía ocurrido no solamente en la Sabana de Bogotá sino también registrado en los Llanos Orientales.

Las evidencias palinológicas de Tibitó 1 muestran que mientras se depositaba la unidad 2, la vegetación incluía los tipos reconocidos en el bosque andino caracterizado por algunas especies de *Quercus*, *Dicksonia*, *Podocarpus* y *Cyatheaceae*.

Según Correal, la ausencia de registros paleontológicos y arqueológicos puede indicar que el sector de la excavación perdió importancia durante la epoca en que se extinguieron especies como el mastodonte y el caballo y por otra parte, el carácter anegadizo de los terrenos y la falta de abrigos rocosos amplios, no garantizaron la presencia estacionaria del indio adaptado a las nuevas condiciones de la estación Tibitó 1.

Con lo anterior, el Doctor Correal Urrego cierra un capítulo importante de prehistoria y queda en la expectativa de que futuras investigaciones le permitan ampliar la información sobre evidencias culturales asociadas a la caza de mastodontes, caballos y venados, como se venía haciendo durante decenas de milenios de años en las zonas templadas.

En el ambiente de los Páramos de la época precerámica de los recolectores y cazadores de la gran fauna que habitaban los abrigos rocosos de la Sabana de Bogotá en El Tequendama, El Abra y posiblemente en otros abrigos que no han sido todavía descubiertos, se vivía en un ambiente sano, con una temperatura de unos 7.5°C menor que la de hoy y una precipitación moderada en los alrededores de esos abrigos. En estas condiciones los suelos debieron ser parecidos a los de los paramillos y Páramos actuales, inclusive los suelos rankeriformes que se forman sobre los roquedales en esos sitios donde todavía se pueden estudiar hoy con características menos humíferas.

En el umbral de los abrigos donde los cazadores posiblemente comían y trabajaban en tiempos de reposo, se debió formar poco a poco un basurero cargado de huesos y desperdicios de todo tipo que fué convirtiéndose en el suelo fértil que hoy examinamos con el Geomorfólogo José Pichott al cabo de 10.000 años de maduración. Se trata de un suelo algo humífero en la superficie, de constitución mineral y con reacción al Hcl en toda su extensión, muy rico en fósforo, del Orden Inceptisol, Suborden Tropept, Gran Grupo Eutropept y Subgrupo "Antropic" Eutropept, que parece ser el único perfil reportado hasta el momento en Colombia como tal.

No debemos dejar pasar por alto un factor que puede haber contribuido a enriquecer en algo estos suelos, cual es la probable presencia de murciélagos en los abrigos rocosos que por ese tiempo de ambiente de Páramo pudo servir de abrigo a estos mamíferos voladores que son quirópteros nocturnos que incluyen también los vampiros, posibles residentes de estas cavernas. Para los Páramos actuales el Profesor J. Hernández da las siguientes especies que habitan por encima de los 3.000 - 3.200 m, que serían residentes potenciales o pasajeros (migratorios) de la *Spelaeophytia* que hemos propuesto como ecosistema con poca luz. Aparte de los nombres que hemos mencionado en otros apartes para los Páramos, damos los siguientes, empezando por el nectarívoro *Anoura geoffroyi peruana* y los insectívoros *Histiotus montanus, Lasiurus cinereus villosissimus, Myotis oxyotis, Ptesicus fuscus pelliceus.*

Es importante anotar las condiciones medio-ambientales del entorno de hace unos 10.000 años que se hanconservado algo hasta el día de hoy, si nos atenemos al ambiente propicio que ha encontrado el venado de cornamenta en la Sabana de Bogotá, el cual constituyó prácticamente el alimento protéico principal de la población de los cazadores recolectores de ese tiempo. Lo dicho viene a corroborarse con el último estudio que acabamos de recibir del Doctor Gonzalo Correal intitulado "Aguazuque: Evidencias de cazadores, recolectores y plantadores en la altiplanicie de la cordillera o-riental". Fundación de Investigaciones Arqueológicas Nacionales, Banco de La República, 1.990, y que prácticamente se llevó a cabo en los mismos lugares de antaño, en que el autor tuvo la oportunidad y el honor de colaborar. Estas excavaciones se encuentran fechadas en el interregno de unos 5.000 años, donde los venados de cornamenta (*Odocoileus virginianus goudotii* Gayl & Gervais) siguieron siendo la fuente principal de alimento para esta población indígena de cazadores, recolectores y plantadores.

Y pasando al día de hoy, nos permitimos transcribir un aparte de este último estudio en lo que concierne a estos venados llamados por los indios *chichica* o *guahaqui* que pueden cultivarse hoy en la Sabana, para repoblar los Páramos de Colombia, Ecuador y Venezuela, construyendo así un futuro económico, cinegético y turístico en conjugación con la conservación de las aguas, la vegetación y el suelo en estas reservas naturales de fuentes y fauna.

Las áreas de Canoas y la de Aguazuque objeto de la presente investigación fueron, hasta la época actual, habitat favorable para la supervivencia de los venados, según texto de Pardo Umaña (1.946: 139) que dice: "Hasta hace pocos años no se conocieron en Canoas las cercas de alambre de púas: los potreros se dividian con zanjones o con vallados de piedra, a fin de que los cazadores de venados pudieran correr sin peligro por toda la estancia tras de los tímidos y simpáticos cérvidos. Afortunadamente, cuando la finca llegó hace algunos años - de nuevo dividida entre Canoas y Aguazuque - a manos de Don Nicolás Gómez y Don Francisco Saenz, respectivamente, estos prohibieron en sus propiedades, y de manera terminante, la caza del venado; y gracias a estos señores se conservan en la Sabana representantes de tan hermoso animal. Es frecuente encontrarlos cuando se cruza por la hacienda y es delicioso el espectáculo que presentan al sentir que se aproxima gente; entonces empluman la cola y emprenden la huida; y a distancia, al considerarse de nuevo en seguridad, se detienen y miran hacia atrás, arrogantes, con sus graciosos ojitos de azabache, mientras les vibra nerviosamente la rojiza piel."

Epílogo

Al repasar con cuidado el contenido de estos escritos, nos damos cuenta de que hemos recorrido una extensa región de miles de kilómetros a la redonda, que son de encanto verdadero y a la que le viene bien el nombre insistente de Páramos paradisíacos, porque al verlos quizá encontramos de pronto la belleza natural que buscábamos.

Son también los Páramos y sus hielos, las fuentes de agua más altas de los trópicos húmedos en cuyos colchones orgánicos y humíferos suelos se acumulan ingentes cantidades del precioso líquido, el cual es regulado en multitud de lagos cristalinos y en diferentes ecosistemas de gran fragilidad, que en su estado prístino alimentaron a una cantidad de animales silvestres que hoy se han convertido en joyas sin haber causado daño alguno al entorno durante milenios. Pasado el tiempo y ya con nuestra presencia, ahora solo encontramos un Páramo imponente por su soledad y casi vacio de vida animal, en donde, en sus delicadas tierras se van perdiendo hasta las huellas de ciervos, tapires, osos y pumas que otrora se encontraban por doquier.

Es que ahora el Páramo se halla solitario, como añorando su verdadera herencia y la vocación de virginidad que recibió de la naturaleza.

Los Páramos que son marginales para las industrias agroforestales llevadas a cielo abierto por las gentes, dejan en el ser humano que los admira un sentimiento de grandeza, pues parece que en estas soledades puras lo que alcanza mayor valor es la belleza. Esa belleza simple, la de ese paisaje misterioso por lo armónico en su flora y fauna únicas, encumbradas entre cielo y tierra, que por estética debemos preservar a perpetuidad para guardar la integridad de la única Tierra que tenemos.

Preservación y Restauración de los Páramos Prístinos para los Años 2.000

Habiendo tenido la oportunidad y el honor de participar en las reuniones de UNESCO y en su programa del Hombre y la Biósfera (MAB) llevados a cabo en La Paz, Bolivia, en 1.974, y pasando por Ecuador, Perú y luego en Bogotá para tratar acerca del problema de las alturas en los Andes suramericanos, he considerado lo más lógico presentar un plan de conservación a perpetuidad para los Páramos y particularmente para los de Colombia, con base en los criterios y guias dados por el programa de "Man and the Biosphere" en lo que toca a la escogencia y el establecimiento de nuevas Reservas para la Biósfera con los ecosistemas propuestos a manera de ejemplos y dados en el texto de esta obra sobre el bioma y los ecosistemas de los Páramos andinos.

Con estusiasmo vemos que UNESCO, IUCN, FAO y UNEP están empeñados en alentar, a través de los Comités Nacionales del MAB a las naciones para que establezcan Reservas que llenen los criterios y requisitos ya esbozados en el informe final de UNESCO. Inicialmente la red de Reservas de la Biosfera puede basarse en una serie de áreas ya protegidas que aportan experiencias y se espera que paises ambientalistas protegerán áreas apropiadas que participen en el programa internacional.

El procedimiento para seleccionar Reservas varía y depende de la naturaleza de aquellas, ya que se han establecido tres categorías:

1. Areas naturales que representan *biomas*, como son los del Páramo, la Puna, etc. y también sus principales subdivisiones y zonas de transición.

2. Areas únicas o bien, áreas con rasgos particulares naturales de excepcional interés, y

3. Paisajes modificados por el hombre. Para cada una de estas divisiones se esbozan criterios y guias que conduzcan a un entendimiento en lo que toca a la red en su totalidad.

El planeamiento de Reservas de la Biósfera merece una atención especial. Todas las Reservas deben tener zona de amortiguación y núcleo. El uso será limitado en la mayoría de los casos y la zona amortiguadora llevará uso planificado y controlado de acuerdo con la naturaleza y capacidad de carga del área. Serán especificados los requisitos para la conservación, la investigación y el monitoreo e igualmente para la educación y el entrenamiento. Se discutirá la compatibilidad de estos propósitos con la utilización que reciban por parte del público en su recreo, etc.

El concepto de *núcleo* y de una *zona periferica de amortiguación*, que en realidad pueden ser varias las que se necesitan para una variedad de propósitos será fundamental en las Reservas de la Biósfera.

El informe de UNESCO hace énfasis en que el establecimiento de Reservas de la Biósfera en los diferentes *biomas* del mundo, de los cuales uno de ellos es el Páramo, es de incumbencia universal en defensa de la presente y futura generación y debe mirarse no solamente como parte del uso total y desarrollo de los recursos naturales de un pais, sinó como una parte del desarrollo y conservación planificada de los recursos de la biósfera del globo. De consiguiente, las Reservas mundiales de la Biósfera requieren para su conservación la colaboración sólida y activa de todas las organizaciones internacionales comprometidas con el ambiente y la calidad de vida de lo cual son promotores principales UNESCO, FAO, UNEP, IUCN, ICSU, entre quienes no deben presentarse sobreposiciones.

Ya que las Reservas de la Biósfera deben incluir áreas representativas de los biomas del mundo y sus subdivisiones, es esencial que su establecimiento se fundamente en un conocimiento de la naturaleza y extensión de las *comunidades bióticas de la biósfera*, lo cual requiere ayuda para el desarrollo de ordenaciones o clasificaciones con recíproca correspondencia en los biomas del mundo y para los levantamientos que se hagan sobre la naturaleza y extensión geográfica de esas comunidades bióticas. Es criterio esencial al seleccionar áreas naturales representativas lo siguiente:
a. que sean verdaderamente representativas, b. su diversidad, c. su naturalidad, d. su eficacia como unidad de conservación.

En cuanto a la diversidad es deseable que una Reserva representativa de la Biósfera contenga la mayor representación de ecosistemas, comunidades y organismos característicos del bioma y si la total representación no puede llevarse a cabo dentro de una sola área, es necesario definir el nivel de diversidad que tenga prioridad, lo cual debe hacerse a la altura del ecosistema, de tal manera que la diversidad concierne principalmente con el grado de representación de habitáculos característicos del bioma que figuren en un área. Por ejemplo una Reserva que represente la Taiga deberá incluir bosques de coníferas, extensiones turbosas del tipo *bog* del que tanto hemos hablado en el texto, ecosistemas riparios y lacustres, etc. Este es precisamente el trabajo que hemos llevado en el Bioma de Páramo ejemplarizando el mayor número de ecosistemas que hemos podido establecer.

El criterio de diversidad puede aplicarse también en niveles inferiores a comunidades y organismos, pero esto debe ser secundario a la diversidad del ecosistema y en igualdad de condiciones, un área con la mayor diversidad de comunidades características y de organismos, deberá tener preferencia sobre un área con menos diversidad.

En cuanto a la efectividad de un área como unidad de conservación, una Reserva de la Biósfera debe ser una unidad efectiva. Este criterio envuelve un número de factores tales como el de tamaño, forma y localización con respecto a barreras naturales de protección y en sistemas terrestres las cuencas hidrográficas generalmente proporcionan linderos apropiados.

Otro criterio importante se refiere a la naturaleza del área circundante. A esta nos referimos en términos de *compatibilidad de la zona de amortiguación* que hace referencia al grado en que la utilización de la tierra de las áreas circundantes sean compatibles con los objetivos de la Reserva. En las alturas de Páramo que están precedidas por paramillos y bosquetes o ecotonos de transición, este criterio debe recibir particular atención.

Y a propósito de todas estas indicaciones, y en muy pequeña escala, y ateniéndonos al criterio de clasificación de la Corporación Autónoma Regional del Valle del Cauca (CVC), Colombia, el autor de esta publicación y de este extenso programa para conservación de Páramos andinos, ofreció a la Corporación mencionada, una franja de tierra de modesta extensión cubierta en parte por bosques naturales milenarios de la formación "bosque húmedo premontano", los cuales, por estar en cabecera protegen nacimientos de agua y riachuelos, flora y fauna, agua que alimenta a once veredas y cuya ubicación de encuentra a solo 22 kilómetros de Cali, la capital del Valle del Cauca. Esta pequeña Reserva natural de agua, flora y fauna, lleva el nombre "Villanueva del Lucero".

Ejemplos de Sistemas de Zonación para Reservas de la Biósfera

Los siguientes ejemplos gráficos suministrados por UNESCO en su programa El Hombre y la Biósfera (MAB), nos dejan ver los criterios y delineamientos utilizados para la escogencia y el establecimiento de Reservas de la Biósfera e ilustran también acerca de los conceptos de las zonas llamadas *núcleo* o "core" y *zona de amortiguación* o zona "buffer".

Los diagramas se encuentran simplificados y muestran algunas de las situaciones complejas que se pueden presentar en diferentes *biomas*, empezando aquí con lo que más nos interesa hoy en día, cual es el Bioma de Páramo.

1. Zonas básicas de *núcleo* y *zona de amortiguación* y posible utilización de estas áreas.

   núcleo - aquí no se permite ningún tipo de desarrollo y usos del medio están estrictamente controlados.

   zona de amortiguación 1 - utilizada para investigación y propósitos investigativos; aquí está limitado el uso y el desplazamiento por parte del público a sectores autorizados y sendas delimitadas.

   zona de amortiguación 2 - esta puede usarse con varios propósitos incluyendo la recreación y el paseo por parte del público, pero los usos están controlados de acuerdo con la capacidad de carga del área.

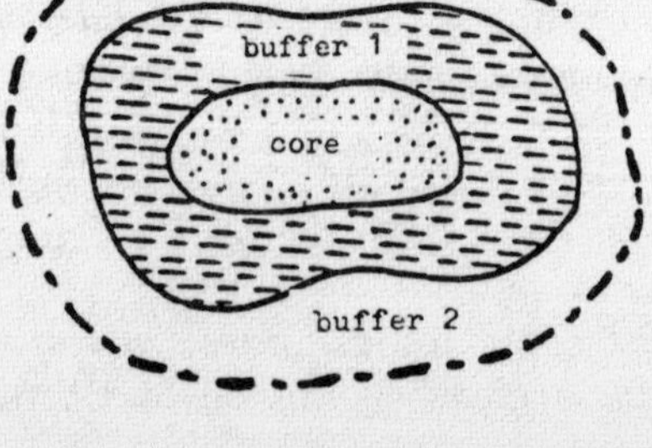

2. Area degradada que se administra para ser restaurada.

núcleo - estas son áreas naturales remanentes o retazos que se protegen estrictamente y se utilizan en investigación.

zona de amortiguación 1 - área manejada para ser restaurada y utilizada en investigación.

zona de amortiguación 2 - área administrada para ser restaurada pero donde se permiten varios tipos de utilización por parte del público, tales como la educación, la recreación, la observación de la fauna y la flora, del paisaje y el descanso.

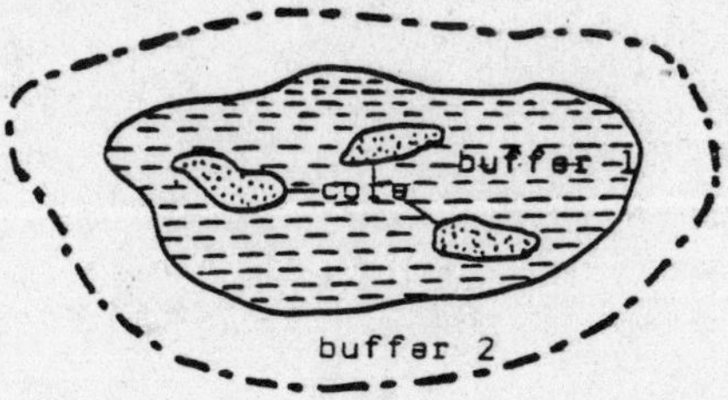

Reserva de Páramo y Montaña Tropical Ejemplarizada en la Pirámide de la Sierra Nevada de Santa Marta para los Páramos Andinos

El ejemplo que se muestra a continuación, tomado del programa sobre El Hombre y la Biósfera (MAB) de UNESCO, 1.974, ilustra la zonación en una montaña tropical en Africa, el cual hemos adaptado a las condiciones de los Páramos andinos que proponemos como Reservas de la Biósfera con sus ecosistemas naturales. Parte de la montaña, la mitad inferior, que en el

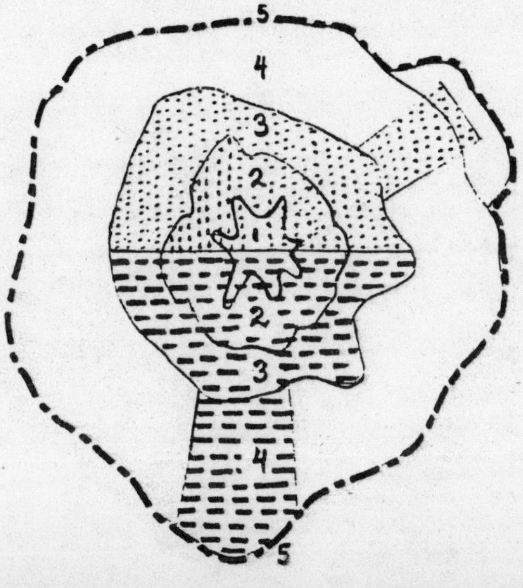

1. Cinturón nival
2. Cinturón alpino
3. Cinturón de ericáceas
4. Cinturón de bosques montanos
5. Area de sabanas o llanos y bosques tropicales

dibujo aparece con rayas para indicar la *zona de amortiguación* 1 o "buffer 1" es usada por los turistas y esta utilización puede continuarse pero será reglamentada.

El área del *núcleo* o "core" proteje ejemplos de las comunidades frágiles en las zonas alpina y de ericáceas que tienen equivalentes en los Páramos. También se extiende a través de la franja de bosques montanos proporcionando un amplio transecto que se puede apreciar en el plano adjunto, el cual podría usarse en investigación en todas las zonas de vegetación.

La franja de bosque montano consiste en este caso de una reserva forestal auténtica, con bosques naturales y plantaciones que vienen a servir como una zona de amortiguación o de choque denominada *buffer zone*.

Apéndice

Características mineralógicas del lahar húmedo y análisis de muestras de cenizas volcánicas

El flujo de lodo por efecto del volcán (cráter Arenas) o lahar húmedo, presenta las siguientes características mineralógicas:

En su fracción dominante, la arenosa, analizada en subfracciones, la liviana (inferior a 2.89 g/cc) y la densa, o pesada (superior a 2.89 g/cc) está constituida así:

Fracción liviana (promedio 11 muestras)
Feldespatos = 40.4% (predominio de plagioclasas)
Cuarzo = 28.6%
Vidrio volcánico = 19.3%
Granos alterados = 4.5%
Aglomerados (matriz vítrea y minerales anisotropicos contenidos en ella) = 6.3%
Fragmentos líticos, fitolitos, etc. = 0.9%

Fracción densa (promedio 11 muestras)
Piroxenos = 59.8%
Anfíboles = 9.1%

Moscovita = 10.9%
Biotita = 3.0% Micas (16.9%)
Clorita = 3.0%

Granos alterados = 7.9%
Opacos = 4.8%
Epidota = 1.0%
Otros (granate, turmalina, circón, piroxenos y anfíboles recubiertos por vidrio) = 0.5%

La fracción arcillosa en análisis de 12 muestras está integrada fundamentalmente por:

Montmorillonita (15 - 30%)

Análisis: Laboratorio de Suelos del IGAC para artículo del Doctor D. Malagón.

Amorfos (15 - 30%)
Micas y caolinita (5 - 15% c/u)
Feldespatos, materiales interestratificados, clorita y cristobalita (menos de 5% c/u)

Los resultados mineralógicos permiten llegar a las siguientes conclusiones:

Se presentan minerales influidos por cenizas y otros productos piroclásticos, en los cuales el grado de alteración es bajo.

La mineralogía característica se asocia con fuentes de elementos (nutrientes), lo cual resulta en un grado de fertilidad potencial de moderada a alta.

En la fracción arcillosa el predominio de amorfos y montmorillonita, hace también referencia a su origen volcánico efusivo y, a la transformación del vidrio y de los feldespatos en productos amorfos y, la de los minerales micáceos en montmorillonita. No obstante, esta última puede formarse también mediante síntesis, en condiciones pedológicas específicas.

Análisis mineralógicos efectuados en algunas muestras de arenas volcánicas en la región de Armero, muestran un predominio de feldespatos (39%), vidrio volcánico (37%) y piroxenos (16%) sobre los demás componentes: aglomerados (5%), opacos (3%), biotita y circón (trazas). En el análisis de la muy poca formación arcillosa dominan los amorfos, encontrándose solamente trazas de cuarzo, feldespatos, cristobalita, haloisita, caolinita y gibsita.

El análisis realizado en algunas muestras de cenizas volcánicas en la región de Chiquinquirá y en la Sierra Nevada del Cocuy, analizados por el Dr. Carlos Pulido, muestran las siguientes características:

En la fracción gruesa de las arenas predominan los feldespatos, plagioclasas fundamentalmente, aprox. 40%; piroxenos: hiperestena, egidina y posiblemente augita con aproximadamente 30%; vidrio: shards, esquirlas y rebordes magmáticos con aproximadamente 20% y de naturaleza "ácida". Otros minerales y materiales como cuarzo, materiales alterados, fragmentos y productos desvitrificados; los opacos, biotita y anfíboles se presentan en pequeños porcentajes, o como "trazas".

A medida que la fracción disminuye en tamaño, aumenta el porcentaje de los materiales amorfos, vidrio volcánico (50 - 70%), presentándose también feldespatos: plagioclasa (5 - 15 - 25%) y cantidades mucho menores de opacos, alterados, biotita y cristobalita.

La composición de las cenizas y otros datos preliminares de su composición química permiten clasificarla como de composición intermedia, es decir ni "ácida" ni "básica". Contenido total de SiO_2

cercano al 60 - 65%, de Al_2O_3 cercano al 15 - 20%, de CaO y FeO cercanos al 4 - 5% c/u. Estos porcentajes concuerdan, en términos generales con los presentados por Arcila y Valencia (1985), en cenizas del Ruiz, en Septiembre del mismo año.

Los análisis químicos de elementos asimilables por las plantas y algunas características relacionadas con la influencia agrícola de estos materiales son:

pH variable, siendo la reacción más ácida (4.4 - 4.5) bien cerca al volcán y casi neutra (6.0) en localidades más alejadas (Boyacá).

Capacidades de intercambio muy bajas (1.4 me/100 g).

Contenido en nutrientes, especialmente *P* y bases de cambio, variables.

Analizadas el 94% de arenas de Armero y el 64% de arena y 32% de limos de Boyacá, se obtuvieron los siguientes resultados:

El contenido de *P* (27 a 29 ppm) en la arena volcánica de Armero, aumenta considerablemente para la zona de Ubaté-Chiquinquirá (80 ppm).

Tienden a ser similares otras características tales como, la baja CIC y las bases totales, al igual que la salinidad.

Se ha evidenciado respuesta favorable de la cobertura vegetal a las cenizas y a la arena volcánica, especialmente después de una lluvia; esto podría asociarse con los aportes de fósforo y posiblemente de *S*, siendo el aporte de éste último, a través del arrastre y de la contaminación con las fuentes mismas (fumarolas) y con la atmósfera.

CORRELACION DE CLASIFICACIONES DEL CICLO CUATERNARIO

ZONA ALPINA	*ESCANDINAVIA*	*NORTEAMERICA*	*PATAGONIA*	Período	
Postglacial: Meditermal, Altitermal, Anatermal	Postglacial	Postglacial	Postglacial	*HOLOCENO*	
WURM III	POMERANIANO	WISCONSIN: MANKATO RECIENTE; MANKATO ANTIGUO	ATUEL	*SUPERIOR*	*PLEISTOCENO*
	Interestadio Masuriano	WISCONSIN: Interestadio Two Creeks			
WURM II	WEICHSEL	WISCONSIN: ESTADIO CARY; ESTADIO TAZEWELL			
	Interestadio Rixdorf	WISCONSIN: Interestadio Peoria			
WURM I	WARTHE	WISCONSIN: ESTADIO DE IOWA			
Interglacial Riss-Wurm	Ultimo Interglacial	Interglacial Sangamon	Lujaniano		
RISS II; RISS I	SAALE	ILLINOIS	DIAMANTE	*MEDIO*	
Interglacial Mindel-Riss	Penúltimo Interglacial	Interglacial Yarmouth	Bonaeriano		
MINDEL II; MINDEL I	ELSTER	KANSAS	COLORADO	*INFERIOR*	
Interglacial Günz-Mindel	Primer Interglacial	Interglacial Aftoniano	Sanandresiano		
GUNZ II; GUNZ I	?	NEBRASKA	VALLIMANCA		
DONAU Y FASES PRIMITIVAS			MOGOTES ?	Villafranquiense	

Según H. F. Rucinque

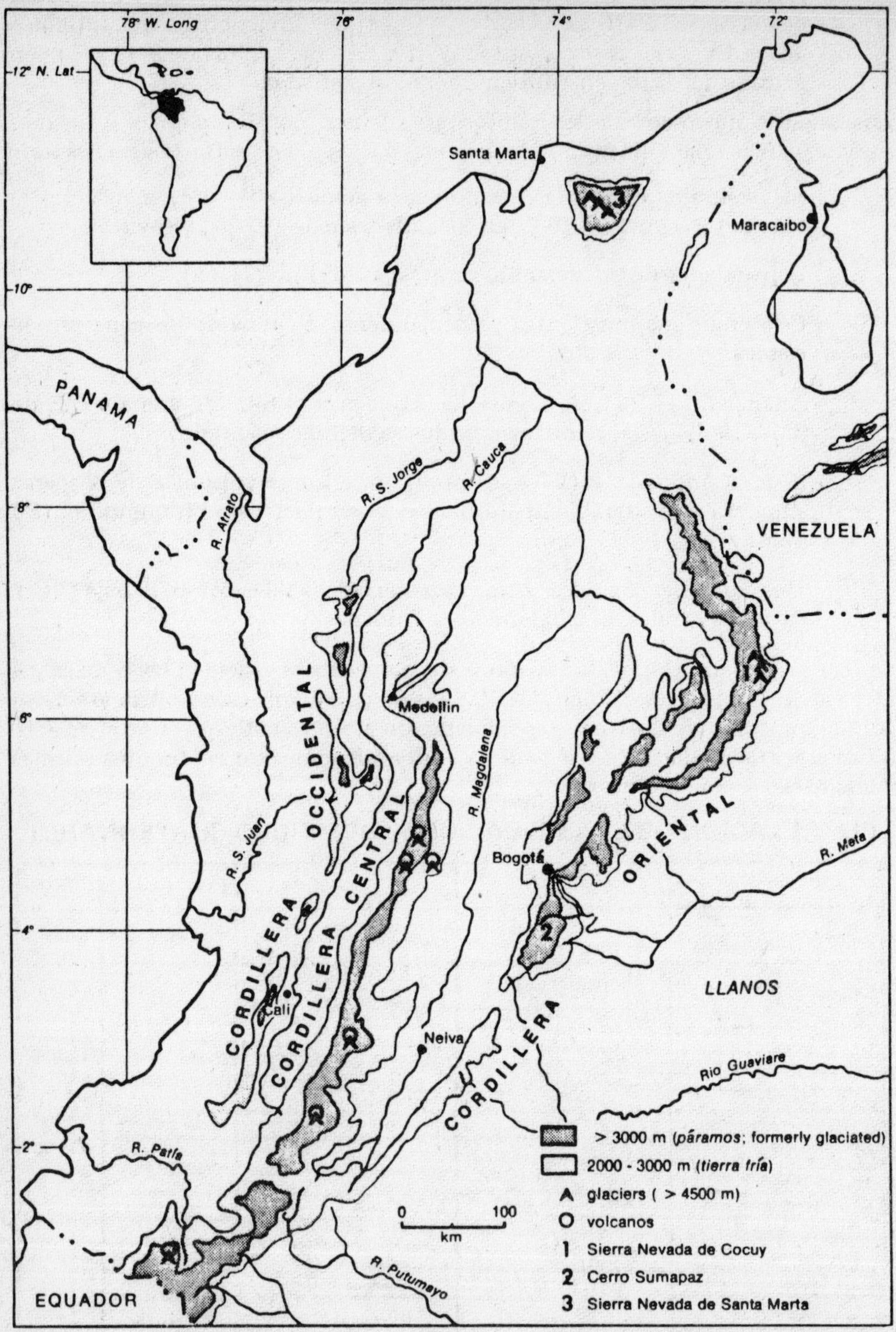

Extensión aproximada de la glaciación pleistocénica en los Andes de Colombia, según Brunschweiler.

Glosario

Abiótico, factor. Son los factores caracterizados por la ausencia de vida donde se incluyen: temperatura, humedad, pH y algunos otros de carácter físico y químico.

Ablación. Con esta palabra se hace referencia en geología a los glaciares, e indica el proceso por medio del cual el hielo que está por debajo de la línea de nieve se desgasta por evaporación y fusión. Término propuesto por Luis Agassiz.

Abrasión. Hace alusión a la erosión del material rocoso por la fricción de partículas sólidas puestas en movimiento por el agua, el hielo, el viento o la fuerza de la gravedad.

Aeróbico. Organismo que requiere de oxígeno libre para vivir y crecer.

Afloramiento. Saliente a la superficie de rocas del lecho o de estratos que se proyectan a través del manto y/o del suelo.

Agua freática. Agua subterránea dentro de la zona de saturación del suelo.

Agua juvenil. Agua de fuente que se origina en el interior de la tierra.

Agua magmática. Agua que existe en el magma o deriva de este.

Agua vadosa. Agua de fuente que se origina en la superficie de la tierra (lluvia).

Albiano. Subdivisión del Cretácico.

Alfisol. Orden de suelos caracterizado por la presencia de horizonte argílico de alto o moderado contenido de bases.

Alianza. Según P. Dansereau. Un grupo de asociaciones enlazadas entre sí por características florísticas. Cuando se usa un nombre latino se hace terminar en *- ion: Quercion;* vg., la alianza *Quercion ilicis* incluye varias asociaciones, tales como *Quercetum galloprovinciale, Quercetum montanum,* etc.

Alpino. El piso o zona de un sistema montañoso que se encuentra por encima de la línea de los bosques, especialmente cuando la última está determinada por el frío y no por la sequedad como ocurren en los Alpes y en los Pirineos.

Aluvial. Un depósito aluvial o un aluvión es el aporte de los sedimentos llevados por una corriente de agua. En pedología, suelo aluvial es el que se forma sobre estos materiales cuando interviene la biota, conservando su perfil original.

Dada la extensión del glosario, solamente se ofrecen definiciones cortas, las cuales se amplían en el texto. Del léxico edafológico solamente ofrecemos algunos términos porque este se encuentra en progreso en varios paises.

Alleröid. Según A. Le Roi este corresponde al comienzo del Holoceno que en Colombia equivaldría aproximadamente al Santa Isabel temprano.

Ammonites. Género de moluscos cefalópodos que se extinguieron y abundaron durante el Mesozóico.

Anaeróbico. Organismo que vive y crece en ausencia de oxígeno libre.

Andepts. Suborden en los Entisoles derivados de cenizas volcánicas, rocas piroclásticas y saturados con bases y alto contenido en alofanos.

Andesita. Palabra derivada de *Andes* que proviene de *Antis,* nombre de una tribu indigena de Bolivia y Perú. Roca fina ignea sin cuarzo o sin ortosa, compuesta de alrededor de 75% de feldespatos y el resto de silicatos ferromagnesianos que se manifiesta también en forma de lavas.

Andosoles. En la clasificación francesa, clase de suelos derivados de cenizas volcánicas.

Anfibolita. Roca metamórfica débilmente foliada que se desarrolla durante el metamorfismo regional y está compuesta principalmente de hornblenda y feldespatos plagioclásicos.

Anomalía del agua. Esta surge del hecho de que el agua tiene o muestra su mayor densidad a 4°C; de aquí que a cada punto dentro del margen de temperatura de 0° a 4° haya un valor de densidad que también ocurre por encima de los 4°C.

Anticlinal. Configuración de las rocas estratificadas que se pliegan y se inclinan en dos direcciones diferentes, a partir de un eje o cresta donde el arco tiene la convexidad hacia arriba. La inversa de un anticlinal es un sinclinal.

Antrópico. Horizonte diagnóstico superficial del suelo que resulta de procesos prolongados de cultivo agrario; es de color oscuro y similar al epidedon mólico, pero ostenta alto contenido de fosfatos.

Antropógena. Según Font Quer, con el sentido de *biógena* cuando el ser vivo qua actúa es el hombre. El medio *antropógena* será el modificado por el hombre y sus actividades. Así, las estaciones *ruderales, viarias y arvenses* son medios antropógenas. No debe decirse "antropógeno" en lugar de *antropógena.* Por razón etimológica, esta última voz tiene el sentido expresado, mientras que "antropógeno" significa "productor del hombre o de hombres".

Aptiano. Subdivisión del Cretáceo.

Aquents. Según el USDA, suborden de suelos del Orden Entisoles con régimen ácuico formados en pantanos de aguas dulces, salobres y vegas que se encuentran saturados durante la mayor parte del año.

Aquepts. Suborden del Orden Inceptisoles con características gleyizadas debido a condiciones de mal avenamiento.

Aquods. Suborden del Orden Espodosoles que tiene tendencia a la gleyización por presencia de aguas freáticas a poca profundidad, frecuentemente desarrollados sobre arenas.

Arbusto. Vegetal leñosos de menos de 5 metros de altura que carece de un tronco principal porque se ramifica a partir de su base.

Arcillas. Silicatos hidratados finamente cristalinos en que predominan los materiales fibrosos o laminares y son el producto de la meteorización de las rocas.

Arcillas boulder. Drift glacial heterogéneo que contiene fragmentos rocosos del tamaño de cantos rodados; *till.*

Arenisca. Roca sedimentaria detrítica formada por la aglomeración de granos individuales del tamaño de las arenas y que se encuentra compuesta principalmente por cuarzo. Su equivalente metamórfico es la cuarcita.

Arête. Serranía angosta y escarpada formada por erosión glaciar en sus lados opuestos, la cual se encuentra frecuentemente ubicada entre dos circos.

Argílico. Un horizonte de naturaleza iluvial que se convierte en horizonte diagnóstico superficial del suelo y se forma debajo de un horizonte aluvial según el USDA.

Armonía o Harmonía. (Harmony). Estado de equilibrio en un habitat en donde ningún elemento es excesivo ni tampoco se encuentra en deficiencia. Un ejemplo ecológico podría ser un robledal boyacense que arraiga en un suelo bien drenado.

Artico. La región comprendida dentro del círculo ártico.

Arrastramiento del suelo (Soil creep). Con esta expresión se designa el movimiento lento del suelo y el de sus fragmentos rocosos en una pendiente.

Asociación. En geobotánica es la comunidad vegetal climática en la cual predominan dos o más especies.

Avalancha. Un volumen grande de nieve o hielo que cae de las partes altas a las bajas en una montaña; sinónimo de alud.

Azonal. Dícese de los biomas, comunidades, suelos, etc. cuya distribución o características no se ajustan a un patrón zonal en determinado clima, altitud o latitud. Debe aclararse que en Pedología un suelo azonal es el que carece de horizontes definidos (USDA 1.939).

Barremiano. Subdivisión del Cretácico.

Basalto. Roca ígnea de fino grano, en que predominan los minerales de color oscuro que consisten de más del 50% de feldespatos, siendo el resto silicatos ferromagnesianos.

Basamento. Rocas sin diferenciar que subyacen a las identificables más antiguas en cualquier región; por lo común son silicatos cristalinos que han sufrido metamorfismo, frecuentemente precámbrico.

Batolito. Plutón discordante al cual no se le conocen las raices y cuya superficie de afloramientos pasa de 100 km^2.

Bergschrund. Nombre dado a una profunda hendidura arqueada o serie de estas que se pueden encontrar entre el hielo y el paredón del circo de un valle glaciario.

Biocora. Región natural biológica que se establece tomando como base los seres vivos que la pueblan vg. las plantas y los animales que la caracterizan.

Biocenosis. Colectividad de seres vivos en una unidad ambiental que se divide en zoocenosis (animales) y fitocenosis (plantas), equivalente a comunidad biótica.

Biógena. (del griego engendrar con el pref. *bio* - que literalmente quiere decir "producido por la vida o por seres vivos". En geobotánica, un medio *biógena* es una estación (o en general un grupo de estaciones) cuyos caracteres resultan de la actuación de los seres vivos. Los efectos de esta actuación, acumulados persistentemente en una determinada área, pueden en efecto producir un cambio esencial en las condiciones estacionales vg. los rojales yermos hechos por las hormigas en paises tropicales. No debe confundirse biógena con biótico. Este último adjetivo expresa la calidad del ser vivo mismo en el cual habita una cierta vegetación (la *biophytia),* según H. Del Villar.

Biogénico. Dícese de lo derivado de la actividad de organismos vivos o de sus productos.

Bioma. Región particular o conjunto de regiones que ostentan condiciones físicas o climáticas características y soportan una fauna y flora que muestra adaptaciones a tales condiciones. Ejemplo de ello pueden ser las sabanas, las taigas, la tundra y el desierto.

Biomasa. Cantidad total, grande o pequeña de materia viviente en una población o área determinada que usualmente se expresa en términos de peso vivo o seco por unidad de superficie y puede dividirse en biomasa animal o zoomasa y biomasa vegetal o fitomasa.

Biósfera. Aquella parte de la tierra y de la atmósfera que se encuentra habitada por organismos.

Biota. Conjunto de los seres vivos de un país o localidad cualquiera integrado por plantas y animales.

Biotemperatura. Abarca las temperaturas ambientales entre 0° y 30° (o su equivalente en otras escalas) teniendo en cuenta que los procesos vitales (incluída la transpiración) de la mayoría de las plantas tienen lugar dentro de estos márgenes térmicos. Para su cálculo, toda temperatura ambiental que sobrepase dichos límites se considera como cero (0).

Biótico. Referente o pertenenciente a la biota.

Bióticos, factores. Factores ambientales constituídos por plantas y animales, lo cual es opuesto a factores abióticos.

Biotita. Una de las micas más comunes que está constituída por un silicato ferromagnesiano cuyo color varía del café oscuro al verde.

Biotopo. Espacio limitado en el que vive una biocenosis.

Bloque colgado. Canto errático depositado en posición inestable sobre una colina que ha sufrido glaciarismo.

Bloque errático. Bloque rocoso diferente de la roca madre sobre la cual yace y que ha sido transportado generalmente por un glaciar.

Bog. Un pantano o trecho de tierra empapada cubierto comúnmente por turba.

Bomba volcánica. Masa elipsoidal, ahusada o fusiforme de lava viscosa lanzada por un volcán.

Boreal, período. Períodos postglaciales del Cuaternario en que reinaba un clima más clemente que durante las glaciaciones.

Bosque elfin. Bosquete enano leñoso de mediana densidad que se presenta en las alturas *(krumholz).*

Bosque primario. El que corresponde a la etapa climax con la cual culmina la asociación vegetal.

Bosque ripario. Es el propio de las orillas de los cursos de agua de carácter permanente o temporal que se distingue de la vegetación circundante por su mayor exhuberancia debido al aporte de agua freática disponible en el suelo.

Bosque secundario. Aquel de origen natural que aparece después de la desaparición total o parcial de otro que lo precedió. Su composición y características difieren generalmente de las del bosque original.

Braquiópodos. Phylum de animales marinos provistos de una concha constituída por dos valvas (dorsal y ventral).

Brecha. Roca fragmental parecida al conglomerado integrada por fragmentos angulosos y no redondeados. El glaciarismo, la gravedad y el volcanismo producen diferentes tipos de brechas.

Brezal. (Heath). Según Font Quer y Del Villar, este término proviene de brezo y hace alusión al nombre vulgar de varias ericáceas, sobre todo las del género *Erica.* Es denominación vulgar de las asociaciones de vaccináceas y ericáceas que a veces se presentan con *Ulex* que equivale aproximadamente a la denominación de *landa* en el sentido geobotánico de esta voz.

Briofita. Cualquier planta de la división Bryophytia que incluya los musgos, las hepáticas y cualquier briófito de la clase Anthocrotae que así se les llama por su cápsula alargada en forma de cuerno.

Caldera. Depresión volcánica subcircular de paredes interiores abruptas que comúnmente se encuentra en la cima de un volcán.

Caliza. Roca sedimentaria compuesta en gran parte por calcita ($CaCO_3$) y formada por procesos inorgánicos u orgánicos.

Cámbrico. Sistema geológico con el cual se inició la era Paleozóica; nombre que proviene de Cambria, país de Gales.

Campo de hielo. Espacio que ocupa la nieve comprimida y deshelada por la presión, y vuelta a helar como cemento en menudos granos de hielo. Sin. *névé.*

Campo paramero, (Fell-field). Area rocosa o pedregosa generalmente plana con vegetación vascular comúnmente dispersa que se presenta en zonas árticas y alpinas.

Canchal. Sitio de grandes piedras descubiertas o peñascal. Un material pedregoso o derrumbado. En francés, *eboulis.*

Canto rodado. Piedra aislada y redondeada por las aguas o por los hielos.

Carbonífero. Sistema geológico de la era Paleozoica que precede al Pérmico y sigue al Devónico. El nombre proviene de la abundancia de hulla en depósitos cumulosos y sedimentarios.

Carbono 14 (Método del). Método de datación para ciertos descubriemientos arqueológicos que utiliza el Carbono que entra en la composición de toda materia viva en una proporción constante del isótopo radioactivo C 14. La adquisición del Carbono 14 cesa con la muerte de los organismos y se rarifica regularmente desde ese momento y no contiene más después de 5.589 años, que la mitad del carbono radioactivo que poseía inicialmente. Este método permite una datación de los restos de la madera o de los huesos hasta 50.000 años con una proximación de 100 años.

Casmófito. Plantas propias de los peñascos en cuyas fisuras y grietas hincan sus raíces.

Casmofítico. Relativo o perteneciente a la *Chasmophytia.*

Caulirrosula. Biotipo o fórmula biológica de plantas caracterizado por estípite o tallo leñoso que usualmente no es ramificado y que remata en un penacho de hojas dispuestas en roseta.

Ceniza volcánica. Ejectamenta de orígen volcánico sin cementación que comúnmente consiste de fragmentos menores de 4 mm de diámetro.

Ciclo hidrológico. El ciclo del agua en el cual ésta se evapora del mar, luego se precipita en la superficie terrestre desde la atmósfera y retorna luego al mar por las quebradas y los ríos.

Cimarrón. Asilvestrado, montaráz: caballo cimarrón.

Circo glacial. Depresión de paredes abruptas en la ladera de una montaña a gran elevación, la cual ha sido formada por abrasión glaciar y la acción de las heladas para tomar la forma de un anfiteatro.

Clímax. Ecosistema maduro. Etapa final de la sucesión vegetal durante la cual la comunidad alcanza su máximo desarrollo en el conjunto de condiciones ambientales de clima y suelo.

Clímax climática. Es la clímax desarrollada en euclimatopos, o sea,, la máxima expresión de la comunidad biótica en equilibrio con las condiciones climáticas.

Clímax edáfica. Comunidad climax cuyas características son determinadas en su mayor parte por las del suelo.

Col. Depresión o silla divisoria semejante a un paso que se presenta a través de sierras montañosas que han sufrido el glaciarismo.

*Coluvial. D*ícese de las acumulaciones rocosas y mantos que provienen de partes altas y deben la agrupación que se les dá al efecto de la gravedad.

Comunidad. Conjunto de poblaciones de una o varias especies de animales o plantas que ocurren naturalemente en un ambiente común.

Conglomerado. Rocas sedimentarias detríticas formadas por fragmentos más o menos redondeados.

Cono de lava. Aquel que está constituído mayormente por cuerpos de flujos de lava.

Consociación. Comunidad vegetal climácica en la cual domina una especie. Cuando esta condición se dá en etapas sucesionales distintas a la climax, entonces recibe el nombre de consocies.

Consocies. Véase consociación.

Cosmopolita. Una especie de muy amplia distribución geográfica que se extiende por lo menos a más de un continente como ocurre con el helecho *Pteridium aquilinum.*

Cráter. Depresión o cuenca volcánica subcircular de paredes abruptas que representa la abertura externa de la chimenea de un volcán y por lo común su cima.

Cretáceo o Cretácico. El último sistema geológico correspondiente a la era Mesozoica.

Crevasse. Brecha grande y profunda o también fisura en el hielo.

Cryophytia. Control discrepante del habitat por razón de la nieve o el hielo.

Cryófilo. Respuesta positiva a muy bajas temperaturas como es el caso del gusano del hielo (*Helodrilus*) que vive en la superficie de aquél.

Cuarcita. Roca metamórfica compuesta mayormente de cuarzo la cual se ha formado por el metamorfismo de la arenisca.

Cuaternario. Período o última división de la era Cenozoica que se subdivide en Pleistoceno y Holoceno.

Cuello volcánico. Masa aproximadamente cilíndrica de roca ígnea que representa el relleno en la tronera de un volcan extinguido.

Cuenca hidrográfica. Un área de la superficie terrestre que está drenada por un río y sus tributarios; prefierese la denominación "olla hidrográfica".

Cuerno (Horn). Pico alto piramidal con lados abruptos formados por las paredes de varios circos que lo interceptan.

Chasmophytia. Control ecológico discrepante relacionado con escasa acumulación de suelo en superficies rocosas agrietadas.

Chersophytia. Vegetación característica de cuelos secos. Control ecológico discrepante por razón de la tosquedad del substrato que no permite gran enraizamiento ni mayor capacidad de retención de agua. Según P. Dansereau: un lecho de gravilla, pero hay otros ejemplos.

Chert. Horsteno o roca silícea bastante pura formada parcialmente por calcedonia (mezcla de sílice cristalino y amorfo) de color gris claro o negro.

Detrito. Material fragmentario derivado de la desintegración de rocas o también de materiales orgánicos.

Devónico. Cuarto período o sistema geológico de la edad Paleozoica posterior al Silúrico y anterior al Carbonífero.

Diatomeas (tierra de). Grupo de algas unicelulares con la membrana celular silicificada; tierra de Trípoli.

Discrepante. Disconforme, diferente, desigual.

Dominancia. Preponderancia y máximo biológico representado por una o más unidades sistemáticas en una comunidad, o por un biotipo en una formación.

Dominante. Cualquiera de las estirpes que poseen mayor expansión en una población animal o vegetal o de las especies preponderantes dentro de una asociación.

Dystropepts. Suelos ácidos del Suborden Tropepts, Orden Inceptisoles, de color rojizo o pardusco de regiones intertropicales principalmente, con horizonte cámbrico, régimen údico y cuyo contenido de carbono orgánico decrece con la profundidad.

Ecología. Ciencia que trata de las interacciones entre los organismos y su ambiente o medio estacional.

Ecosistema. Unión natural que consta de partes vivientes y no vivientes que interactúan para producir un sistema estable. Sistema de organismos vivientes y del medio con el cual intercambia materia y energía (=biogeocenosis).

Ecotono. Area de transición entre dos comunidades bióticas.

Ectobiophytia. La condición de los organismos que viven en la superficie exterior de otros organismos como es el caso de las epífitas y los ectoparásitos.

Edáfico. Dícese de lo relativo al suelo.

Elfin forest. Bosquete enano de las alturas, de regular densidad.

Eluviación. Se relaciona con la remoción del material del suelo que va en suspensión o en solución desde una de las capas del mismo. Usualmente, la pérdida del material en solución se denomina lavado.

Emanación. Vapor y gas emitidos por un magma.

Endémico. Un taxon de distribución geográfica muy limitada y hasta local.

Endobiophytia. La condición de los organismos parásitos que viven, al menos en parte, en el interior de los tejidos de otros organismos.

Enhálidas. Según Font Quer, denominación ecológica general de las plantas de agua salada, que se fijan en fondos sueltos (de arena o barro). Las *enhálidas*, son, en parte, algas (*lato sensu*), y en parte, sifonógamas.

Entisoles. Orden que incluye aquellos suelos incipientes evolucionados que por lo general son suelos Azonales.

Environment (medio). Un área controlada por una conjunción particular y limitada de rasgos climáticos, edáficos y bióticos como es la de un manglar que está controlado por un clima cálido, húmedo y ventoso costero y un suelo empapado en agua salada. Evítese la expresión "medio ambiental" por ser redundante.

Eoceno. Segundo sistema o época en que se divide el Terciario, precedido por el Paleoceno y anterior al Oligoceno.

Epífita. Planta que vive sobre alguna otra planta o también sobre algún objeto inorgánico como lo es un roquedo, o un tronco, usándolos solamente como aopyo o substrato y no como medio nutritivo.

Epilimnion. La capa turbulenta superficial de un lago de la zona templada que se encuentra sobre el metalimnión, el cual no tiene estratificación térmica permanente.

Erosión. Pérdida de materiales por acción de factores climáticos, eólicos y también debidos a la gravedad y a las aguas corrientes; por ello la erosión puede ser fluvial, pluvial, eólica, glacial, etc.

Escala de superficies foliares. Una escala propuesta por el botánico Raunkiaer que corresponde a la superficie de hojas o folíolos expresada en mm^2 la cual ha tenido amplio uso en los estudios relacionados con la vegetación: 1, leptófilas: menos de 25 mm^2; 2, nanófilas: entre 25 y 225 mm^2; 3, micrófilas: entre 225 y 2.025 mm^2; 4, mesófilas: entre 2.025 y 18.225 mm^2; 5, macrófilas: entre 18.225 y 164.025 mm^2; 6, megáfilas: mayores de 164.025 mm^2.

Esclerófilo - la. Hoja de consistencia dura o coriácea debido a que en ella el esclerénquima adquiere gran desarrollo.

Eskers. Lomos o camellones sinuosos compuestos de arena y gravilla estratificada irregularmente, los cuales se presentan en el área de las morenas de fondo.

Espodosoles. Orden de los suelos que presentan un horizonte espódico donde este (*E*), es de color blanquecino, a lo cual debe su denominación.

Estratificación. La deposición de las capas o estratos de sedimentos como unidades tabulares.

Estatigrafía. El estudio de la secuencia y correlación de las rocas estratigráficas. En arqueología se utiliza también este término en la investigación del manto y el suelo.

Estratovolcán. Cono volcánico grande formado por capas de lava y detritos piroclásticos alternados, por ello se habla de un cono volcánico estratificado.

Estrías. Ranuras diminutas dejadas en superficies falladas o sobre la roca por donde se ha movido el hielo del glaciar.

Equinodermos. Phylum o tronco de animales marinos con esqueleto interno formado por placas de calcita donde se incluyen las estrellas de mar, el erizo, etc.

Esquistos. Rocas metamórficas que son el resultado del metamorfismo de minerales como el feldespato, el piroxeno y el anfíbol.

Eubioma. Bioma representado por la clímax climática.

Euclimatopo. Lugar donde el efecto del clima se manifiesta en toda su plenitud sobre la biota sin ser modificado por las características del suelo o por otros factores, tales como la frecuencia de incendios espontáneos, y donde el suelo presenta buena capacidad de agua para las plantas. En estas condiciones puede encontrarse la clímax climática, siendo por lo tanto privativo de los eubiomas.

Eulimnoplankton. Limnoplankton de los lagos y de allí la eulimnophytia.

Eutrófico. Con este término se designa el agua con buen abasto de nutrientes y por lo tanto, el de una rica producción orgánica.

Evapotranspiración. Es la evaporación combinada del agua a partir de las plantas y del suelo.

Exfoliación. Proceso por el cual se desprenden, a partir de una roca desnuda, hojas concéntricas del material.

Factor. Fuerza que determina una condición en el medio estacional o una respuesta directa de parte del organismo, como se puede anotar con el viento que es un factor en el movimiento de las masas de aire y a la vez tiene un efecto inmediato sobre las plantas.

Falla. Geológicamente equivale a la ruptura de la corteza terrestre a lo largo de la cual las rocas de un lado se han desplazado con respecto a las del opuesto.

Feldespato. Mineral constituído por silicatos de aluminio, potasio, sodio, calcio y bario.

Fen. Formación de plantas que medran en suelos muy húmedos y orgánicos, donde sobresalen arbustos y un graminoidetum local de gramíneas y ciperáceas. *Fen* también tiene un significado edafológico como un suelo orgánico eutrófico.

Fenología. Es el estudio de los fenómenos estacionales de la vida animal y vegetal y sus relaciones con el clima, como puede servir de ejemplo el momento del florecimiento de las plantas.

Firn. Nieve granular compactada, a la cual también se le llama *névé.*

Fisiografía. Descripción de la Tierra y de los fenómenos que en ella se producen.

Fisionomía. En el estudio de la vegetación, trátase del conjunto de rasgos de la misma según las formas biológicas o biotipos de sus componenetes. Sin. de fisonomía y fisiognomía.

Fitogeografía. Es el estudio de la distribución geográfica de las plantas.

Fitoplankton. Es la porción vegetal del plankton.

Fluvioglacial. Equivalente a glaciofluvial.

Formación. Denomínase formación vegetal a la comunidad vegetal caracterizada según el biotipo o forma biológica dominante y, por lo tanto, definida conforme a un criterio fisionómico. En Geología, la formación geológica anota al conjunto de estratos semejantes por su composición mineral, estructura y disposición, o por los fósiles presentes.

Fotosíntesis. Síntesis de los hidratos de carbono a partir del CO_2 con el concurso de la luz como fuente de energía; una característica de las plantas que poseen clorofila.

Freatoficia. Equivalente a Phreatophytia.

Frígido. Régimen de temperatura del suelo en el cual la media anual es menor de 8°C. Dada la escasa variabilidad de las temperaturas medias mensuales a través del año, en los Páramos el régimen viene a ser isofrígido.

Fruticeto. Simorfia compuesta por frútices o arbustos, o un conjunto de vegetación en que éstos dominan.

Fumarola. Un respiradero en las áreas volcánicas por donde salen gases y humos.

Geobotánica. Según Font Quer, es la ciencia de la relación entre el medio terrestre y la vida vegetal, o también, la ciencia que estudia el habitáculo de las plantas en la superficie terrestre.

Gélido. Término que se aplica al piso térmico situado entre los 3.000 m de alt. y las nieves perpetuas.

Gelifluxión. Es la solifluxión producida bajo la acción del hielo.

Gelifracción. Fragmentación de rocas coherentes bajo el efecto de las alternancias del hielo y el deshielo y del agua contenida en sus fisuras. Sin. Gelivación, crioclastia.

Geocronología. El estudio de la sucesión de eventos meteorológicos y biológicos en el tiempo.

Geomorfología. Ciencia que trata del orígen, el desarrollo y la formación del relieve terrestre.

Geosinclinal. Cuenca en la cual se han acumulado gran cantidad de sedimentos con el consiguiente hundimiento progresivo del fondo de la misma.

Glaciación. Período en el que, bajo condiciones climáticas glaciales se facilitó la acumulación y extensión de las masas de hielo (glaciares). Una glaciación coincide con un período glacial o de enfriamiento.

Glaciaciones. Período de enfriamiento del globo terráqueo y de la extensión de glaciares. Durante el Cuaternario se sucedieron varias glaciaciones separadas por calentamientos que han sido llamados Interglaciales. En Europa Central las fases de extensión y retroceso de los glaciares alpinos se han puesto en evidencia por los nombres de afluentes del Danubio: Günz, Mindel, Riss y Würm. Los interglaciares correspondientes se denominaban así: Günz-Mindel, Mindel-Riss y Riss-Würm. En la parte septentrional de Europa, las tres últimas glaciaciones corresponden a las de Elster, Saale y Vístula. En América del Norte se han constatado cuatro glaciaciones que han recibido los nombres de Nebraska, Kansas, Illinois y Wisconsin.

Glacial. Relativo al hielo, a los glaciares y a las fases climáticas caracterizadas por un pronunciado descenso de la temperatura ambiente y el incremento de los glaciares, casquetes de hielo y nieves perpetuas.

Glacial (acanaladura). Surco profundo y ancho, usualmente recto y cortado en la roca madre por la acción abrasiva de un fragmento rocoso incrustado en el fondo de un glaciar en movimiento; es mayor y más profundo que una estría glacial y puede ir en tamaño desde una profunda ranura hasta un valle del mismo orígen.

Glacial (artesa). Profundo valle en "U" de lados casi verticales y piso ligeramente inclinado con gradas que proviene de un circo y ha sido excavado generalmente por un glaciar de tipo alpino profundizando y enderezando un valle aluvial preexistente.

Glacial (arroyo). Se refiere a un flujo de agua que es abastecido por el hielo del glaciar.

Glacial (cañón). El cañón erodado por un glaciar que usualmente ocupa el trayecto de un antiguo valle fluvial y ahora tiene un perfil en forma de "U".

Glacial (cuenca glacial). Cuenca rocosa causada por la erosión del piso de un valle glacial.

Glacial (depósito). Equivale al llamado *drift* glacial.

Glacial (de roca). Llamado también talus glaciar que es una masa en forma de lengua constituída por bloques rocosos angulosos que se movilizan lentamente desde lo alto con ayuda de hielo intersticial.

Glacial (despojos). Equivalente a *drift* glacial o a escombro glacial.

Glacial (drenaje). 1. El sistema de flujo de hielo glaciar. 2. El sistema de las corrientes de deshielo que fluyen de un glaciar.

Glacial (drift). Término general usado para el *drift* transportado por glaciares o *icebergs* depositados directamente sobre el suelo o en el mar. El *drift* fluvioglacial es sinónimo de depósito glacial o escombro glacial.

Glacial (época). Cualquier parte del tiempo geológico desde el Precámbrico, en el cual el clima fue notablemente más frío en ambos hemisferios y se caracterizó por la dispersión de glaciares con movimiento hacia el ecuador cubriendo un área mayor, mucho más grande que la actual; específicamente, la *época glacial*, o la última de las épocas glaciales conocida también como época pleistocénica o Pleistoceno. Sin. *período glacial; edad del hielo; época del drift.*

Glacial (erosión). Tipo de erosión que muele, forma cauce, surca, acanala arrancando, raya y pule con ayuda del movimiento del cuerpo del hielo del glaciar armado de fragmentos rocosos incrustados en él y ayudado con la acción erosiva de los arroyos de deshielo.

Glacial (estadio). Subdivisión mayor de una época glacial que tiene en cuenta alguno de los ciclos de crecimiento y desaparición de las capas de hielo del Pleistoceno, como por ejemplo el estadio glacial Wisconsin.

Glacial (harina). Sin. de harina de roca.

Glacial (lagos). 1. Aquel que deriva la mayor parte de su agua de deshielo de un glaciar. 2. El lago que ocupa una cuenca producida por despojos de algún glaciar como aquel que ha sido formado por el represamiento de alguna morena. 3. Un lago que ocupa la cuenca producida en la roca madre por la erosión glacial como es el caso del fondo de un circo. 4. El que ocupa una cuenca ocasionada por el colapso de materiales de despojo que encajan masas considerables de hielo estancado.

Glacial (linderos). Los que demarcan la posición ocupada por el hielo en una región dada o durante algún estadio glacial por el margen inferior de una capa de hielo, lo cual se puede extender más allá de la morena terminal.

Glacial (máximo). Se relaciona con el tiempo o posición del mayor avance de un glaciar o glaciares como pudo ocurrir en la mayor extensión de la glaciación del Pleistoceno. Sin. límite de glaciación. Ant. mínimo glacial.

Glacial (mínimo). El tiempo o la posición del mayor retroceso de un glaciar. Ant. máximo glacial.

Glacial (pavimento). Superficie rocosa más o menos aplanada, pulida, estriada y relativamente suave, producida por la abrasión glacial.

Glacial (período). 1. Sin. de *época glacial*; especif. el *Período Glacial* se conoce también con el nombre de Epoca Pleistocénica, no siendo estrictamente correcto el uso de este término, porque los intervalos glaciales durante la historia de la Tierra no fueron o tuvieron el rango de período, sino de una menor duración. 2. Un *período* geológico tal como el Período Cuaternario abarcó un intervalo de tiempo marcado por un avance mayor de los hielos.

Glacial (planicie). Aquella formada por la acción directa del mismo hielo glaciar; a menudo la mencionamos como pranicie de despojos o *outwash plain.*

Glacial (pulimento). La superficie pulida de una roca por la abrasión glacial.

Glacial (till). Material de acarreo del glaciar, no estratificado.

Glacial (valle). Aquel con forma de "U" que muestra signos de erosión glacial y tiene los lados casi verticales; también un valle que ha sido modificado por la presencia anterior de un glaciar.

Glaciología. Ciencia que estudia sistemáticamente los heleros y las glaciaciones a través de las investigaciones glaciológicas.

Glaciar. Masa de hielo formada por la acumulación y cristalización de la nieve que fluye o ha fluído alguna vez hacia adelante como un río muy lento bajo la influencia de la fuerza de gravedad. Sin. ventisquero, nevero.

Glaciokarst. Una región caliza que ha sufrido glaciarismo y que posee características kársticas y de glaciación.

Gleyización. Proceso de formación de suelos bajo condiciones climáticas más bien frías y drenaje impedido donde se forma un horizonte falto de estructura que contiene compuestos reducidos de hierro en el fondo y frecuentemente turba superficial como sucede en algunos suelos de la tundra. Sin embargo, la gleyización también se observa en regiones cálidas.

Gneis o neis. Roca metamórfica foliada de grano grueso que generalmente se forma por metamorfismo del granito.

Granito. Roca ignea cristalina de grano grueso en la que predominan los minerales de color claro y está constituída por casi 50% de ortoclasa, 25% de cuarzo y el resto de feldespatos alcalinos.

Günz (glaciación de). Período glacial europeo del Pleistoceno medio comprendido aproximadamente entre 650.000 y 500.000 años, al que sucede el Interglacial Günz-Mindel.

Gyttja. Sedimento típico de fondo de lagos aireados; término sueco.

Habitat. El lugar o área que ocupa una especie. Sin. habitáculo.

Halohydrophytia. Vegetación de ambientes total o parcialmente acuáticos, salinos o salobres.

Hekistotérmico (clima). Caracterizado por temperaturas muy bajas.

Helophytia. Control ecológico discrepante por fluctuaciones en el nivel del agua, como es el caso de algunos pantanos.

Helostadium. Según Font Quer, expresión greco-latina neutra, masculina en castellano, aplicada a la vegetación y especies que la componen, en que la parte inferior arraiga en un fondo sumergido, mientras que la superior emerge y se eleva en el aire como cualquier elemento de la vegetación pezofítica, siendo su flora muy variada.

Hepáticas. Clase de plantas verdes pertenecientes a la división Briófitos o Bryophyta.

Hidrografía. Ciencia de localización y caracterización de las aguas incluyendo las marinas.

Hidrología. Ciencia que estudia las propiedades, circulación y distribución de las aguas.

Hielo. Agua solidificada por la acción del frío.

Hielo muerto. Hielo residual, inmóvil, que persiste en una depresión o en el borde de un glaciar, como se dice que existe en el volcán Cumbal.

Histosoles. Orden de suelos desarrollados sobre materiales orgánicos en estaciones turbosas.

Holoceno. División del Cuaternario que se inicia con el receso del Wisconsiniano o Würm, hace unos 10.000 años.

Homeotérmico. Un animal cuya temperatura interna del cuerpo no varía, como es el caso de la mayoría de los mamíferos.

Horizonte (del suelo). En Pedagogía, cada una de las capas de suelos que se encuentran más o menos paralelas a la superficie terrestre y que han sido formadas mediante los procesos pedogéneticos.

Hydrophytia. Según Font Quer, expresión latina aplicada por H. Del Villar para expresar la vegetación propia de un medio acuático, en todo o en parte. Se divide, por este concepto, en Holohydrophytia, para la vegetación cuyo medio es exclusivamente el agua o el suelo sumergido, no entrando en contacto con el aire, sino, todo lo más en la superficie líquida; y Helophytia, vegetación anfíbia, característica de lagos o pantanos, compuesta de plantas que arraigan en el fondo sumergido, atraviesan con su tallo la masa acuática, y desarrollan sus hojas, flores y frutos en el medio aéreo, como ocurre, con la cola de gato o *Typha.*

Hydrosaprophytia. Según el autor anterior, expresión latina que en la clasificación ecológica constituye una de las divisiones de la *Saprophytia.*

Hydrostadium. Según el autor anterior, indica el *stadium* de la *Holohydrophytia* en general, pudiendo referirse a la *Halohydrophytia* (aguas saladas) o a la *Limnophytia* (aguas dulces). El primero comprende: *nereidas*, que aquí son *halonereidas*, fijas en fondos de roca viva; y *enhalidas*, que se fijan en fondos sueltos. Y el de la Limnophytia, paralelamente: *nereidas*, aquí *limnonereidas*, fijas en fondos de roca, y *limneas*, fijas en fondos sueltos.

Hydrothermophytia. Según el autor anterior corresponde a un medio total o parcialmente acuático, con discrepancia dominante del factor térmico por exceso. Esta vegetación es la de las aguas termales y solo en sus límites inferiores llega a contener fanerógamas. En el resto se compone exclusivamente de esquizofíceas, diatomeas, acaso alguna alga de otros grupos, y esquizomicetes, entre ellos sulfobacterios y ferrobacterios.

Hygrophorbium. Según el autor anterior, palabra empleada por Diels para referirse a una *hygrophytia* de los prados turbosos o bajas turberas.

Hygrosphagnium. Según el autor anterior, término empleado por Diels (1908 - 1910) para referirse a la *hygrophytia* de la alta turbera.

Hypolimnium. La capa inferior de agua fría de un lago que se presenta comúnmente durante la estratificación del mismo, en verano y principalmente en la zona templada.

Igneo. En geología, rocas ígneas son las que se derivan del magma y pueden ser extrusivas cuando aquél se solidifica en la superficie terrestre, o intrusivas cuando el magma fundido ha penetrado en las rocas preexistentes.

Ignimbrita. Cualquier roca formada por un flujo de cenizas volcánicas.

Interestadial. Entre dos estadios.

Interglacial. Díceses de los períodos o fases climáticas relativamente cálidos que alternan con períodos fríos o glaciales.

Interestadio. Recalentamiento pasajero del clima durante una glaciación.

Interpluvioglacial. (Véase Pluvioglacial e Interglacial).

Isofrígido. Régimen isotérmico de temperatura del suelo en el que la media anual es menor de 8ºC.

Jardín. Terreno, según Font Quer, en donde se cultivan plantas deleitosas por sus flores, matices o fragancias y que suele adornarse además con árboles o arbustos de sombra, fuentes, etc.

Jurácico. Sistema de rocas de la era Mesozoica, posterior al Triásico y anterior al Cretáceo.

Kame. Colina cónica de *drift* estratificado y depositado en forma de cono aluvial o abanico, frente al margen de una capa de hielo y todo ello por un arroyo de deshielo.

Kame (terraza). Una terraza que se presenta a lo largo de un valle glacial formada a partir de *drift* estratificado.

Karst. Topografía ruiniforme de oquedades y cavernas que se desarrolla principalmente en rocas calizas.

Kettle. Depresión producida en una capa de despojos glaciares o *drift* que resulta del deshielo de una masa considerable de agua congelada que había sido enterrada parcial o totalmente en el *drift.*

Lago (distrófico). El lago de un *bog* cuyas aguas se enturbian con materiales halógenos que se han resumido en él; éstos son muy pobres en flora y fauna.

Lapilli. Ejectamenta volcánica que va en dimensión desde 4 hasta 32 mm de diámetro.

Lava. Material de roca fluída que sale de un volcán o de una fisura en la corteza terrestre; también, el magma que alcanza la superficie.

Leche (glaciar). Corriente turbia de agua blanquecina de deshielo que contiene harina de roca en suspensión. Sin. leche glacial.

Léntico (medio). Aguas quietas como charcas y lagos; también quiere decir, que fluye lentamente.

Lignito. Carbón pardo de bajo rango con aspecto de madera.

Limnología. El estudio de las aguas interiores.

Limnophytia. Control armónico del habitat por razón de una sumersión constante como en los lagos.

Limophytia freática. (Véase *Phreatophytia).*

Línea de los árboles. Línea imaginaria en una región montañosa por encima de la cual, por lo regular no crecen árboles debido a las condiciones ecológicas determinadas por la altitud, la latitud y la exposición a los rayos solares.

Línea de las nieves. Límite inferior que en una región alcanza el lindero de las nieves perpetuas.

Líquen. Clase de plantas talófitas, organismos duales, producto de la asociación simbiótica de dos plantas, un hongo y una alga.

Lithophytia. Control ecológico discrepante por razón de la solidez de la superficie de las rocas sin fracturas como puede suceder en los bloques rocosos enteros y en los domos de granito que solamente albergan líquenes.

Litófito. Plantas propias de suelos físicamente secos, las cuales se fijan o arraigan en rocas compactas como son los líquenes y algunos musgos.

Loess. Agregado de pequeños fragmentos minerales, angulares y comúnmente de color gris que se encuentran sin consolidar ni estratificar y pueden formar suelos fértiles. Este es un material depositado por el viento que generalmente proviene de campos de glaciación y cubren el terreno preexistente como sucede probablemente en los alrededores de Bogotá y Tunja en entornos favorables. No debe confundirse con la ceniza volcánica.

Lutita. Roca sedimentaria integrada por partículas de limo, arcilla, cuarzo, feldespato, calcita, dolomita y otros minerales que sirven como material parental en la formación de suelos de textura fina.

Llanos. Según Font Quer, nombre propio y expresión geográfica que se aplica a las grandes llanuras que se extienden en Venezuela entre la región andina al N y NW y la orilla izquierda del Orinoco, prolongándose también al W en Colombia, entre los Andes y los bosques amazónicos, correspondiendo su vegetación al grupo de las sabanas.

Llanura. Superficie de terreno llano.

Macroclima. Clima regional.

Magma. Material rocoso fluído y caliente que se genera dentro de la tierra y puede intruir cuerpos de roca o salir a la superficie. Cuando este material se enfría y se solidifica origina rocas ígneas.

Manantial (termal). Un manantial cuyas aguas brotan naturalmente a una temperatura superior a la del cuerpo humano.

Margen proglaciar. Borde de un glaciar donde ocurren procesos específicos, como es la acumulación de los materiales rocosos que abandonan el glaciar en sus retrocesos, la fusión del hielo y la salida de corrientes de aguas subglaciares.

Mastodonte. Género de mamíferos fósiles que, como los elefantes, pertenecen a la familia de los Proboscidios.

Maestrichtiano. Piso geológico más reciente del sistema Cretácico.

Medio estacional. Equivale a "medio ambiente"; esta expresión no debe usarse por ser redundante.

Mesa de glaciar. Hace referencia a un gran bloque de piedra soportado por una columna de hielo en la superficie de un glaciar.

Mesolítico. Fase tecno-económica ubicada entre el Paleolítico superior y el Neolítico y que marca el paso de una economía de cacería a otra agrícola. Las primeras culturas Mesolíticas y las más evolucionadas se encuentran en el cercano Oriente, como son las muelas de piedra de una edad aproximada de 10.500 años A.C. de Shanidar, en Irak.

Mesozoica. Era geológica constituída por los sistemas Tríasico, Jurásico y Cretacico.

Metamorfismo. Proceso de transformación de rocas preexistentes hacia nuevos tipos por efecto de altas temperaturas, presiones y tensiones y por la penetración de líquidos químicamente activos.

Meteorización. Proceso por el cual minerales y rocas de la superficie terrestre o bien próximas a ella cambian desde sus estados relativamente compactos a otros más dispersos. Este proceso puede ser mecánico, por el cual las rocas se dividen en fragmentos menores por efecto de la dilatación y la contracción vg: gelifracción y efectos producidos por la gravedad; o químicos, por oxidación, hidrólisis, hidratación, etc.

Microclima. Sucesión de condiciones atmósfericas que se miden dentro de un tipo de vegetación, entre las piedras o en el suelo; es decir, la meterología practicada a diferentes niveles por debajo o por encima del suelo en un sitio.

Mindel. (glaciación de). Glaciación del Pleistoceno medio comprendida entre 400.000 y 300.000 (?) años, a la cual le sucedió el Interglacial de Mindel-Riss.

Mioceno. Era geológica del Terciario inferior de entre 27 y 12 millones de años aproximadamente, cuando tuvo lugar una fuerte evolución de los rumiantes, siendo importante además por lo que se relaciona con los ancestros de los antropoides actuales y del hombre.

Modelado. Conjunto de formas de la superficie terrestre que son el resultado de la acción del aire, el agua, el hielo y también la acción antropógena sobre el paisaje.

Molino (moulin). Depresión circular en la superficie de un glaciar y el hoyo subyacente por donde se sumerge el agua de deshielo.

Morfogénesis. Integración de las formas del terreno por la acción de los agentes agua, aire y hielo principalmente, sin olvidar la orogénesis y el volcanismo.

Morena o morrena. Depósitos de materiales acarreados por los agentes de la erosión glaciar que se forman al lado de los glaciares (morenas laterales), donde estos concluyen (morenas medias), en el fondo de los glaciares (morenas de fondo) o en el extremo inferior del glaciar donde el hielo se descongela (morenas terminales).

Muck. Substancia orgánica mixta semejante a la turba pero con un contenido mayor de minerales de suelo.

Muskeg. Pantano o *bog* cubierto de musgos que en ciertos países ocupa grandes extensiones.

Nectarívoro. Animal que se alimenta de néctar como los colibríes y algunos murciélagos de los páramos y bosquetes vecinos.

Nekton. Entre los animales de agua dulce, estos son los poderosos nadadores que son capaces de moverse voluntariamente de un lugar a otro.

Neolítico. Fase del desarrollo económico, técnico y social de las sociedades humanas entre 7.000 y 2.000 años A.C. aproximadamente, durante el cual aparecieron la ganadería y la agricultura.

Névé. Nieve convertida en hielo granular a la cual también se le llama firn.

Neuston. Es la comunidad instalada en la película superficial del agua.

Nieve. Precipitación del vapor de agua atmosférica en forma de cristales de hielo que se forman al pasar directamente el vapor de agua del estado gaseoso al estado sólido.

Numatak. Saliente rocosa que se proyecta sobre la superficie de un campo de nieve permanente o de hielo.

Oligoceno. Epoca o subdivisión del período Terciario, posterior al Eoceno y anterior al Mioceno.

Oligotrófico. Aquí se hace referencia a un lago de aguas claras que contiene poco plankton, es profundo y frío y tiene poca estratificación térmica en la zona templada; alberga además una flora más bien pobre, lo mismo que su fauna.

Oligótrofo. Dícese de las especies o comunidades que prosperan en medios pobres en substancias asimilables donde se hace especial referencia al nitrógeno.

Ordoviciano u Ordovícico. Sistema de rocas de la edad Paleozoica inmediatamente posterior al Cámbrico y anterior al Silúrico.

Orocotono. Comunidad o comunidades con características intermedias entre dos orobiomas sucesivos.

Orogenia u Orogénesis. Proceso mediante el cual se desarrollan las estructuras de las montañas.

Orthents. Suborden de suelo del Orden Entisoles que se forman sobre superficies de erosión reciente y que por lo regular son superficiales (menos de 25 cm.); no tienen horizontes diagnósticos desarrollados y se encuentran por lo general en las pendientes.

Outwash. Acarreo glaciar estratificado y depositado por los arroyos de deshielo que se encuentra más allá del margen glaciar.

Oxihúmico. Calificativo tipológico en el cual el humus es ácido y por lo tanto muy soluble y fácilmente lavable.

Oxyhydrophytia. Según Font Quer, ésta corresponde a un medio total o parcialmente acuático, con discrepancia en el factor químico, por exceso de acidez. El ejemplo más típico es la alta turbera, o sea, la de esp. del gen. *Sphagnum*, a la que puede acompañar una vegetación más o menos compleja de otros musgos, herbetum y lignetum, pudiendo éste llegar hasta el arboretum. También *Oxhydrophytia.*

Oxyphytia. Control discrepante del habitat por acidez excesiva del substrato como son las turberas y los llamados *bogs.* Sin. *Oxypezophytia.*

Paleoceno. Período o época geológica con que se inicia el Terciario; en realidad es su espacio de tiempo más antiguo que debutó hace unos 70 millones de años y duró unos 10. En el Paleoceno se sitúa el origen de los primates.

Paleoclimatología. El estudio de los climas del pasado.

Paleoecología. Estudia las relaciones de floras y faunas pasadas con su entorno inmediato.

Paleoindio. Período o fase cultural en América que corresponde a sus primeros pobladores nómadas o seminómadas que dependían de la caza, la pesca, y la recolección de bulbos, raíces, etc. para su subsistencia.

Paleolítico. Edad de la piedra tallada que abarcó gran parte del Cuaternario y que hoy se divide en Paleolítico inferior, Paleolítico medio y Paleolítico superior, en donde aparece el *Homo Sapiens.*

Paleontología. Ciencia que estudia los grupos de plantas (paleobotánica o fitopaleontología) y de animales (paleozoología o zoopaleontología) de épocas geológicas pretéritas.

Palinología. Parte de la botánica dedicada al estudio del polen y, en sentido amplio, al de las esporas.

Páramo. Según P. Fon Quer, voz castellana cuyo significado es el de "llanura amesetada". En los Andes húmedos que van desde Venezuela hasta el extremo N del Perú, se llama así a las elevadas altiplanicies de la cordillera, por encima de los bosques intertropicales, caracterizada por un tipo especial de vegetación; son vicariantes de las punas (cf.) de los Andes secos que van del Perú a la Argentina y Chile. A pesar de que los *páramos* representan un medio húmedo por sus frecuentes lluvias y nieves, su vegetación ofrece caracteres xerofíticos. Es una xerofitia de altitud y acidez análoga a la de los brezales de montaña en el norte de Europa. Su vegetación dominante es abierta y muchas de las plantas llevan hojas de tipo pinoide, cupresoide o juncoide, o son muy tomentosas; y son frecuentes en muchas comarcas las especies de porte almohadillado. Su flora se compone, en parte de géneros comunes con Europa, como *Poa, Hordeum, Anemone, Draba, Alchemilla, Lupinus, Gentiana, Senecio,* etc. A diferencia de lo que ocurre en las punas, faltan en cambio las cactáceas.

Paranthropophytia. Control ecológico discrepante debido a la interferencia inmediata y usualmente continua del hombre en sus campos de cultivo, vías, etc.

Parque (vegetación de). Una formación de árboles regularmente espaciados holgadamente en que puede servir de ejemplo el robledal del Monte Diablo en California *(Parkland).*

Paúl. Extensión de tierra inculta, elevada y cubierta de brezos.

Pedobioma. Bioma cuyas características se encuentran relacionadas principalmente con los factores edáficos o sea del suelo.

Pedología. Ciencia del suelo.

Peinobioma. Este término se aplica a los biomas cuyos suelos tienen pronunciada deficiencia de nutrientes.

Pérfil del suelo. Sucesión de horizontes que aparecen expuestos en un corte vertical a través del suelo hasta la base del material parental.

Pergélico. Régimen de temperatura del suelo en el que la media anual es menor de 0ºC.

Periglacial. Dícese de los efectos y fenómenos propios que se presentan en las inmediaciones de los glaciares.

Permafrost. Suelo permanentemente congelado de la tundra y de algunas montañas de la zona templada.

Pérmico o Permiano. El último de los sistemas de rocas con que culmina la edad Paleozoica.

Petrophytia. Control ecológico discrepante por razón de la excesiva dureza del sitio (véase *Lithophytia, Chasmophytia, Chersophytia).*

Phreatophytia. Según Inderena, aplicase a la vegetación propia de vegas u orillas de cursos de agua o depresiones, para la cual no hay escasez de agua inclusive durante los meses más secos debido a la disponibilidad freática o subterránea de ésta. Termino creado por M.Del Llano.

– *phytia.* Sufijo que indica una adaptación fisiológica predominante; también = planta.

Pico. Cúspide aguda de una montaña.

Pipkrake. Agujas de hielo que alcanzan algunos centímetros de longitud y se forman en materiales edáficos sueltos y húmedos en el piso periglaciar como resultado de la congelación del agua durante la noche.

Piroclástico. Dícese de las rocas que se consolidan a partir de fragmentos sólidos lanzados por los volcanes y que incluyen: cenizas que constan de partículas diminutas a simple vista; tobas que contienen fragmentos más o menos redondeados incluídos dentro de cenizas; aglomerados que están formados por trozos más grandes de rocas volcánicas mezclados con bloques y fragmentos angulares de las rocas circundantes no volcánicas. Si estas últimas predominan, el aglomerado se denomina brecha volcánica.

Planicie perforada (pitted plain). Planicie de acarreo glaciar que muestra perforaciones *(kettles).*

Plankton. Plantas y animales microscópicos en suspensión en el agua, como pueden ser algas y crustáceos.

Pleistoceno. Este abarca desde cerca de 3 millones de años hasta unos 100.000 años A.C., comprendiendo el principio y gran parte de la era Cuaternaria.

Plioceno. Epoca o período final del Terciario que estuvo precedido por el Mioceno.

Plutón. Cuerpo de roca ígnea que se forma debajo de la superficie terrestre por consolidación de un magma.

Pluvial. Lluvioso, alusivo a la precipitación.

Pluviales. Fases climáticas del Cuaternario durante las cuales las regiones tropicales recibieron precipitaciones copiosas. Estas fases pluviales han estado separadas por períodos pobres en lluvias denominados interpluviales.

Pluvioglacial. Término aplicado a los períodos glaciales en el supuesto de que correspondan a notables incrementos de la pluviosidad; en vista de ello, los períodos o fases pluvioglaciales alternarían con períodos interpluvioglaciales.

Podsolización. Proceso de formación de suelos que en último término da origen a un verdadero podsol.

Poiquilotérmico. Denota relación con "animales de sangre fría", organismos que no tienen mecanismos de regulación térmica de rápida operación; este término puede compararse con el de homeotérmico que indica relación con los animales de "sangre caliente" que regulan su temperatura corporal.

Postglacial. Período climático que corresponde al establecimiento de condiciones templadas en Europa después de la última glaciación. En la Europa septentrional el postglacial se subdivide en cinco fases: Proboreal, Boreal, Atlántico, Sub-boreal y Sub-atlántico. Al principio del Postglacial se desarrollaron en Europa culturas epipaleolíticas, mientras que durante la fase Atlántica, los bosques ganaron extensos espacios mientras se marchitaban las culturas neolíticas. El advenimiento de la metalurgía del bronce en Europa, es contemporánea del Sub-boreal.

Potemoplankton. El "verdadero" plankton de corriente en los grandes ríos el cual forma su comunidad propia en forma independiente de tributarios y aguas que ocupan la planicie fluvial.

Primaria (producción). La producción de materia orgánica a partir de materiales inorgánicos durante cierto período de tiempo y realizada por organismos autotróficos con ayuda de la energía radiante.

Profundal. La región profunda de un cuerpo de agua por debajo de límite del crecimiento vegetal que se encuentra controlado por la luz solar.

Proglaciar. Califica todo fenómeno observable por fuera de un frente glaciar y cuya existencia está controlada por éste. Término general que agrupa lo fluvioglaciar, lo glaciovolcánico, lo glaciofluvial.

Pteridófitos. Según Font Quer, subdivisión de las arquegoniadas caracterizadas por el gametófito taloide, el protalo y por el esporófito de tipo cormofítico, diferenciado en tallo, hojas y raices auténticas, endógenas.

Quartzipsamments. Suelos poco evolucionados derivados de arena cuarcítica de grano grueso o medio, con poca capacidad de rentención de agua.

Quasiclimax. Fase de sucesión muy cercana a la climax dede el punto de vista estructural y aún florístico pero sin presentar la misma estabilidad.

Querso - quers. Prefijo derivado del griego que significa tierra seca, áspera y desértica.

Quersofítico, ca. Perteneneciente o relativo a los quersófitos.

Quersófito. Según Font Quer, en la clasificación ecológica de Warming (1909), los quersófitos son las plantas acomodadas a suelos secos, independientemente del clima, y sin que sean precisamente de roca ni de arena. Corresponde a la *chersophytia* de H. del Villar.

Rankeriforme (suelo). Suelo pobre en caliza, cuyo horizonte de humus descansa inmediatamente sobre el material de partida que consiste, por regla general, en rocas silíceas o de silicatos pobres en calcio. Son suelos A C sobre rocas pobres en caliza.

Regional. Area geográfica que se puede considerar subdivisión de una provincia y que coincide a grandes rasgos con una zona climática de vegetación climax.

Ripario. Dícese de la vegetación que crece en la orilla misma de los ríos y otras corrientes o masas de agua.

Riss (glaciación de). Penúltima glaciación alpina del Cuaternario que duró 80.000 años y debutó hace unos 200.000. En el norte de Europa está representada por la glaciación de la Saale y en América por la de Illinois. A la glaciación Riss sucedió el Interglacial Riss-Würm (Cuaternario).

Rocas aborregadas. Rocas redondeadas y alizadas por la abrasión de un glaciar. Sin. *roche moutonnée.*

Roca madre. La que da origen al manto de descomposición de los suelos residuales.

Rodal. Según Inderena, grupo de árboles o plantas que dentro de una formación o comunidad vegetal se singulariza por las especies que lo componen, su fisionomía, su desarrollo, etc.

Ruderal. Según Font Quer, del Lat. *rudus, - eris,* que significa ruinas, escombros. En geobotánica, calificativo que se aplica a una gran parte de la *parantropophytia* y a los medios respectivos: *vegetación ruderal, estaciones ruderales.* En general, comprende los medios o estaciones creados por la habitación humana y construcciones anejas. Uno de los caracteres de este medio, en cuanto al suelo, es frecuentemente la elevada proprción de nitrógeno; por lo cual muchas de las especies que constituyen la flora ruderal son plantas de las llamadas nitrófilas. La vegetación urbana, que crece en las calles, sobre las tapias, en los tejados, etc., y la vegetación de las ruinas y de los amontonamientos de minerales, cascote, tierras removidas y otros materiales análogos, son ejemplos típicos de vegetación ruderal . . . En los autores se encuentran las estaciones *viarias y arvenses,* ya incluídas, como tipos especiales en el gran grupo ruderal, ya consideradas como apartes de éste.

Rupestre. Perteneciente o relativo a la roca: líquenes rupestres. Cf. *rupícola, saxícola.*

Rupícola. Hace referencia al vegetal que se cría en los peñascos; rupestre. Cf. *fisurícola, saxícola.* Cuando arraiga exclusivamente o casi exclusivamente en las fisuras de los peñascos es preferible decir *fisurícola.*

Saprist. Suborden de los suelos del Orden Histosoles que se encuentran saturados de agua durante seis meses o más y tienen alto contenido de fibras vegetales muy descompuestas.

Sapropel o sapropelo. Según P. Font Quer, tipo de suelos sublacustre que se forma sobre las partes profundas de los lagos muy eutróficos y, en general de las aguas sobre cuyo fondo escasea o falta el oxígeno. Aunque no siempre suele resultar de la elaboración natural de la *förna*. Negro, raramente pardusco, amorfo, grumoso, pegajoso y alguna vez grasiento; siempre con producción de ácido sulfhídrico.

Sedimento. Material transportado en suspensión por agua o corrientes de aire el cual tiende a depositarse por efecto de la gravedad.

Serclimax. Según P. Font Quer, en el léxico de los geobotánicos norteamericanos, etapa poco avanzada de la sucesión, que, sin embargo, se mantiene indefinidamente, sin transformarse por razones particulares.

Serial. En la nomenclatura sucesionista de Clements, denominación común aplicada a todas las asociaciones que no son climax, sino priseriales (etapas anteriores a la climax, en la progresión hacia ésta) o subseriales (etapas posteriores a la destrucción de la climax, y por tanto, de una serie secundaria). Se designa a aquellas con terminaciones en *- ies: associes, consocies, socies, gregies, cumulies, sporadies.*

Serie. Según Font Quer, en geobotánica, la escuela sucesionista de Clements dá el nombre de serie a la concatenación de sinecias que se suceden desde la inicial, en el medio primordial, hasta el climax, en el medio óptimo. Se clasifican según la naturaleza del medio primordial del que la serie hace parte; por ej. en *xeroserie, hidroserie, litoserie, haloserie,* según que el medio primordial sea seco (respecto del más húmedo de la climax), acuático, rocoso o lítico, o salino.

Seston. Según el autor anterior, parte sólida que se obtiene por centrifugación o filtración del agua marina o continental. En el seston se halla una parte formada por organismos, el plancton; y una parte formada por detritos y partículas minerales, el tripton o abioseston.

Shales. Rocas laminares metamórficas constituídas por partículas del tamaño de la arcilla.

Simbiosis. En su sentido prístino, vida en común de dos o más organismos en el sentido biólogico. También, modo de vida en que dos organismos de diferente especie viven en asociación íntima. Dependiendo de la naturaleza o de la asociación se designa entonces la relación como mutualismo, comensalismo, parasitismo.

Silúrico o Siluriano. Según Inderena, sistema de rocas de la edad Paleozoica posterior al Ordovícico y anterior al Devónico.

Simorfia. Conjunto de especies que dentro de una misma comunidad vegetal comparten el mismo biotipo o forma biológica.

Sinecio, cia. Según H. Del Villar, denominación de la unidad más general de la colectividad vegetal, y definido, "una cohabitación botánica individualizada", entendiéndose por cohabitación en este sentido, "habitación de una suma de individuos vegetales en un medio exterior".

Sinusia. Comunidad vegetal constituída por especies pertenecientes a un biotipo determinado con exigencias ecológicas uniformes.

Sitio. Una combinación de rasgos del medio que incluye: roca madre, drenaje, madurez del suelo, exposición y pendientes, sin incluír la cubierta vegetal.

Sitio (tipo). Una unidad ecosistemática definida por sus especies indicadoras vg. el sitio-tipo encontrado en Finlandia que corresponde al bosque con *Cornus - Oxalis.*

Solifluxión. Movimientos de la masa del suelo que se llevan a cabo por congelación y deshielo en forma alternada.

Solum. Parte del suelo en que se relacionan la parte orgánica y la inorgánica.

Subclimax. Una fase de sucesión ocupada por asociaciones que tienen una estructura algo cercana a la de la climax pero que son incapaces de perpetuarse en el mismo sitio.

Subhygrophytia. Vegetación terrestre perennifolia de climas húmedos donde se alcanza a insinuar una temporada seca poco pronunciada en que se nota ligera deficiencia de agua disponible para la vegetación y aparece alguna defoliación.

Subxerophytia. La precipitación es menor que la evapotranspiración y los efectos de la sequía temporal no son muy pronunciados.

Sucesión. El proceso por el cual una comunidad vegetal invade y eventualmente reemplaza a otra como puede suceder en un medio empantanado cuando se produce una secuencia en un *bog.*

Sucesión (ecológica). Proceso dinámico por medio del cual dos ecosistemas se modifican paulatinamente.

Suelo. Cuerpo natural constituído por materia orgánica e inorgánica, diferenciado en horizontes de profundidad variable y que se distingue del material geológico subyacente en cuanto a morfología, propiedades fisicoquímicas y en características biológicas.

Suelo residual. Aquel que se forma a partir de un material parental residual que siempre ha permanecido *in situ.*

Suelo transportado. Aquel que se ha desarrollado sobre un material parental transportado. Al primero se le dice suelo primario y al segundo, suelo secundario.

Suelo (azonal). Aquel que no tiene horizontes bien definidos.

Suelo (zonal). Cualquiera de los grandes grupos de suelos que muestran características bien definidas y que reflejan la influencia de los factores activos de formación como son el clima y los organismos, principalmente la vegetación. Estos conceptos de zonalidad de la pedología no conviene aplicarlos libremente en geobotánica.

Tabla de agua. Sin. de espejo de agua y nivel freático.

Taiga. Una formación sabanera o de parque usualmente siemrpe verde y con hoja de aguja que ocupa grandes extensiones en el norte de América y en Siberia.

Talus. Acumulación de material rocoso grueso al pie de un farallón al cual también en inglés se le llama *scree.*

Tarn. Pequeño lago de montañas que ocupa un antiguo circo dejado por un glaciar.

Tepuy. Vocablo indígena con el cual se designan las mesas residuales de la región de la Guayana y al norte del Brasil, oriente de Colombia y sur de Venezuela.

Terciario. Era o período geológico comprendido entre la era Secundaria y el Cuaternario, o agrupada junto con el último dentro de la era Cenozoica.

Terraza. Resto de una antigua capa aluvial que ha sido cortada por la erosión y aparece como una grada en las faldas de valles. Las terrazas se forman por efecto de fases sucesivas de relleno y erosión y por ello sus restos ofrecen valiosa indicación para la datación de objetos que se extraen *in situ*, siendo las terrazas altas las más antiguas, pero también existen terrazas sobre rocas cristalinas que son producto de la erosión fluvial o glacial.

Tetoplacton. Bentos errante, microbentos y herpon, siendo esta una comunidad biótica formada por organismos errantes que viven generalmente sobre fondo movedizo en aguas dulces y saladas.

Tilita. Roca compuesta por *till* duro y cementado.

Till. Material no estratificado que es producto del acarreo de un glaciar.

Toba. Ceniza volcánica consilidada con fragmentos comúnmente menores de 4 mm de diámetro.

Torrencial. De torrente y también, que vive en una corriente torrentosa.

Tríasico. Sistema de rocas anteriores al Jurásico, pertenenciente a la era Mesozoica.

Tripton. La materia suspendida en el agua, no viviente (*detritus*).

Tundra. Zonobioma parecida al Páramo que rodea las regiones circumpolares nórdicas, caracterizada por las bajas temperaturas, siendo la precipitación pluvial media anual por lo general inferior a 200 mm con vegetación casi exclusivamente herbácea y donde apenas crecen líquenes, musgos, arbustos y subarbustos.

Túnel (subglaciar). Galería bajo el hielo y al contacto con el lecho por el que fluyen las aguas de fusión del glaciar.

Turba. Material vegetal más o menos oscuro y parcialmente reducido que contiene aproximadamente 60% de carbono. Es un material intermedio y el primer paso en la formación del carbón mineral. Se origina en condiciones pantanosas a partir de residuos vegetales que van desde los materiales leñosos hasta los mugos del género *Sphagnum.*

Turbera. Depósito de turba que forma un suelo orgánico o Histosol. También se aplica este término en geobotánica para designar una formación vegetal que habita lugares permanentemente encharcados.

Ubicuo. Especies de plantas o de animales que pueden medrar en condiciones muy diferentes y por consiguiente en diferentes biotopos; en contraste, existen las especies cosmopolitas que están distribuídas por toda la Tierra en su biotopo particular.

Udico. Régimen de humedad del suelo en el cual todas las partes de su perfil permanecen húmedas por 270 días o más en forma consecutiva.

Umbrico. Epidedón u horizonte oscuro superficial del suelo cuya capacidad de intercambio de bases es menor del 50%

Unimodal. Dícese de los regímenes de lluvia en los cuales hay un solo pico que coincide en un período máximo de lluvias o "invierno" durante el año. Cuando existen dos períodos lluviosso separados por sendos períodos secos o relativamente secos, el régimen es *bimodal.*

Valle (colgado). Un valle en el que el piso del mismo es notablemente más alto que el fondo del valle principal al cual desemboca.

Valle (glaciar). Aquel que tiene forma de "U", artesa o bodegón.

Varva. Un "par" de delgadas capas sedimentarias de las cuales una es gruesa y otra fina, que fueron depositadas como sedimento en un lago de orígen glacial, habiendo sido sedimentadas, la mayor durante el verano, y la menor durante el invierno en las zonas templadas principalmente.

Vascular. La que tiene vasos, por oposición a la celular.

Vegetación. Cobertura de plantas de un área dada, en cuanto se compone de biotipos o formas biológicas (árboles, arbustos, hierbas, etc.), sin tener en cuenta sus caracteres sistemáticos.

Viario - ria. En geobotánica, según P. Font Quer, calificativo de una parte de la *paran-*

thropophytia, en que la intervención humana consiste en la construcción de caminos. Así, se dice vegetación viaria, o sea la que crece en los caminos y sus orillas.

Vicariante. El mismo autor dice que es aquella especie que sustituye o reemplaza y que hace de vicario, aquí en sentido figurado. Unger aplicó este calificativo a las especies íntimamente emparentadas en la taxonomía, pero de ecología diferente, especialmente edáficas; vg. siendo una silicícola y otra calcícola. Este autor atribuye a esta diferencia de suelo, la diferenciación morfológica. El concepto de vicariante ha sido empleado después con mayor amplitud, aplicándose a unidades taxonómicas o sineciales.

Vidrio (volcánico). Vidrio de orígen natural producido por una lava enfriada muy rápidamente por lo cual no fue posible la cristalización.

Villafranchien. Formación que corresponde a la transición entre las eras Terciaria y Cuaternaria. Los sedimentos del villafranchien han dado las industrias paleolíticas más antiguas, lo mismo que los últimos mastodontes que coexistieron con un tipo de caballo arcaico en Europa. Esta formación debe su nombre al sitio italiano de Villa Franca en el Piamonte. Villafranquiense.

Volcán. Montaña que ha sido edificada por fragmentos piroclásticos y lava lanzada desde el interior de la Tierra por una tronera a la cual se le da el mismo nombre de volcán.

Volcanismo. La generación y migración de magmas y lavas y la formación y consolidación de sus productos.

Winsconsiniano. El último de los grandes períodos glaciales del Pleistoceno (=*Würm, Wüermiano, Wüermiense*).

Würm (glaciación de). Ultima glaciación del Cuaternario subdividida, según autores, en dos o cinco fases frías separadas por Interestadiales templados. Se admite que la glaciación Würm empezó hace aproximadamente 75.000 años y finalizó hacia 10.000 años antes de Jesucristo.

Xerófitas. Plantas adaptadas a condiciones de sequedad variada.

Xerophytia. Genéricamente se refiere a la vegetación propia de climas secos y se subdivide en *Subxerophytia, Mesoxerophytia e Hyperxerophytia* (desierto).

Xerosere. El número total de comunidades de plantas que ocupan el mismo sitio en el curso de mejoramiento de un sitio seco a un estado mésico como se puede ejemplarizar con las asociaciones que contribuyen a la fijación de una duna.

Xerosol. Nombre propuesto por M. Del Llano en 1.955 para designar el suelo del super-Páramo al que el autor llamó "Yermo climax de los Andes".

Xerotérmico. Un período climático de calentamiento y mayor sequedad.

Yermo. Según P. Font Quer, en la fitogeografía, este término se aplica al terreno sin bosque ni cultivos.

Yipsófilo. Según el mismo autor, del latín *gypsum*, yeso y, *-filo,* amigo, que es sinónimo de gipsófilo, un calificativo ecológico de la plantas (y sinecias) características de los suelos yesosos.

Zócalo. Sinónimo de basamento que denota las rocas sin diferenciar que subyacen a las rocas identificables más antiguas de cualquier región que por lo común son silicatos cristalinos metamorfizados, aunque necesariamente no sean Precámbricos.

Zona (biótica). Equivale a *bioma.*

Zona (de vida). Véase zona biótica.

Zonal. Dícese de lo relativo a las zonas en particular vg. las zonas latitudinales, las altitudinales y las climáticas.

Zonobioma. Cada uno de los biomas que están determinados mayormente por condiciones climáticas y que se distribuyen en bandas latitudinales al norte y sur de la línea ecuatorial (*=Bioma zonal*).

Bibliografía

1. ALT, DAVID D. & HYNDMAN, DONALD W. 1.978. *Rocks, Ice & Water.* Mountain Press Publishing Company. Missoula, Montana.

2. ARDILA C., G. I. 1.984. Chía. *Un Sitio Precerámico en la Sabana de Bogotá.* Fundación de Investigaciones Arqueológicas Nacionales. Banco de La República. Bogotá, Colombia.

3. AUBERT, GEORGES y BOULAINE, JEAN. 1.967. *La Pedologie.* Presses Universitaires de France, Paris.

4. BLANCO ALARCON, ASTRID. 1.989. *Colombia. Gestión Ambiental para el Desarrollo.* S.C.E. Editora Guadalupe Ltda. Bogotá, Colombia.

5. BORRERO H., J. I. 1.967. *Mamíferos Neotropicales.* Departamento de Biología. Universidad del Valle. Cali, Colombia.

6. BRADE-BIRKS, S. G. 1.959. *Good Soils.* The English Universities Press. Ltd. London.

7. BRAUN-BLANQUET, J. 1.950. *Sociología Vegetal.* ACME Agency: 445 pp. Argentina.

8. BRUNNSCHWEILER, D. 1.981. *Glacial and Periglacial form Systems of the Colombian Quaternary.* Rev. CIAF, Vol. 6, Bogotá, Colombia.

9. BUOL, S. W. et all. 1.973. *Soil Genesis and Classification.* The Iowa University Press, Ames.

10. CARDOZO G., H. y SCHNETTER, M. L. 1.976. *Estudio Ecológico en el Páramo de Cruz Verde,* Colombia. La Biomasa de Tres Asociaciones Vegetales y la Productividad de *Calamagrostis effusa* (H.B.K.) Stend. y *Paepalanthus columbiensis* Rhul. En Comparación con la Concentración de Clorofila. Caldasia, Vol XI, No. 54. Bogota, Colombia.

11. CLARK, M. E. 1.973 *Contemporary Biology.* W. B. Saunders Co. Philadelphia, London, Toronto.

12. CLEEF, A. M. 1.981. *The Vegetation of the Paramos of Colombian Cordillera Oriental.* Dissertationes Botanicae. Vol. 9. J. Cramer. Vaduz.

13. ———— 1.983. *Fitogeografía y Composición de la Flora Vascular de los Páramos de la Cordillera Oriental Colombiana.* Rev. de la Academia Colombiana de Ciencias Exactas, Físicas y Naturales. Vol. XV, No. 58. Bogotá, Colombia.

14. CLEEF, A. M.; RANGEL CH., O.; SALAMANCA V.,S. 1.983. *Reconocimeinto de la Vegetación de la Parte Alta del Transecto Parque de Los Nevados. La Cordille-*

ra Central Colombiana, Transecto Parque de Los Nevados. Introducción y Datos Iniciales; Estudio de Ecosistemas Tropandinos. Vol. 1. J. Cramer, Vaduz.

15. CLEEF, A. M. y RANGEL CH., O. 1.984. *La Vegetación del Páramo del Noroeste de la Sierra Nevada de Santa Marta.* Vol 2. J. Cramer. Berlín, Stuttgart.

16. CORREAL, GONZALO; VAN DER HAMMEN, T. 1.977. *Investigaciones Arqueológicas en los Abrigos Rocosos del Tequendama.* Biblioteca Banco Popular. Bogotá, Colombia.

17. CORREAL URREGO, GONZALO. 1.979. *Investigaciones Arqueológicas en Tibitó. Evidencias Culturales Asociadas a Megafauna Durante el Pleistoceno Tardío en Colombia.* Fundación de Investigaciones Nacionales. Banco de La República, Bogotá, Colombia.

18. CORREAL URREGO, GONZALO y PINTO NOLLA, MARIA. 1.981. *Investigaciones Arqueológicas en Zipacón* (Cundinamarca). Fundación de Investigaciones Arqueológicas Nacionales. Banco de La República. Bogotá, Colombia.

19. CUATRECASAS, J. 1.934. *Observaciones Geobotánicas en Colombia.* Trab. Mus. Nac. Cien. Nat. Ser. Vol. 27. Madrid, España.

20. DANSERAU, P. 1.957. *BIOGEOGRAPHY. An Ecological Perspective.* The Ronald Press Co. New York.

21. DEL LLANO, MANUEL. 1.951. *La Renovación del Medio Como Factor Importante en la Fertilidad de los Suelos Tropicales.* Universidad Nacional, Palmira, Colombia.

22. ——————————. 1.955. *El "Xerosol", Nuevo Gran Grupo de Suelos Climax en Los Andes.* III Reunión Interamericana de Fitogenetistas, Fitopatólogos, Entomólogos y Edafólogos. Ministerio de Agricultura de Colombia. Bogotá, Colombia.

23. ——————————. 1.958. *La Limophytia Freática Máximo Biológico Regional en el Mundo y Optimo Medio Estacional para Algunos Cultivos de Plantación en los Trópicos.* Rev. Suelos Ecuatoriales. Sociedad Colombiana de la Ciencia del Suelo. Vol. 1 No. 3 y 4 Medellín, Colombia.

24. ——————————. 1.964. *Los Suelos y su Vegetación en los Principales Medios Geofísicos de un País Modelo en el Mundo: Colombia Ecuatorial.* Atlas de Economía Colombiana. Banco de La República . Bogotá, Colombia.

25. ——————————. 1.970. *Mapa Geomorfológico de Colombia.* Rev. Geología Colombiana. Universidad Nacional. Sociedad Colombiana de Geología. No. 7. Bogotá, Colombia.

26. ——————————. 1.969. *Zonas Apropiadas para la Fundación de Parques Nacionales y Areas Especiales de Estudio que Pueden Interesar al Turismo de Colombia.* Libro Empresa Colombiana de Turismo. Bogotá, Colombia.

27. ——————————. 1.976. *Contribution a L'Etude des Relations Climats - Sols - Vêgêtations en Colombie.* Université Paul Sabatier. Toulouse, Francia.

28. ——————————. 1.985. *Control Extensivo de la Erosión en los Trópicos con Base en el Aprovechamiento de la Luz Solar y la Sucesión Vegetal Espontánea.* Rev. de la Sociedad Colombiana de la Ciencia del Suelo. III Congreso Colombiano de la Ciencia del Suelo. Cali, Colombia.

29. ——————————. 1.988. *Biomas Terrestres de Colombia.* V Congreso Nacional de Ecología sobre el Impacto Ambiental. Bogotá, Colombia.

30. DELPOUX, M. 1.972. *Ecosystéme et Paysage.* Rev. Géographique des Pyrenées et du Sud-Ouest. Toulouse, Francia.

31. DERBYSHIRE, E. et all. 1.979. *Geomorphological Processes.* Dawson. Westview Press. England.

32. D'HOORE, J.L. 1.964. *Soil Map of Africa Scale 1 to 5'000000.* Exploratory Monograph. Commission for Technical Co-operation in Africa.

33. DUGAND GNECCO, ARMANDO. 1.973. *Elementos para un Curso de Geobotánica en Colombia.* Rev. Cespedesia. Vol II, Nos. 6-8. Cali, Colombia.

34. EMMONS, W. H.; ALLISON, I. S.; STAUFFER, C.R.; THIEL, G. A. 1.960. *Geology: Principles and Processes.* McGraw - Hill Book Co. New York - Toronto - London.

35. FLOREZ, ANTONIO. 1.989. *Evidencias de Inestabilidad en los Sistemas Morfodinámicos de Alta Montaña.* Rev. Colombia sus Gentes y Regiones. Instituto Geográfico Agustín Codazzi, Bogotá, Colombia.

36. FONT QUER, P. 1.953. *Diccionario de Botánica.* Barcelona, España.

37. FRANCO, P.; RANGEL, O.; LOZANO, G. 1.986. *Estudios Ecológicos en la Cordillera Oriental II. Comunidades Vegetales de los Alrededores de la Laguna de Chingaza, Cundinamarca.* Rev. Caldasia XV. No. 71-75. Bogotá, Colombia.

38. GAUSSEN, H. 1.954. *Geographie des Plantes.* Librairie Armand Colin. París, Francia.

39. GAUSSEN, H. & BARRUEL, P. 1.954. *Flora y Fauna de la Montaña.* Editorial Juventud S. A. Barcelona, España.

40. GORSAKOV, G., YAKUSHOVA, A. 1.967. *Physical Geology.* Mir. Publishers. Moscow.

41. GUHL, E. 1.982. *Los Páramos Circundantes de la Sabana de Bogotá.* Jardín Botánico "José Celestino Mutis". Bogotá, Colombia.

42. HEDBERG, OLOV. 1.964. *Features of Afroalpine Plant Ecology.* Almquist & Wiksells Boktryckeri AB. Uppsala.

43. HOLDRIDGE, L.R. & ESPINAL, L.S. y MONTENEGRO, E. 1963. *Mapa de Formaciones Vegetales de Colombia.* IGAC. Bogotá, Colombia.

44. IMBRIE J. and PALMER IMBRIE, K. 1.986. *Ice Ages Solving the Mystery.* Harvard University Press. Cambridge, Massachusetts and London, England.

45. INDERENA. 1.986. *Colombia. Parques Nacionales.* FEN. Fondo para la Protección del Medio Ambiente "José Celestino Mutis". Bogotá, Colombia.

46. IVES, JACK D. and BARRY, ROGER G. 1.974. *Arctic and Alpine Environments.* William Clowes and Sons Limited. London, Colchester and Beccles.

47. JAIMES, C. E. J. 1.985. *Análisis de las Relaciones Geomorfología-Suelo en las Cuencas Altas de los Ríos Araque y Petaquire. Serranía del Litoral Central, Cordillera de la Costa.* Universidad Central. Maracay, Venezuela.

48. JELINEK. J. 1.975. *Enciclopedia Ilustrada del Hombre Prehistórico.* Gründ. Paris.

49. JENNY, H. 1.941. *Factors of Soil Formation.* Mc Graw-Hill Book Co. New York.

50. ————. 1.980. *The Soil Resource Origin and Behavior* Springer - Verlag. New York. Heidelberg. Berlín.

51. JULIVERT, M. 1.963. *Los Rasgos Tectónicos de la Región de la Sabana de Bogotá y los Mecanismos de Formación de las Estructuras.* Boletín de Geología. Universidad Industrial de Santander. Bucaramanga, Colombia.

52. KHOBZI, J. et USSELMANN, P. 1.973. *Problemes de Geomorphologie en Colombie.* Revue de Géographie Physique et de Géologie Dynamique (2) Vol. XV. Fasc. 1-2. Paris.

53. LEE RUE III, LEONARD. 1.962. *The World of the White Tailed Deer.* J. B. Lippincott Company. New York.

54. LOBECK, A. K. 1.939. *Geomorphology.* McGraw-Hill Book Co. Inc. New York and London.

55. LLANOS VARGAS, H. y DURAN DE COMEZ, A. 1.983. *Asentamientos Prehispánicos de Quinchana. San Agustin.* Fundación de Investigaciones Arqueológicas Nacionales. Banco de La República, Bogotá, Colombia.

56. MALAGON, C., D. 1.986. *Caracterización del Flujo del Lodo en la Región de Armero.* Instituto Geográfico Agustín Codazzi. Bogotá, Colombia.

57. MONASTERIO, MAXIMINA. 1.980. *Estudios Ecológicos en los Páramos Andinos.* Universidad de Los Andes. Mérida, Venezuela.

58. NELSON, NORM. 1.980. *Hunting the Whitetail Deer.* David McKay Co. Inc. New York.

59. OSPINA, M. y DESSLER, R. L. 1.974. *Orquídeas de las Américas.* Bogotá, Colombia.

60. PLANET EARTH. 1.982. By Ronald H. Bailey and The Editors of Time-Life Books. *Glacier.* Time-Life Book, Alexandria, Virginia.

61. ————————. 1.983. By Windsor Chorlton and The Editors of Time-Life Books *Ice Ages.* Time-Life Book. Alexandria, Virginia.

62. ————————. 1.985. By The Editors of Time-Life Books. *Grasslands and Tundra.* Time-Life Books. Alexandria, Virginia.

63. RAMIREZ, J. E., S.J. 1.968. *Los Volcanes de Colombia.* Rev. Academia Colombiana de Ciencias. Vol. XIII. No. 50. Bogotá, Colombia.

64. RUCINQUE, C.H.F. 1.967. *Glaciación y Climas Pleistocénicos en los Andes Colombianos.* Universidad Pedagógica y Tecnológica de Colombia. Tunja, Colombia.

65. RUTTNER, F. 1.963. *Fundamentals of Limnology.* University of Toronto Press. Canadá.

66. SCHNETTER, R.; LOZANO, C.; SCHNETTER, M.L. & CARDOZO, H. 1.976. *Estudios Ecológicos en el Páramo de Cruz Verde, Colombia I. Ubicación Geográfica. Factores Climáticos y Edáficos.* Rev. Caldasia. Vol XI. No. 54. Bogotá, Colombia.

67. SCHNETTER, MARIE LUISE y CARDOZO G., HERNAN. 1.976, *Estudios Ecológicos IV: La Actividad Biológica del Suelo en Diferentes Asociaciones Vegetales. Rev. Caldasia. Vol XI. No. 54. Bogotá, Colombia.*

68. SIPMAN, H.J.M.; AGUIRRE, J. 1.982. *Contribución al Conocimiento de los Líquenes de Colombia. I. Clave Genérica para los Líquenes Foliosos y Fruticosos de los Páramos Colombianos.* Rev. Caldasia. Vol XII. No. 64. Bogotá, Colombia.

69. STARKER, L.A. 1.987. *Fauna Silvestre de México.* Instituto Mexicano de Recursos Naturales Renovables. Dr. Vártiz 724. México.

70. SOIL SURVEY STAFF. 1.975. *Soil Taxonomy.* Soil Conservation Service. U.S. Department of Agriculture. Agriculture Handbook No. 4366. Washington D.C.

71. STURM, H. & ABOUCHAAR, A. 1.981. *Observaciones Sobre la Ecología del Páramo Andino de Monserrate, Colombia.* Rev. Caldasia. Vol XIII, No. 62. Bogotá, Colombia.

72. THOURET. J.C. & VAN DER HAMMEN, T. 1.981. *Una Secuencia Holocénica y Tardiglacial en la Cordillera Central de Colombia. Aspectos Geomorfológicos, Pedológicos, Palinológicos, y Paleo-ecológicos en el Area del Parque Natural Nacional de Los Nevados. (Tolima, Risaralda).* Rev. CIAF, Vol. 6 (1-3). Bogotá, Colombia.

73. TOSI, J.A. 1.960. *Zonas de Vida Natural en el Perú.* Instituto Interamericano de Ciencias Agrícolas de la OEA. Zona Andina. Boletín Técnico No. 5. Proyecto 39, Programa de Cooperación Técnica.

74. TOUMEY, J.W. & KORSTIAN, C.F. 1.937. *Foundations of Silviculture Upon and Ecological Basis.* John Wiley & Sons, Inc., New York.

75. TRICART, J. 1.962. *L'Epiderme de la Terre.* Masson et Cie. Editeurs - París.

76. TROLL, C. 1.968. *Geo-Ecología de las Regiones Montañosas de las Américas Tropicales.* Colloquium Geographicum. In Kommission bei Ferd. Dummlers Verlag. Bonn.

77. UNDERWOOD, LAMAR. 1.980. *The Dear Book.* The Amwell Press. Clinton, New Jersey.

78. VAN DER HAMMEN, T. 1.978. *Stratigraphy and Environments of the Upper Quaternary of El Abra Corridor and Rock Shelters (Colombia).* Paleogeography, 25:79-109. Elsevier Scientific Publishing Co. 1. Amsterdam.

79. VARESCHI, V. 1.970. *Flora de los Páramos de Venezuela.* Mérida, Venzuela.

80. VARGAS, R.O., y ZULUAGA, S. 1.986. *Clasificación y Ordenación de Comunidades Vegetales de Páramo;* Rev. Perez-Arbelaezia. Jardín Botánico. Bogotá, Colombia.

81. VILLAR, HUGUET DEL. 1.929. *Geobotánica.* Editorial Labor S.A. Barcelona, España. Buenos Aires.

82. WALTER, H. 1.937. *Vegetation of the Earth.* Springer Verlag. New York. Heilderberg. Berlin.

83. ———— 1.981. *Los Sistemas Ecológicos de los Continentes.* Ediciones Omega, S.A. Casanova 220. Barcelona-36.

84. WEAVER, J.E. 1.926. *Root Development of Field Crops.* McGraw - Hill Book Co. Inc. New York.

85. WEBER, H. 1.959. *Los Páramos de Costa Rica y su Concatenación Fitogeográfica con los Andes Suramericanos.* Instituto Geográfico de Costa Rica. San José, Costa Rica.

86. WITLIN, D. y otros. 1.988. *Páramos.* Villegas Editores. Bogotá, Colombia.

87. ZEUNER, F.E. 1.956. *Geocronología.* Ediciones Omega S.A. Casanova, 220. Barcelona.

Parte de las regalías de este libro han sido asignadas por voluntad del autor y de su patrocinadora, la Señora María Helena Del Llano de Blancet, a un fideicomiso destinado a construir una Capilla que sea a la vez Santuario en área forestal de fuentes, dedicada a la conservación de la naturaleza en la finca El Lucero, y también como primera piedra en la fundación de una aldea veraniega llamada Villanueva del Lucero, ubicada en la misma propiedad en el municipio de La Cumbre, corregimiento de Bitaco, Valle. Así mismo, como primer paso en la conservación de las cuencas hidrográficas por parte de particulares, considerando que los arroyos constituyen la red de capilares de todo el pais.

Este libro "Los Páramos de los Andes" del Prof. Dr. Manuel Del Llano, se terminó de imprimir el día 10 de septiembre de 1990, en los talleres gráficos de Línea Editores Ltda., bajo la dirección de Eduardo Montoya Rivera - Montoya & Araújo Ltda., Carrera 12A No. 78-40 - Teléfono 2497193, Bogotá, D.E.

LAUS DEO